『计算机实用技能丛书』

Photoshop 从入门到精通 全新版

云飞◎编著

中国商业出版社

图书在版编目（CIP）数据

Photoshop从入门到精通 / 云飞编著. -- 北京 : 中国商业出版社, 2021.1
（计算机实用技能丛书）
ISBN 978-7-5208-1436-2

Ⅰ. ①P… Ⅱ. ①云… Ⅲ. ①图像处理软件 Ⅳ. ①TP391.413

中国版本图书馆CIP数据核字(2020)第243362号

责任编辑：管明林

中国商业出版社出版发行

010-63180647　www.c-cbook.com

（100053　北京广安门内报国寺1号）

新华书店经销

三河市冀华印务有限公司印刷

*

710毫米×1000毫米　16开　15印张　300千字

2021年1月第1版　2021年1月第1次印刷

定价：69.80元

* * * *

（如有印装质量问题可更换）

前 言

Adobe Photoshop 的诞生可以说掀起了图像业的革命。Adobe Photoshop，简称“PS”，是由 Adobe Systems 公司开发的图像处理软件。Photoshop 主要处理以像素所构成的数字图像。用户使用其众多的编修与绘图工具，可以在图像、图形、文字、视频、出版等各方面有效地进行图片编辑工作。其版本从 3.0、4.0、5.0、5.5、6.0、7.0 一直发展到 2003 年的 8.0，Adobe Photoshop 8.0 更名为 Adobe Photoshop CS。2013 年 7 月，Adobe 公司推出了新版本的 Photoshop CC。自此，Photoshop CS6 作为 Adobe CS 系列的最后一个版本被新的 CC 系列取代。2019 年 1 月，Adobe 发布 Photoshop CC 2019。2019 年 10 月 23 日，Adobe 发布了全新版的 Photoshop 2020。从这个版本开始，Adobe 系列软件将不再使用 CC 软件号，取而代之的是以年份作为软件版本号。

需要注意的是，该版本软件仅支持在 Windows 10 64 位系统中安装使用。

Adobe 的每一个版本都增添了新的功能，这使得它在诸多的图形图像处理软件中立于不败之地。本书将以最新的 Photoshop 2020 版本介绍 Photoshop 的使用。

本书特色

1. 从零开始，循序渐进

本书适合 Photoshop 2020 初学者从头学起，从最简单、最基础的计算机知识入手，由浅入深，以通俗易懂的方式讲解。全书注重培养初学者的实际动手能力，在完成实际操作任务的同时掌握相关知识点。全书内容充分考虑了初学者的阅读能力与实际需求，以“实用、够用”为主题，不讲繁杂的理论知识和入门级读者难以用到的知识，通过“Step By Step”的图解方式，详细地介绍了初学者必须掌握的基本知识、操作方法和使用步骤。

2. 内容全面

本书内容基本涵盖了 Photoshop 2020 的重要知识点与常用功能，并给出大量实例以帮助读者进行提高训练。不但如此，本书还对 Photoshop 2020 在平面设计方面的应用给出了众多的案例。

3. 独特的三级构造

本书章节结构安排为基础讲解→训练提高→内容回顾。基础知识与实例讲解相结合，便于读者加深对基础知识的掌握；最后通过回顾总结，加深读者对该章知识的理解。

4. 通俗易懂，图文并茂

本书文字讲解与图片说明一一对应，以图析文，将所讲解的知识点清楚地反映在对应的图片上，您只要一边阅读文字一边看图，就非常容易理解和掌握相关知识点。全书讲解通俗易懂，图文对应清晰，相信初学者完全能够很轻松地读懂相关知识，逐步精通 Photoshop 2020。

本书内容

本书科学合理地安排了各个章节的内容：

第 1 章：讲解了 Photoshop 2020 的新增功能、工作界面、图像基础知识等内容。

第 2 章：讲解了 Photoshop 2020 的图像文件操作、图像窗口操作、辅助工具、还原与重做、系统设置等内容。

第 3 章：讲解了 Photoshop 2020 的绘画工具，选取前景色和背景色，画笔的使用与设置，设置绘画和编辑工具的属性栏，画笔和铅笔工具等内容。

第 4 章：讲解了色彩常识，图像颜色模式转换，颜色设置，渐变工具和油漆桶工具，立体图形的绘制等内容。

第 5 章：讲解了图像基本编辑与高级编辑操作，图像修饰，历史记录画笔与历史记录艺术画笔，渐变工具，制作光盘图像等内容。

第 6 章：讲解了创建与调整选区，柔化选区边缘，移动、拷贝和粘贴选区，花边文字制作等内容。

第 7 章：讲解了图层的基本概念，图层面板和图层菜单，创建与编辑图层和图层组，图层样式，金属烙印文字制作等内容。

第 8 章：讲解了文字功能概述，创建文字，处理文字图层，编辑文本格式，富士胶卷商标设计解析等内容。

第 9 章：讲解了通道和蒙版的创建与编辑，使用边缘蒙版有选择地锐化图像等内容。

第 10 章：讲解了路径的基本概念，用钢笔工具和形状工具创建路径，编辑路径，路径和选区之间的转换，描边文字制作等内容。

第 11 章：讲解了滤镜基础知识，艺术效果滤镜，模糊滤镜，画笔描边滤镜，扭曲滤镜，杂色滤镜，像素化滤镜，混合滤镜效果，外挂滤镜的使用，压痕文字制作等内容。

致谢

本书由北京九洲京典文化总策划，云飞等编著。在此向所有参与本书编创工作的人员表示由衷的感谢，更要感谢购买本书的读者，您的支持是我们最大的动力，我们将不断努力，为您奉献更多、更优秀的作品。

云飞

目 录

第4章 Photoshop 2020 图像的生命——颜色

第5章 Photoshop 2020 图像编辑与修饰

第10章 矢量构图专家——路径

第 11 章 使用滤镜创建特殊效果

第 1 章

初识 Photoshop 2020

本章主要内容与学习目的

- Photoshop 2020 的新增功能
- Photoshop 2020 的工作界面
- Photoshop 2020 的图像基础知识
- 本章回顾

Adobe Photoshop的诞生可以说掀起了图像出版业的革命。Adobe Photoshop，简称“PS”，是由 Adobe Systems 开发和发行的图像处理软件。Photoshop 主要处理以像素所构成的数字图像。使用其众多的编修与绘图工具，可以有效地进行图片编辑工作。PS 有很多功能，在图像、图形、文字、视频、出版等各方面都有涉及。其版本从 3.0、4.0、5.0、5.5、6.0、7.0 到 8.0，到 2003 年，Adobe Photoshop 8.0 被更名为 Adobe Photoshop CS。2013 年 7 月，Adobe 公司推出了新版本的 Photoshop CC。自此，Photoshop CS6 作为 Adobe CS 系列的最后一个版本被新的 CC 系列取代。2019 年 10 月 23 日，Adobe 发布了全新版的 Photoshop 2020。从这个版本开始，Adobe 系列软件将不再使用 CC 软件号，取而代之的是以年份作为软件版本号。

需要注意的是，该版本软件仅支持在 Windows 10 64 位系统中安装使用。

Adobe 的每一个版本都增添了新的功能，这使得它在诸多的图形图像处理软件中立于不败之地。本书将以最新的 Photoshop 2020 版本介绍 Photoshop 的使用。

全新一代的 Photoshop 2020 到底都有哪些特点呢?

1.1 Photoshop 2020 的新增功能

1. 图标变圆了

图标是最能体现两版差异的一个地方，将 2019 和 2020 两版的 LOGO 放在一起，你会发现新版 LOGO 变圆了，原本的方形被打磨成圆角矩形，里面的 PS 字样也由蓝色改为白色，如图 1-1 所示。

2019 版

2020 版

图 1-1

2. 新启动界面

启动界面也是每次升级的一大变化，2020 版由之前的镜子小人变成现在的海底美人鱼，配合全新的 LOGO，还是相当让人耳目一新的，如图 1-2 所示。

2019 版

2020 版

图 1-2

3. 新增功能：云文档

Photoshop 2020 新增加了一项云文档功能，用户可以将设计好的作品直接保存到 Adobe 云中，以便与其他设备或设计师交换文件。该功能打通了 Windows、Mac、iPad 之

间的最后一道交换屏障，非常实用。云文档采用 Adobe 账号登录，每次在执行“文件”|“存储为”菜单命令（快捷键为 Shift+Ctrl+S）的时候自动弹出（如果是新建未命名文档，则会在执行“文件”|“存储”菜单命令的时候弹出），如图 1–3 所示。整个过程有点像微软的 Office 云。

图 1–3

4. 新增功能：预设分组

“预设”在新版中变化很大，首先是所有的预设都加入了分组，比如渐变、图案、预设、色板、形状。很多内容都是由文件夹划分，相比 2019 版条理更清晰。此外 2020 版也在之前版本基础上，对预设库做了扩展，无论是颜色、图层、色板、图案等，都有很多与以前不一样的地方，如图 1–4 所示。

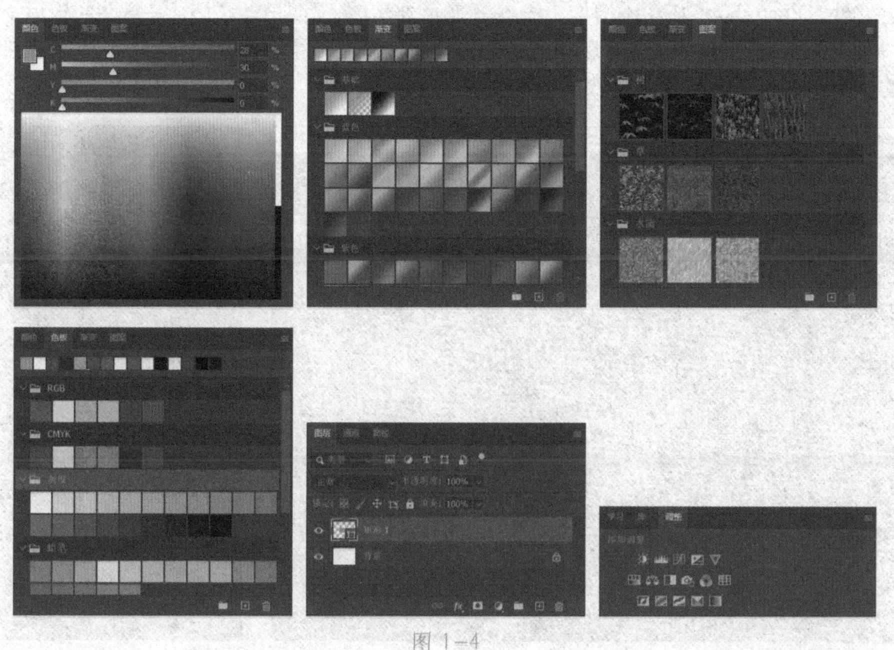

图 1–4

5. 新增功能：自动抠图

Photoshop 2020 在旧版的快速选择工具和魔棒工具这一工具组中，加入了一项“对象选择工具”，通俗来说就是智能抠图。比如导入一张鸡蛋的图片，点击“对象选择工具”，然后在图片中圈出小鸟的区域，稍等几秒后即可将小鸟抠出。PS 2020 为这项工具提供了“矩形”和“套索”两组模式，可以根据实际物体形状加以选择。同时也可以利用 Shift 键和 Alt 键对选区进行叠加与编辑，配合对象选择完善抠图。但是这个智能抠图工具并不适合抠取那些边界不清或是带有毛发的复杂图形。

6. 新增功能：变换工具更统一

从 Photoshop CC 2019 开始，变换工具就启用了一种全新模式。在使用 Ctrl+T 对元素

进行自由变换时，即便没有按下 Shift 键，元素也是等比例缩放的。但这个变化并没有拓展到形状上，也就是说同样的一个等比缩放操作，非矢量元素无须按下 Shift 键，而矢量元素则需要按下 Shift 键。在整个过程中，设计师需要不停地在两种思维间跳来跳去。而 Photoshop 2020 则将两者合二为一，无论是矢量元素还是非矢量元素，都可以不按 Shift 键直接完成等比缩放。当然和 Photoshop CC 2019 版一样，如果用户不喜欢这种模式，也可以执行“编辑”|“首选项”|“常规”菜单命令，在打开的对话框中的“选项”下面选择“使用旧版自由变换”换回以前的模式，如图 1–5 所示。

7. 新增功能：更强大的属性面板

Photoshop 2020 的属性面板有了明显增强，现在绝大多数操作都可以在属性面板中找到。比如说文字图层的属性面板，在 Photoshop 2020 中整合了“字符”“段落”“变换”“文字选项”四组子功能。绝大多数操作都可以在属性面板中直接完成。而在 Photoshop CC 2019 中，只有字符和部分段落功能。

此外，Photoshop 2020 还增加了一些智能推荐功能，比如说文字图层属性面板最下方的“转换为图框”和“转换为形状”，如图 1–6 所示，可以帮助用户更快捷地完成接下来的操作，在条理化与智能化方面更加完善。

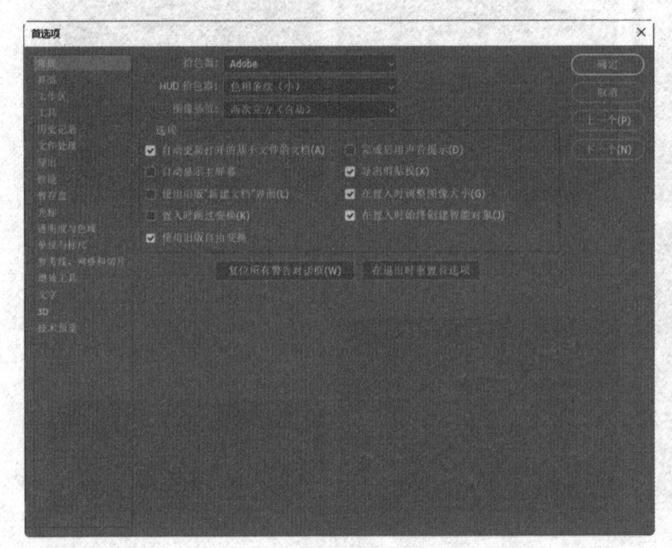

图 1–5

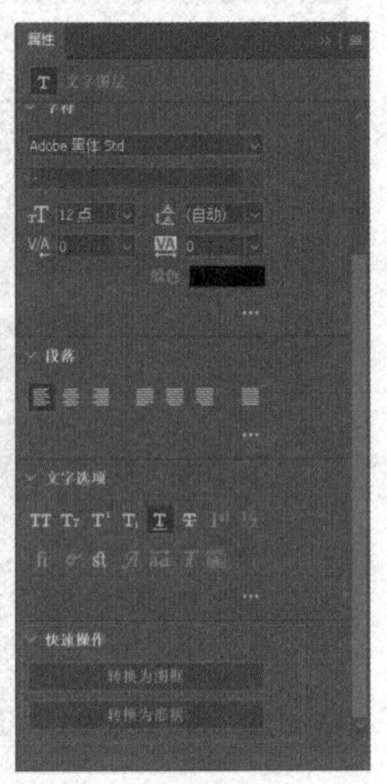

图 1–6

8. 新增功能：智能对象到图层

Photoshop 2020 的智能对象更加好用，以往用户在一个智能对象里添加元素后（比如文字、形状等），呈现在图层列表里的依旧是一个编辑完的状态。如果想再次编辑，还需双击智能对象。而 Photoshop 2020 则增加了一个将智能对象转换为图层的小功能，现在通过右击智能对象，选择“转换为图层”，如图 1–7 所示，就可以将原智能对象里的元素编组，直接呈现在主图内，这样就不需要用户在智能对象与主图间来回切换了。

9. 新增功能：更强大的转换变形

转换变形在 Photoshop 里应用很广，在旧版 Photoshop 中，用户可通过 4 个角以及自

动生成的 12 个锚点来对图形进行拖拽变形。Photoshop 2020 对这项功能进行了加强，首先是图形的拆分由以往固定的 3×3，变成了 3×3、4×4、5×5 可选，同时每个锚点上除了可以像以前一样直接拖拽外，又增加了调节手柄，可以更精准地对变形进行操纵。此外，也可以利用顶端工具栏，手工建立拆分线，以适应更复杂的变形场景。

以上就是 Photoshop 2020 的主要更新内容。除此之外，Photoshop 2020 在一些细节方面也有变化，比如说新建图层按钮由之前的文件图标改成了"+"，但实际功能并没有变化，这是为了和左边的"创建新组"■按钮加以区分。

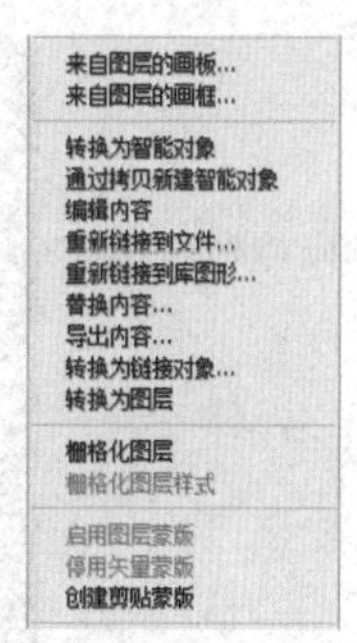

图 1-7

 1.2 Photoshop 2020 的工作界面

在桌面上双击"Adobe Photoshop 2020"图标或者执行"开始"｜"所有程序"｜"Adobe Photoshop 2020"命令来启动 Adobe Photoshop 2020 程序，其启动过程显示如图 1-8 所示。

图 1-8

进入工作界面后，可以看到 Photoshop 2020 的欢迎屏幕窗口，如图 1-9 所示。

图 1-9

用户启动 Photoshop 2020 后，桌面上就会自动弹出"欢迎屏幕"窗口，在这里可以通过单击"新建"按钮创建一个图像文件；或者单击"打开"按钮，打开一个已经保存好的图像文件，以便重新进行编辑操作；在"最近使用项"列表中，可以直接单击某一文件，将其打开。

初次启动 Photoshop 2020，"欢迎屏幕"窗口会自动弹出，单击"关闭"按钮关闭该窗口，用户便可以使用 Photoshop 2020 处理图像了。如果在图像操作过程中，需要使用"欢迎屏幕"窗口中的帮助信息，可以按照如下步骤进行操作：

执行"帮助"｜"主页"命令，即可调出"欢迎屏幕"窗口。

再次执行该命令，可以将"欢迎屏幕"窗口隐藏起来。

技巧： 如果想在以后的启动中，不自动弹出欢迎窗口，可将窗口左下角处的"在启动时显示此对话框"的复选框取消。

Photoshop 2020 的工作界面如图 1-10 所示。工作界面包括标题栏、菜单栏、工具属性栏、图像窗口、工具箱、浮动面板和状态栏几个部分。

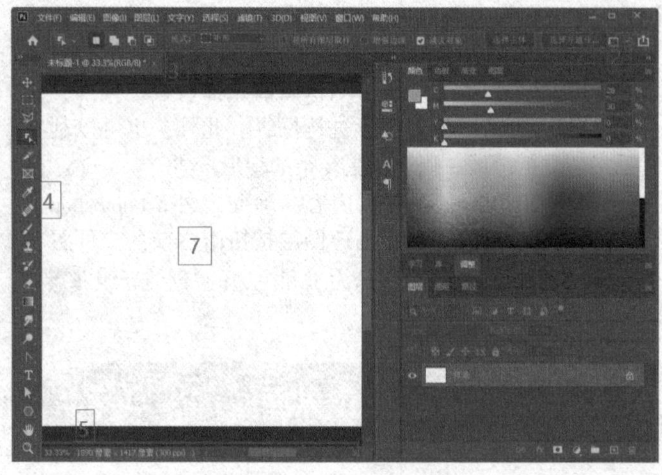

图 1–10

在图 1–10 所示的工作界面中分别标示的是：1. 菜单栏，2. 工具属性栏，3. 标题栏，4. 工具栏，5. 图像状态栏，6. 浮动面板栏，7. 图像窗口。在下面的小节中将分别对各个部分进行介绍。

1.2.1 图像窗口

执行“文件”|“打开”命令，打开一幅图像。从图像中可以看出图像窗口的组成部分，如图 1–11 所示。在图像窗口中可以实现所有 Photoshop 中的功能，也可以对图像窗口进行多种操作，如改变窗口大小和位置、对窗口进行缩放等。

图 1–11

1.2.2 菜单

和所有 Windows 应用软件一样，Photoshop 也包括了一个提供主要功能的主菜单。要使用某个菜单，只需将鼠标移到菜单名上单击即可弹出该菜单，如图 1–12 所示，从中即可选择要使用的命令。

技巧： 除了可以通过单击菜单命令来执行外，还可以按【Alt】键 + 菜单名中带下划线的字母来打开菜单。

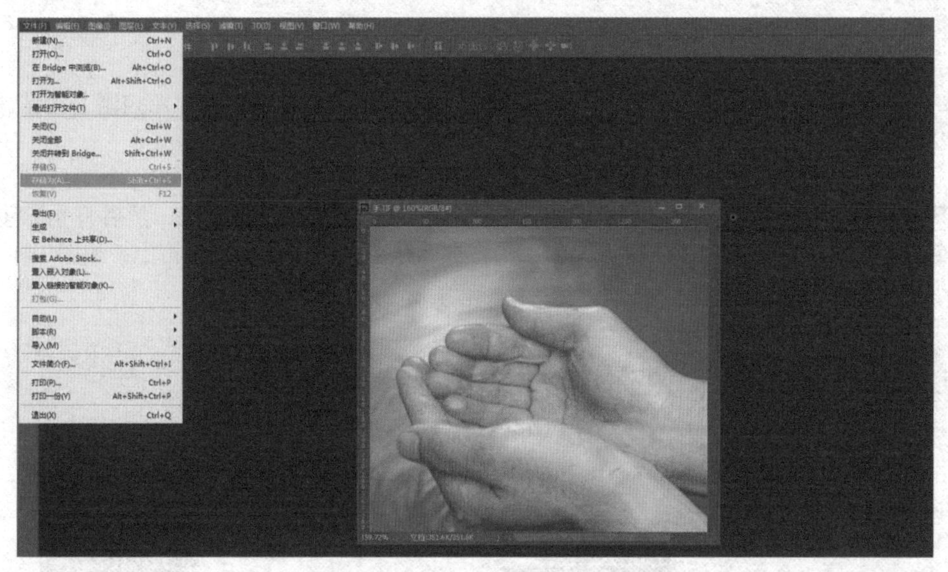

图 1-12

为了方便用户操作，Photoshop 也提供了另一类菜单，即快捷菜单，单击鼠标右键即可打开快捷菜单。例如，用户在绘图区单击右键打开如图 1-13 所示的菜单。

关于快捷菜单，有几点需要说明：

（1）不同的状态，系统所打开的快捷菜单会有所不同。例如，用户选定某一区域后，系统将打开如图 1-14 所示的快捷菜单。

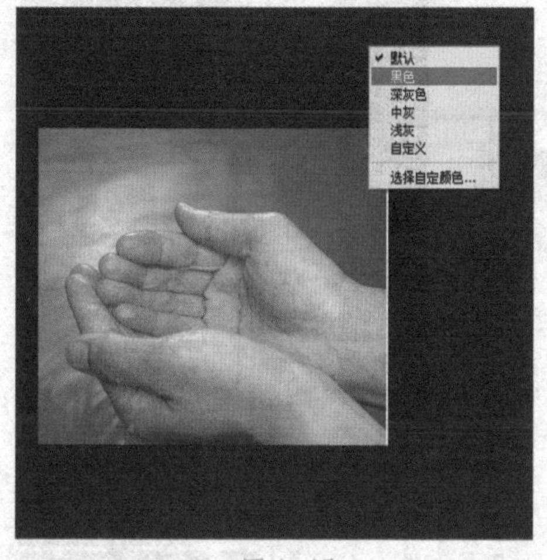

图 1-13

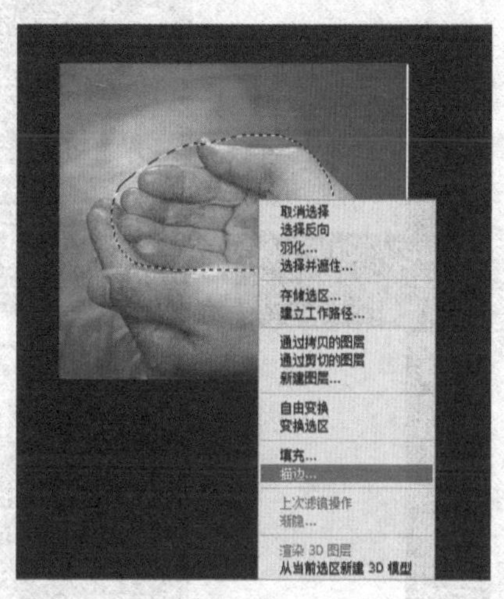

图 1-14

（2）快捷菜单中的大多数选项均可在主菜单中找到。

（3）根据不同的编辑状态，快捷菜单中的某些项可能会被暂时禁用。

1.2.3 工具箱和工具属性栏

Photoshop 工具箱中包括选择工具、绘图工具、颜色设置工具以及显示控制工具等。要使用某种工具，只要单击该工具即可。

在工具箱中某些工具的右下角有一个小黑三角形符号，这表示存在一个工具组，其中包括了若干隐藏工具。可单击该工具并按住鼠标不放或单击右键，然后将光标移至打开的子工具条中，单击所需要的工具，那么该工具将出现在工具箱中，如图 1-15 所示。

技巧：要隐藏工具箱和浮动面板，可按【Tab】键。再按一次，则工具箱和浮动面板又出现。如果只隐藏浮动面板，则同时按下【Shift】+【Tab】键即可。

为了便于读者学习，图 1-16 中列出了 Photoshop 2020 工具箱中的工具与其名称。

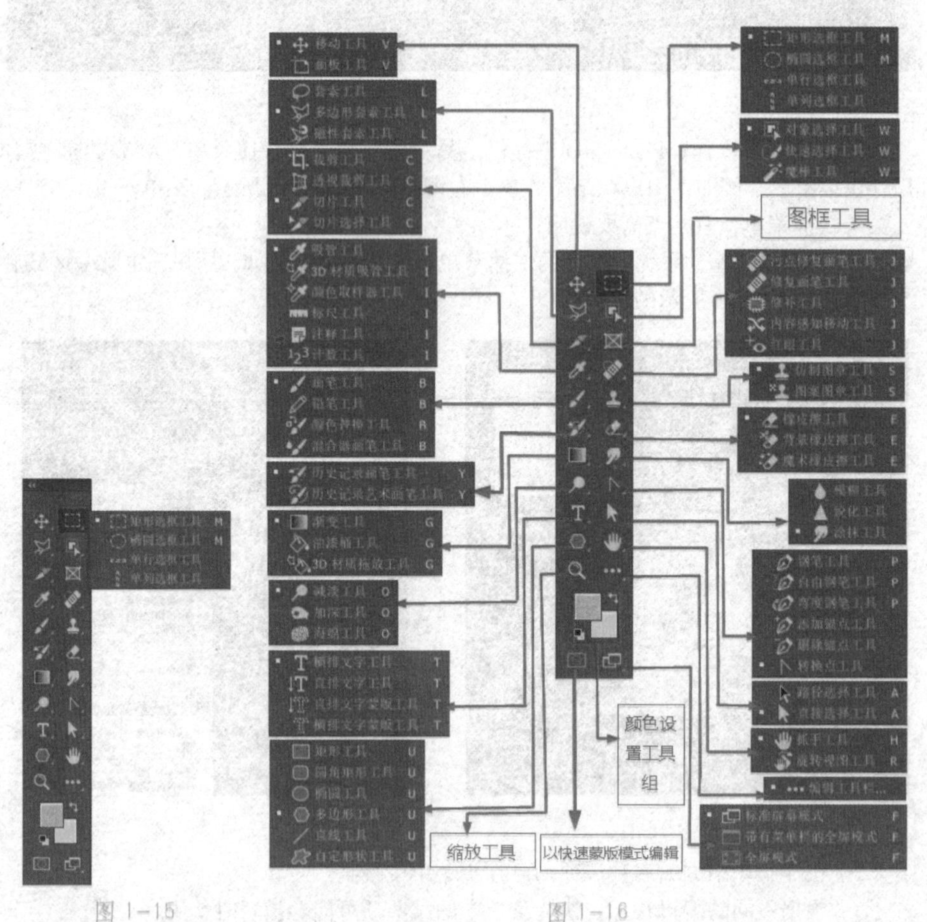

图 1-15　　　　图 1-16

关于工具箱中的所有工具（包括隐藏工具）的名称和作用，如表 1-1 所列。

表 1-1 各个工具的名称及功能

中文名称	功能
移动工具	移动层或选取范围中的对象
画板工具	鼠标放到画板背景上，单击右键，可以在右键菜单中选择颜色或者自定义画板颜色
矩形选框工具	选取矩形范围
椭圆选框工具	选取圆形与椭圆形范围
单行选框工具	选取一行
单列选框工具	选取一列
套索工具	选取不规则的曲线范围
多边形套索工具	选取多边形范围
磁性套索工具	选取不规则形状的图像
*对象选择工具	框选出大致范围即可自动生成选区
快速选择工具	快速选择图案上的选区
魔棒工具	选取颜色相同或相近的范围
裁切工具	用于裁切图像
透视裁剪工具	可以任意拖动网格裁剪图片，使裁剪不仅仅局限于规则图形
切片工具	将图像分割成多个区域
切片选择工具	选取图像中已分割的区域
图框工具	对于画布上的现有图像，将图框拖动到图像的所需区域上，绘制图框后，拖动图片上去，图像中沿图框边界包围的部分将被遮盖
吸管工具	选取颜色
3D 材质吸管工具	用于吸取 3D 材质纹理以及查看和编辑 3D 材质纹理
颜色取样器工具	用于颜色取样
标尺工具	测量角度、距离和坐标的数值
注释工具	添加文字注释
计数工具	数字统计及标示工具
污点修复画笔工具*	用于修复图像中的斑点
修复画笔工具	用于清除瑕疵
修补工具	用于修复图像
内容感知移动工具	将图片中多余部分物体去除，同时会自动计算和修复移除部分，从而实现更加完美的图片合成效果
红眼工具	用于处理图像中的红眼效果
画笔工具	用于绘制较粗的线条和图形
铅笔工具	用于绘制线条和图形
颜色替换工具*	用于替换图像中选取的颜色
混合器画笔工具	绘制逼真的手绘效果
仿制图章工具	以克隆的方式复制图像

续表

中文名称	功　能
图案图章工具	以图案的方式绘制图像
历史记录画笔工具	恢复图像至某一状态
历史记录艺术画笔工具	用艺术的方式恢复图像
橡皮擦工具	擦除图像
背景橡皮擦工具	擦除图像背景
魔术橡皮擦工具	擦除指定范围的颜色
渐变工具	填充渐变颜色
油漆桶工具	填充颜色
3D 材质拖放工具	将 3D 材质拖到 3D 模型上进行填充
模糊工具	模糊图像
锐化工具	锐化图像
涂抹工具	以涂抹的方式修改图像
减淡工具	使图像变亮
加深工具	使图像变暗
海绵工具	调整图像饱和度
钢笔工具	绘制路径
自由钢笔工具	绘制路径
弯度钢笔工具	可以轻松绘制弧线路径并可以快速调整弧线的位置、弧度等
添加锚点工具	增加路径中的锚点
删除锚点工具	删除路径中的锚点
转换点工具	在曲线和直线路径之间切换
横排文字工具	在图像中创建横向文字
直排文字工具	在图像中创建竖向文字
横排文字蒙版工具	在图像中创建横向蒙版文字
直排文字蒙版工具	在图像中创建竖向蒙版文字
路径选择工具	选择整个路径
直接选择工具	调整路径节点
矩形工具	绘制矩形
圆角矩形工具	绘制圆角矩形
椭圆工具	绘制椭圆
多边形工具	绘制多边形
直线工具	绘制直线
自定形状工具	绘制自定义的形状
抓手工具	移动图像窗口

续表

中文名称	功　能
旋转视图工具	旋转画布
缩放工具	缩放图像窗口
设置前景色、切换前景色和背景色、默认前景色和背景色、设置背景色（从左到右、从上到下）	用于选取前景色、切换前景色和背景色、选择默认前景色和背景色、设置背景色
以标准模式编辑	切换至标准编辑模式
以快速蒙版模式编辑	切换至蒙版编辑模式
标准屏幕模式	切换至标准屏幕模式
带有菜单栏的全屏模式	切换至带菜单栏的全屏模式
全屏模式	切换至全屏模式

备注：其中“对象选择”工具为 Photoshop 2020 新增加的一个功能非常强大又实用的工具。

工具属性栏的主要功能是设置各个工具的参数。当用户选取任一工具后，工具属性栏中的选项将会相应的发生变化，不同的工具有不同的参数。如图 1–17 和 1–18 所示，分别为移动工具和套索工具的属性栏。

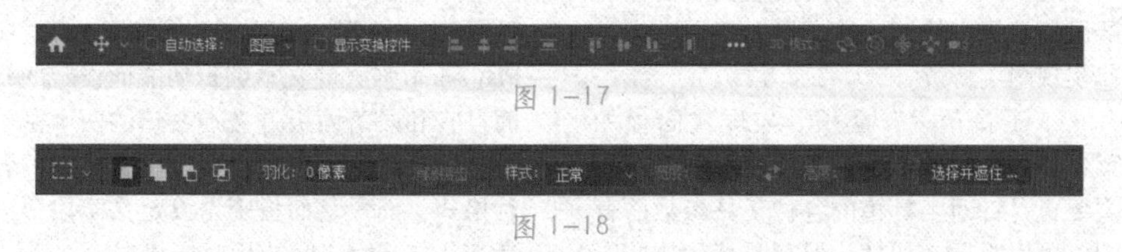

图 1–17

图 1–18

大部分工具的功能选项显示在工具属性栏内。属性栏内的一些设置对于许多工具都是通用的，但是有些设置则专门用于某个工具（例如，用于铅笔工具的自动抹掉设置）。

1.2.4　浮动面板

浮动面板是 Photoshop 中非常重要的辅助工具，它为图形图像处理提供了各种各样的辅助功能。默认情况下，浮动面板是以组的方式堆叠在一起的。如图 1–19 所示的是 Photoshop 2020 的浮动面板，所有的浮动面板的启动命令都集成在 Photoshop 2020 的“窗口”菜单中。

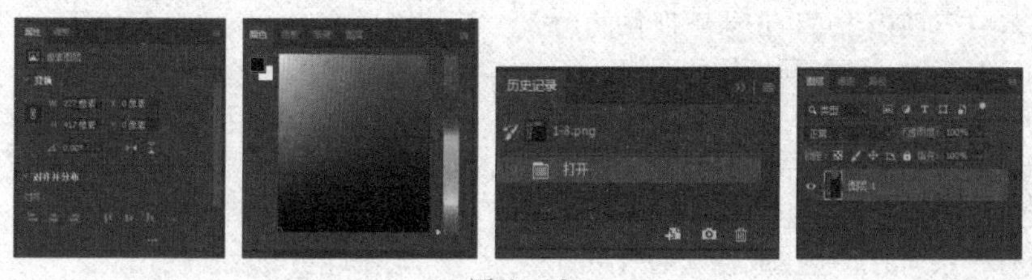

图 1–19

1. 各浮动面板（以下简称“面板”）的基本功能

“导航器”面板：用于显示图像的缩略图，可用来缩放显示比例，迅速移动图像显示内容。

“信息”面板：用于显示鼠标所在位置的坐标值，以及鼠标当前位置的像素的色彩数值。

“直方图”面板：用于实时显示操作区域的光谱分布的柱状图。

“颜色”面板：用于选取或设定颜色，以便用于工具绘图和填充等操作。

“色板”面板：功能类似“颜色”面板，主要用来改变图像的前景色和背景色。

“样式”面板：主要是为了指定绘制图像的模式，样式面板的使用实际上是图层风格效果的快速应用，可以使用它来迅速实现图层特效。

“工具预设”面板：与样式面板的菜单栏内容相似，工具预设面板中的内容主要也是针对工具箱的各种工具参数而言的，可以重置、加载、保存、替代这些工具参数。当对某一个工具的操作先设定好相关的参数之后再进行操作，为了下次进行同样的操作时设置工具参数方便，可以将本次操作时工具的选项参数保存起来，下次使用该工具，希望进行同样的操作时，直接调用即可。

“历史记录”面板：是 Photoshop 用来记录操作步骤并帮助恢复到操作过程中的任何一步的状态的工具面板。

“动作”面板：可以记录下所作的操作，然后对其他需要相同操作的图像进行同样的处理，也可以将一批需要同样处理的图像放在一个文件夹中，对此文件夹进行批处理。若干个命令组成一个动作。例如，执行一系列的滤镜生成特殊的效果，这一系列的滤镜即可组成一个动作；若干个动作可以组成一个动作集，组成动作集的目的是更好地管理不同的动作。

“图层”面板：图层面板对于图像处理大有帮助，因为它在一个透明的层中，就好像图形软件一样，可以改变图像中某一部分的位置以及与其他部分的前后关系。也就是说，可以对图像中的某部分进行编辑，但丝毫不影响图像的其他部分。该面板用于控制图层的操作，可以进行新建图层或合并图层等操作。

“通道”面板：用于记录图像的颜色数据和保存蒙版内容。用户可以在通道中进行各种通道操作。

“路径”面板：用于建立和保存矢量式的图像路径。在面板中有路径的预视图。路径工具对于物体的选择非常有用，可以形成任意的选区。

“字符”面板：用于对文字进行各种参数的设定。该面板主要是为了适应 Photoshop 强大的文本编辑功能而设定的，而且它和段落面板是文本编辑的两个密不可分的工具，字符面板设定单个文字的各种格式，而段落面板则是设定文字段落或者文字与文字之间的相对格式。

“段落”面板：用于进行段落的各种参数的设定。

“渐变”面板：设置渐变颜色，导入渐变，创建新的渐变预设。

“库”面板：新版的库功能得到了极大的增强，用户可通过添加图像等至库中来共享资源。添加至库中的资源将被存储在云上，方便用户快捷访问并修改。对图像进行修改后，源文档也会随之自动更新，运用同样的工作原理，不同程序之间的库资源也可共享。

“图案”面板：将图案预设应用于图像。也可以新建、导入、重命名或删除图案预设。

2. 显示或隐藏面板

要显示或隐藏面板，可以使用“窗口”菜单，如图 1-20 所示，也可以按照如下的方法操作：

（1）若要显示或隐藏所有打开的面板、属性栏和工具箱，可按【Tab】键。

（2）要显示或隐藏所有的面板，可按【Shift】+【Tab】组合键。

提示：可以试一试分别按下F6到F9键，看看都可以显示和隐藏什么面板。

默认设置下，Photoshop中的面板有3组到6组，如果要同时使用同一组中的两个不同面板时，很不方便，需要来回切换。此时最好的方法是将这两个面板分离，同时在屏幕上显示出来。方法很简单，在面板标签上按下鼠标并拖动，将其拖出面板后放开，这样就可以将两个面板分开，图1–21所示为分离前的面板，图1–22所示为分离后的面板。

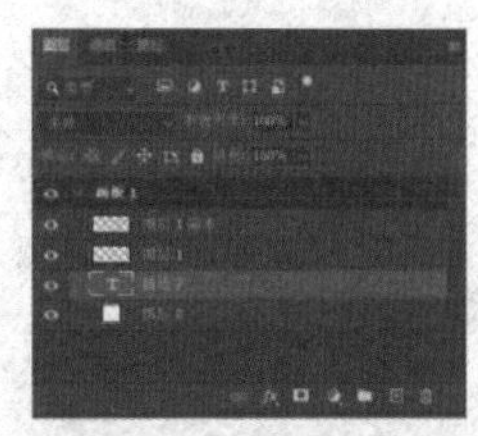

图1–20

图1–21

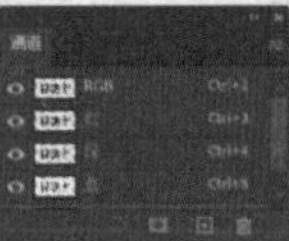

图1–22

1.2.5　图像状态栏

Photoshop 2020中的图像状态栏位于图像窗口的底部，主要用于显示处理图像时的各种提示信息。它共由两部分组成，如图1–23所示。

最左边的是一个文本框，它用于控制图像窗口的显示比例。用户可以直接在文本框中输入一个数值，然后按回车就可以改变图像窗口的显示比例。中间部分是显示图像文件信息的区域。单击其右边的〉箭头可以打开如图1–24所示的菜单，从中可以选择显示文件的不同信息。

（1）文档大小：选用此方式时，将在状态栏上显示图像文件大小的信息，如图1–25中所示的“文档：2.86M/2.61M”的字样，其中左边的数字表示图像在不含任何图层和通道等数据下的大小显示；而右边的数字表示当前图像的全部内容的大小。

（2）文档配置文件：选用此方式时，将在状态栏上显示文档概貌。

（3）文档尺寸：选用此方式时，将在状态栏上显示文档尺寸。

（4）暂存盘大小：选用此方式时，将在状态栏上显示当前文档图像虚拟内存大小。

（5）效率：选用此方式时，将在状态栏上显示一个百分数，它代表Photoshop执行工作的效率。

（6）计时：选用此方式时，在状态栏上将显示一个时间数值。该数值代表执行上一次操作所经历的时间。

图1–23

图1–24

50% 文档:2.86M/2.61M

图 1-25

（7）当前工具：选用此方式时，可显示当前选中的工具的名称。

（8）图层计数：显示当前选中图像所包含的图层数量。

（9）存储进度：在保存大尺寸文档时，可以查看当前存储的进度。

（10）智能对象：将当前选中对象转化为智能对象。

技巧： 按住【Alt】键，再在状态栏的图像信息区域上按住左键不放，可以查看图像的宽度、高度等信息，如图 1-26 所示。如果只按住鼠标左键不放，则会显示出图像的尺寸和打印纸张尺寸的关系，如图 1-27 所示。

图 1-26

图 1-27

如果想整体了解一个图像的相关信息，可在“信息”面板中进行观察。在“信息”面板中还显示了 Photoshop 当前工作状态和操作时的提示信息，如图 1-28 所示。

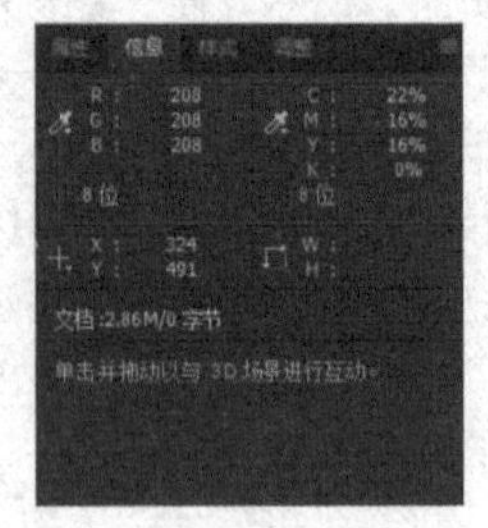

图 1-28

1.3 Photoshop 2020 的图像基础知识

1.3.1 图像的类型

数字化图像按照记录方式可以分为矢量图像与位图图像。

1. 矢量图像

矢量图像也可以说是向量式图像，它的文件所占的容量较小，也可以很容易地进行放大、缩小或旋转等操作，并且不会失真，精确度较高并可以制作 3D 图像。但这种图像有一个缺陷，即不易制作色调丰富或色彩变化较多的图像，而且绘制出来的图形不是很逼真，同时也不易在不同的软件间交换文件。

2. 位图图像

位图图像弥补了矢量式图像的缺陷，它能够制作出色彩和色调变化丰富的图像，同时也可以很容易地在不同软件之间交换文件，这就是位图图像的优点；而其缺点则是它无法制作真正的 3D 图像，并且图像在缩放和旋转时会产生失真的现象，同时其文件较大，对内存和硬盘空间容量的需求也较高。

1.3.2　图像格式

图像格式是指计算机表示、存储图像信息的格式。由于历史的原因，不同厂家表示图像文件的方法不一，目前已经有上百种图像格式，常用的也有几十种。同一幅图像可以用不同的格式来存储，但不同格式之间所包含的图像信息并不完全相同，文件大小也有很大的差别。用户在使用时可以根据自己的需要选用适当的格式。

下面简单介绍几种最常用的图像格式。

TIFF（*.TIF）：这是一种通用的图像格式，几乎所有的扫描仪和大多数图像软件都支持这一格式。TIF得到了Macintosh和IBM等各种平台上软件的广泛支持。

PDF（*.PDF）：它以PostScript Level 2语言为基础，因此可以覆盖矢量式图像和点阵式图像，并且支持超链接。它是网络下载经常使用的文件格式。

PNG（*.PNG）：它是一种采用无损压缩算法的位图格式，其设计目的是试图替代GIF和TIFF文件格式，同时增加一些GIF文件格式所不具备的特性。PNG使用从LZ77派生的无损数据压缩算法，一般应用于JAVA程序、网页或S60程序中，原因是它压缩比高，生成文件体积小。

SVG（*.SVG）：它的英文全称为Scalable Vector Graphics，意思为可缩放的矢量图形。它是基于XML（Extensible Markup Language），由World Wide Web Consortium（W3C）联盟进行开发的。严格来说应该是一种开放标准的矢量图形语言，可让用户设计出激动人心的、高分辨率的Web图形页面。用户可以直接用代码来描绘图像，可以用任何文字处理工具打开SVG图像，通过改变部分代码来使图像具有交互功能，并可以随时插入到HTML中通过浏览器来观看。

PSD（*.PSD）：PSD/PDD是Adobe公司的图形设计软件Photoshop的专用格式。PSD文件可以存储成RGB或CMYK模式，能够自定义颜色数并加以存储，还可以保存Photoshop的图层、通道、路径等信息，是唯一能够支持全部图像色彩模式的格式。但是，PSD很少为其他软件和工具所支持，在图像制作完成后，通常需要转化为一些比较通用的图像格式（如：JPG、PNG、TIFF、GIF格式等），以便输出到其他软件中继续编辑。用PSD格式保存图像时，图像没有经过压缩。所以，当图层较多时，会占很大的硬盘空间。图像制作完成后，除了保存为通用的格式以外，最好再存储一个PSD的文件备份，直到确认不需要在Photoshop中再次编辑该图像。

GIF（*.GIF）：这种格式是由CompuServe提供的一种图像格式。由于GIF格式可以使用LZW方式进行压缩，所以它被广泛用于通信领域和HTML网页文档中。不过，这种格式只支持8位图像文件。

PSB（*.PSB）：大型文档格式，支持宽度或高度最大为300000像素的文档。PSB格式支持所有Photoshop功能（如图层、效果和滤镜）。目前，如果以PSB格式存储文档，则只有在Photoshop CS及以上版本中才能打开该文档。其他应用程序和其他版本的Photoshop无法打开以PSB格式存储的文档。

1.3.3　图像分辨率

分辨率是衡量图像细节表现力的技术参数。但分辨率的种类有很多，其含义也各不相同。下面对几种常见的图像输入/输出分辨率及不同图像输入/输出设备分辨率做个介绍。

图像分辨率：指图像中存储的信息量。这种分辨率有多种衡量方法，典型的是以每英寸的像素数（PPI）来衡量。图像分辨率值越大，图形文件所占用的磁盘空间也就越多。

扫描分辨率：指在扫描一幅图像之前所设定的分辨率，如果图像扫描分辨率过低，会导致输出的效果非常粗糙。反之，如果扫描分辨率过高，则数字图像中会产生超过打印所需要的信息，不但减慢打印速度，而且在打印输出时会使图像色调的细微过渡丢失。

位分辨率：又称位深，是用来衡量每个像素储存信息的位数。这种分辨率决定可以标记为多少种色彩等级的可能性。一般常见的有8位、16位、24位或32位色彩。

设备分辨率：又称输出分辨率，指的是各类输出设备每英寸上可产生的点数，如显示器、喷墨打印机、激光打印机、绘图仪的分辨率。这种分辨率通过DPI来衡量。

1.3.4 图像的色彩理论

为了能在计算机图像处理中成功地选择正确的颜色，首先需理解色彩模式（Color Models）。色彩模式是用来提供将一种颜色转换成数字数据的方法，能够跨平台使用（比如从显示器到打印机，从MAC机到PC机）。常见的色彩模式有：RGB、CMYK、HSB和Lab。

RGB颜色模式：是一种加光模式，它是基于与自然界中光线相同的基本特性的，颜色可由红、绿、蓝三种波长产生，这就是RGB色彩模式的基础。红、绿、蓝三色称为光的基色。

CMYK色彩模式：是一种减光模式，它是四色处理打印的基础。这四色是：青、品、黄、黑。青色是红色的互补色。在CMYK模式下，每一种颜色都是以这四色的百分比来表示的。CMYK模式被应用于印刷技术。

HSB色彩模式：是基于人对颜色的感觉，将颜色看作由色泽、饱和度、明亮度组成的，为将自然颜色转换为计算机创建的色彩提供了一种直觉方法。

Lab色彩模式：是一种不依赖设备的颜色模式，它是Photoshop用来从一种颜色模式向另一种颜色模式转变时所用的内部颜色模式，用户很少用到。

要正确地理解和使用颜色，除了以上所说的色彩模式外，还要了解描述颜色的4个属性，即色相、色值、亮度和饱和度。

色相：也叫色泽，也就是颜色的名称，如红色、黄色、蓝色，等等。

色值：是用来描述一种颜色的深浅程度，如浅红还是深红。

亮度：亮度是指图像中明暗程度的平衡，它决定了明暗色调的强度。

饱和度：是指一种色彩的浓烈或鲜艳程度，饱和度越高，颜色中的灰色成分就越低，颜色的浓度也就越高。

1.4 本章回顾

本章讲解的是Photoshop 2020的基础知识。Photoshop 2020是Adobe公司推出的最新版本。Adobe Photoshop 2020增加了很多的新功能，例如新增的工具有“对象选择工具”；新增的功能有自动抠图、更强大的转换变形、属性面板、预设分组等。此外还介绍了一些和以前版本具有相同特性的工具、菜单命令和面板等一系列基础知识。并对必备的图像知识做了详细的阐述。

第 2 章 Photoshop 2020 基本操作

本章主要内容与学习目的

- Photoshop 2020 的图像文件操作
- Photoshop 2020 图像窗口操作
- Photoshop 2020 的辅助工具
- 还原与重做
- 系统设置
- 本章回顾

当用户初次接触一个软件时，可能对它的操作一无所知。或许用户了解 Windows 系统或 Office 办公软件的一些操作，Photoshop 图像处理软件的菜单操作与它们基本一致。但是，对于具体的文件、窗口以及辅助功能设置等的操作就不同了。本章将对这部分内容作简明扼要的讲解。

2.1 Photoshop 2020 的图像文件操作

文件的存取是图像编辑和处理过程中最基础性的工作，在创建一个图像文件时，首先应该打开一个已有的图像或者新建一个空白的图像，然后编辑这个图像或者创作一个新图像。而当完成了一个图像的创作时，需要将其保存，以便以后继续编辑或者使用，这时则要用到文件的保存命令。下面，分别介绍文件的打开、新建以及存储的具体操作方法。

2.1.1 新建图像文件

在大多数情况下，首先应新建一个图像文件，接着在新建图像窗口中进行图像处理。新建图像文件的方法如下：

（1）执行“文件” | “新建”命令或使用快捷键【Ctrl+N】，会弹出如图 2–1 所示的“新建”对话框。

图 2–1

（2）在“名称”右边的文本框中输入新文件的名字，如不输入任何名称则系统自动使用默认名，文件按“未标题 –1”“未标题 –2”……被命名。

（3）在“预置”选项栏中进行图像设置：即设置图像的宽度、高度、分辨率、颜色模式和背景内容。其中的宽度、高度、分辨率的单位以及颜色模式和背景色的选择可以通过在下拉列表项中进行选择。

（4）新建图像设置完成后单击“确定”按钮，即可创建一个图像。接下来，便可在新图像窗口中进行图像编辑处理了。

2.1.2 保存图像文件

制作或修改了一幅图像后，需要将图像以文件的形式保存在存储介质上，便于以后查看或使用这幅图像。保存图像文件有 3 种类型：

1. 使用“存储”命令保存

执行“文件” | “存储”命令或者使用快捷键【Ctrl+S】，打开如图 2–2 所示的“存储为”对话框。下面介绍该对话框中的各个选项的含义及功能。

（1）在“保存在”右边的下拉列表框中选择要保存文件的文件夹或者磁盘。

（2）在“文件名”右边的文本框中输

入存储文件的名称（如果保存的是一个打开的文件会以原文件名进行保存，而不会弹出“存储为”对话框）。

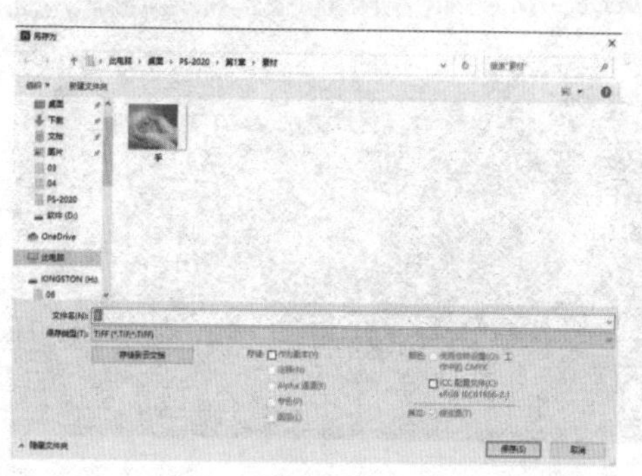

图 2–2

（3）单击“格式”右边的列表框，在打开的下拉列表中选择图像文件格式。

（4）单击“保存”按钮或者按下 Enter 键即可完成图像的保存。

（5）“存储”选项栏。

作为副本：此选项可存储原文件的一个副本，并保持原文件的打开状态，原文件不受任何影响。当选择此选项后，在“文件名”右边的文本框中会自动在名称后面加上“拷贝”字样，这样原文件就不会被替换掉。

“Alpha 通道”：可将 Alpha 通道信息与图像一起存储。不选择该选项可将 Alpha 通道从存储的图像中删除。

图层：可保留图像中的所有图层。如果该选项被禁用或不可用，则所有的可视图层将合并为背景层（取决于所选的格式）。

“注释”：可将注释与图像一起存储。

“专色”：可将专色通道信息与图像一起存储。不选中该选项可将专色从已存储的图像中删除。

存储文件时，可以指定是否嵌入色彩描述文件，也可以指定将颜色转换为校样色彩描述文件空间并嵌入色彩描述文件。但是只建议熟悉色彩管理的高级用户尝试更改色彩描述文件的嵌入特性。

（6）“颜色”选项栏。

选中“使用校样设置”（只适用于 PDF、EPS、DCS1.0 和 DCS2.0 格式）选项可将文件的颜色转换为校样色彩描述文件空间，对于创建用于打印的输出文件很有用。

要切换文件的当前颜色描述文件的嵌入，请选中或取消选中“ICC 配置文件”，此选项只适用于 Photoshop 的格式（.psd）以及 PDF、JPEG、TIFF、EPS、DCS 和 PICT 格式。

提示： 只有在存储未命名图像文件时，使用该命令才能弹出“存储为”对话框。

2. 使用“存储为”命令保存

执行“文件”|“存储为”命令，会以不同的位置或文件名存储图像。在 Photoshop 2020 中“存储为”命令可以用不同的格式和不同的选项存储图像。

3. 使用“导出”命令导出图像为其他格式文件

Photoshop 2020 提供了最佳处理网页图像文件的工具与方法，执行“文件”|“导出”|“导出为”命令，在弹出的对话框中可以输出包含了点阵网页图像文件的 JPEG、GIF、PNG 与 SVG 格式，如图 2–3 所示。在对话框右侧的“文件设置”|“格式”下拉列表中选择要导出的图像格式，然后单击右下角的“导出”按钮即可。

图 2–3

4. 使用“存储为 Web 所用格式（旧版）”命令保存

执行“文件”|“导出”|“存储为 Web 所用格式（旧版）”命令，打开“存储为 Web 所用格式”对话框，如图 2-4 所示。在该对话框中，可以根据需要对图像进行优化处理。以这种方式存储的图片主要用于网页。

图 2-4

2.1.3 关闭图像文件

如果不需要再对当前的图像进行编辑时，可将其关闭，然后再编辑其他图像。关闭图像的方法很多，常见的有以下 4 种方法：

（1）双击图像窗口左上角的系统图标Ps。

（2）执行“文件”|“关闭”命令。

（3）单击图像窗口右上角的“关闭”× 按钮。

（4）使用快捷键【Ctrl+W】或者快捷键【Ctrl+F4】。

如果要快速关闭打开的多个图像文件，则可以使用“文件”菜单中的“关闭全部”命令或者使用快捷键【Alt+Ctrl+W】，这样可以关闭所有打开的图像。

2.1.4 打开图像文件

1.“打开”图像文件

要打开一幅已经保存在磁盘上的图像文件或是光盘文件，首先要打开“打开”对话框。调出“打开”对话框的方法有以下几种：

（1）执行“文件”|“打开”命令。

（2）使用快捷键【Ctrl+O】。

（3）双击 Photoshop 窗口中空白处。

无论采用哪一种方法，都会出现如图 2-5 所示的“打开”对话框。该对话框中的选项和其他软件的“打开”对话框相似，其中主要选项如下：

单击“所有格式”列表框右侧的下三角按钮，可选定要打开的图像文件格式。如果选择“所有格式”项，则会将全部文件都显示出来。

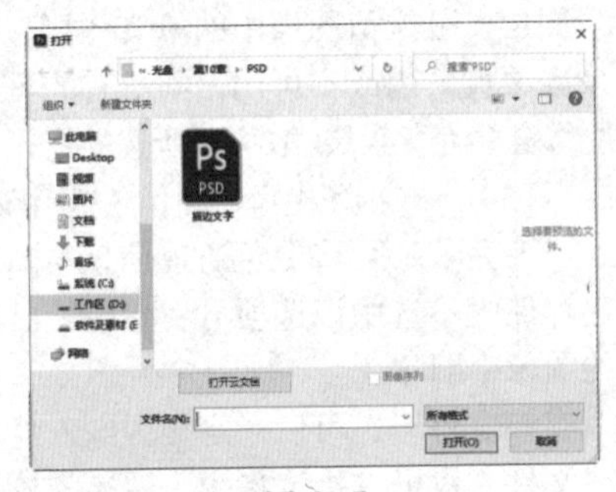

图 2-5

选中要打开的文件，单击“打开”按钮或者双击此文件即可打开。

2.“打开为”图像文件

执行“文件”｜“打开为”命令，弹出“打开”对话框，如图 2–6 所示。在“打开为”对话框中选择的打开文件的格式必须和“打开为”右边选择的文件格式相同，否则选择的文件不会被打开，相应的会弹出一个提示信息，如图 2–7 所示。

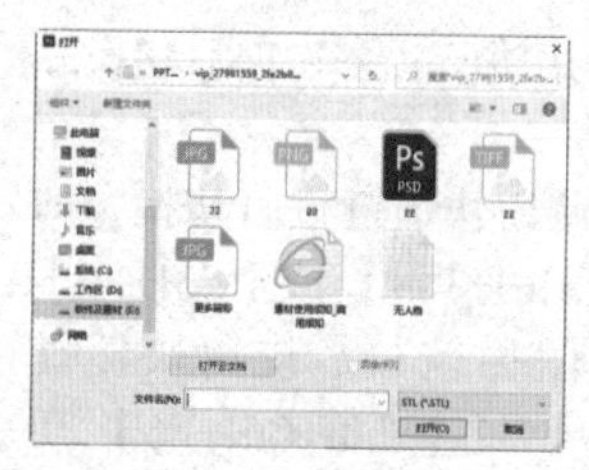

图 2–6

图 2–7

2.2 Photoshop 2020 图像窗口操作

图像窗口是进行图像编辑处理的区域，也是操作使用最频繁的区域，Photoshop 提供了多种方便图像编辑的窗口操作。

2.2.1 调节图像窗口的大小和位置

图像窗口是编辑和修改图像的工作区域，改变图像窗口大小有助于编辑和修改图像。改变图像窗口大小和位置的方法如下：

（1）将光标移动到图像窗口的四角上，当光标变为双向箭头时，向对角方向拖动鼠标即可改变图像窗口的大小，如图 2–8 所示。按快捷键【Ctrl+0】图像窗口将切换到满画布显示，这时图像画布与图像窗口大小相同，图像窗口中没有滚动条。按快捷键【Ctrl+Alt+0】将切换到以实际像素显示图像窗口，这时图像是以 100% 的比例显示。

（2）要改变图像窗口的位置，只要将光标移动到图像窗口标题栏上按下鼠标不放，然后拖动图像窗口到适当的位置，松开鼠标即可。

图 2–8

2.2.2 图像窗口的切换

在进行图像处理时，常常需要同时打开多个图像窗口。由于不可能同时编辑处理多个图像文件，而只能一个一个图像地进行处理，这时便需要在图像窗口之间进行切换了。切换图像窗口的方法主要有：

（1）在“窗口”菜单中选择，如图 2–9 所示。这时菜单的下部显示了当前已经打开的图像文件清单，单击上面的文件名即可切换到对应的图像窗口。

（2）单击图像窗口左上角的系统图标 Ps，打开如图 2–10 所示的快捷菜单，单击“下一个”命令也可切换图像，但这种转换只能按顺序进行，一次向后切换一个图像。

（3）还可使用快捷键进行切换，即使用快捷键【Ctrl+Tab】或【Ctrl+F6】切换到下一个图像窗口。使用快捷键【Shift+Ctrl+Tab】或【Shift+Ctrl+F6】切换到上一个图像窗口。

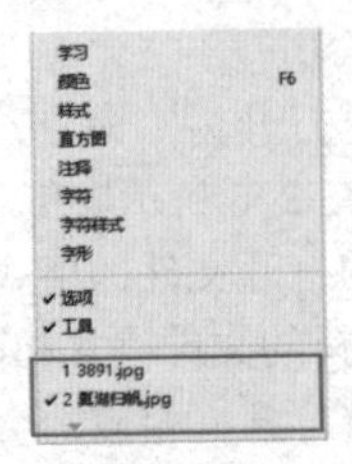

图 2-9

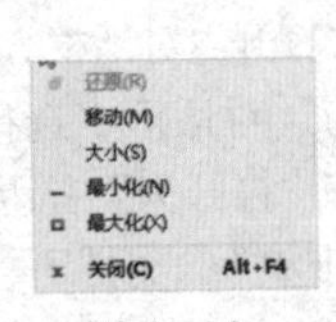

图 2-10

2.2.3 移动窗口的显示区域

如果图像超出当前窗口的显示区域，系统会自动出现垂直滚动条或水平滚动条，可以利用滚动条在窗口中移动所显示的区域，如图 2–11 所示，这一点与普通文字处理软件，如 Word 等相似。

图 2–11

也可以使用工具箱中的抓手工具来移动显示区域。选择该工具后，光标变成形状，接着在窗口中直接按住并拖动鼠标即可改变显示的区域，如图 2–12 所示。

技巧： 如果图像已经完全显示，则无法通过抓手工具来改变显示区域。

图 2–12

此外，利用"导航器"面板也能改变显示区域，且无论当前选择的是什么工具均可随时改变显示区域。操作时，先将光标移动到"导航器"面板的图像显示区，然后按住鼠标并拖动即可，如图 2–13 所示。

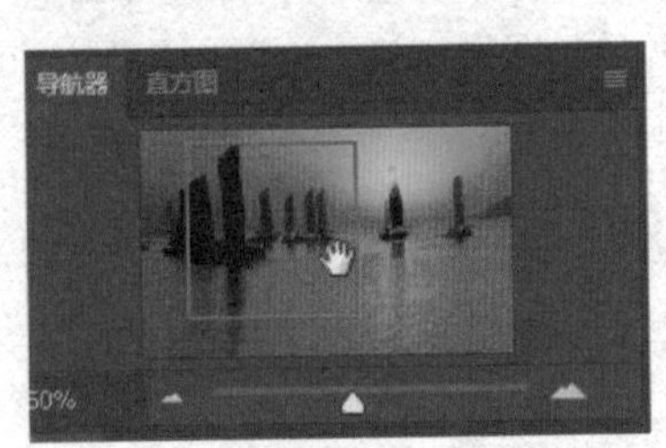

图 2–13

2.2.4 图像显示比例调整

利用工具箱中的放大镜工具或"视图"菜单中的相关选项，可以根据编辑的需要放大或缩小图像显示。比如，要观察或编辑图像的细节部分，可以将图像放大显示；

而在整体观察图像时往往需要缩小显示比例。

1. 缩放工具

工具箱中的“缩放”工具主要有 3 种用法：

（1）选定缩放工具后，在图像窗口中单击可将图像放大一倍显示。

（2）选定缩放工具后，按住【Alt】键的同时在图像窗口中单击可将图像缩小 1/2 倍显示。

（3）选定缩放工具后，在图像窗口中拖放出一个区域，可将选定区域放大至整个窗口。

2. “视图”菜单中的显示比例选项

在“视图”菜单中有 7 个选项用于改变图像的显示比例，如图 2–14 所示。

3. 利用“导航器”面板改变显示比例

还可以利用“导航器”面板来改变图像的显示比例。改变时只需将光标定位在导航器面板的缩放滑块上左右拖动即可，如图 2–15 所示。

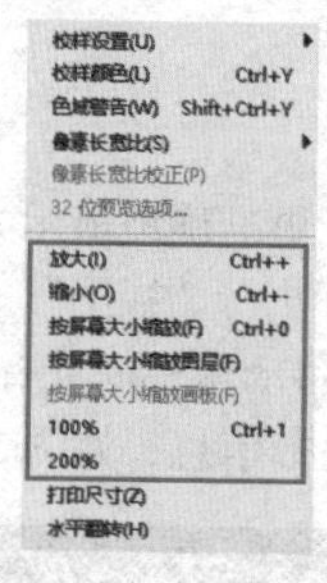

图 2–14

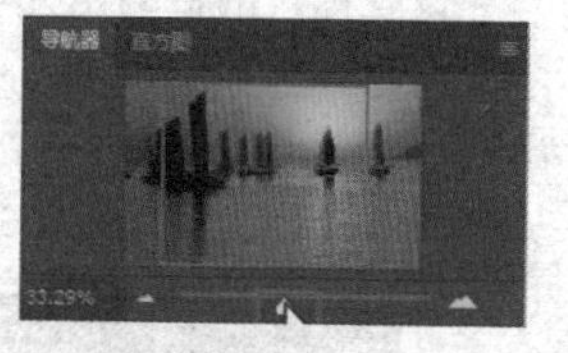

图 2–15

2.2.5 文件浏览器——Adobe Bridge

Adobe Bridge 是文件浏览器的下一代产品。执行“文件”|“在 Bridge 中浏览”菜单命令，将弹出一个与 ACDSee 相似的浏览窗口，如图 2–16 所示。

图 2–16

对话框左面上半部是文件夹目录，下半部显示图片的详细信息。中间上半部分是图片区，下半部分是图片所在文件图片内容预览区，最下面是对图片的一些显示方式的调整按钮。双击预览区的图片即可将其打开。除了基本的图像管理功能外，在“Adobe Bridge”对话框中还可以对图片进行简单的处理，包括快速处理相机的 RAW 格式文件、批量重命名、旋转、颜色设置、幻灯片放映等功能。

2.3 Photoshop 2020 的辅助工具

无论标尺、度量工具、网格还是参考线等工具，它们都能起到在用户处理图像时精确定位对象的位置和对齐对象的作用。

2.3.1 设置标尺

设置标尺的目的是为了更准确地显示光标的位置，使选择更加准确。

要将标尺显示出来，可执行“视图”|“标尺”命令或者使用快捷键【Ctrl+R】，调出标尺，如图 2-17 所示。移动鼠标时光标在标尺上的位置会自动地显示出来，用户可以从中读取光标当前位置的坐标信息，如图 2-18 所示。具体数值在“信息”面板中有显示。

图 2-17

图 2-18

2.3.2 设置网格

设置网格可以用来对齐参考线。显示网格的方法是执行“视图”|“显示”|“网格”命令或者使用快捷键【Ctrl+’】即可，如图 2-19 所示。

图 2-19

2.3.3 设置参考线

参考线的设置也是为了让用户能够更好地对齐对象。但是它的使用要比网格的使用方便一些，因为网格要布满整个图像屏幕，而参考线却是可以按照用户的需要进行设置，而且可以任意设置其位置。设置参考线之前，首先要显示标尺，然后在标尺上按下鼠标拖动至窗口中，放开鼠标即可出现参考线，如图 2–20 所示。

图 2–20

参考线的主要操作有：

1. 移动参考线

在按住【Ctrl】键的同时拖曳参考线即可移动参考线，另外也可以使用工具箱中的移动工具，然后在参考线上拖动鼠标即可移动参考线。

2. 隐藏参考线

执行“视图”|“显示”|“参考线”命令或者使用快捷键【Ctrl+；】即可隐藏参考线。

3. 锁定参考线

使用“视图”|“锁定参考线”命令即可锁定参考线，锁定后的参考线将不能再移动。

4. 删除参考线

删除一条参考线只需把要删除的参考线拖动到标尺中即可，而使用“视图”|“清除参考线”命令可清除图像中所有的参考线。

2.4 还原与重做

还原、重做与恢复图像是常用的操作，它们主要通过“编辑”菜单中的“还原”命令、“重做”命令和“切换最终状态”命令加以实现，如图 2–21 所示。

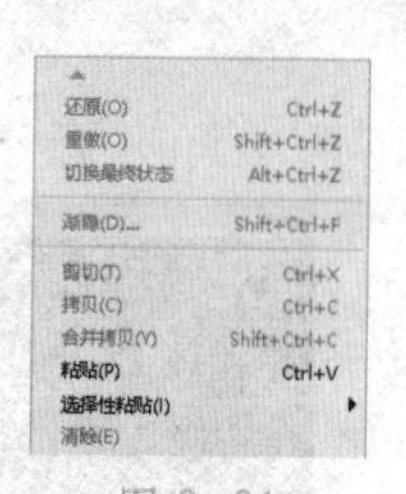

图 2–21

1. 还原

“还原”命令用于撤销最近一次进行的操作，用户可以在“参数选项”对话框中设置可还原的次数。该命令的快捷键为【Ctrl+Z】。

2. 重做

“重做”命令用于撤销“切换最终状态”命令所进行的操作。该命令只有在使用了“返回切换最终状态”命令后才能使用。

3. 切换最终状态

“切换最终状态”命令可以将修改过的图像恢复到未修改以前的状态，即最近一次保存时的状态。如果用户对某个存盘文件的修改效果不满意，就可以使用“切换最终状态”命令将其恢复到未修改以前的状态，然后重新编辑。

2.5 系统设置

基本上每个应用软件都允许用户对软件本身的系统设置进行更改设置，这样可以提高软件的性能，也可以给用户带来一些操作上的方便。

2.5.1 指定暂存盘

暂存盘是指具有空闲存储空间的任何驱动器或驱动器的一个分区。用户可以更改主暂存盘，在 Photoshop 中还可以指定第二个、第三个或第四个暂存盘，以便在主磁盘已满时使用。

以下原则可帮助用户指定暂存盘：

为获得最佳性能，不要将暂存盘设置在要编辑的大型文件所在的驱动器上。

暂存盘应位于用于虚拟内存的驱动器以外的其他驱动器上。

暂存盘应位于本地驱动器上。也就是说，不应通过网络来访问它们。

暂存盘应是常用的普通（不可移动的）介质。

Raid 磁盘 / 磁盘阵列适合于专用暂存盘卷。

包含暂存盘的驱动器应定期进行碎片整理。

更改暂存盘位置的方法如下：

（1）执行“编辑”|“首选项”|“暂存盘”命令。

（2）打开如图 2-22 所示的对话框，在“暂存盘”选项栏中选择所需的磁盘，最多可以指定 4 个暂存盘。

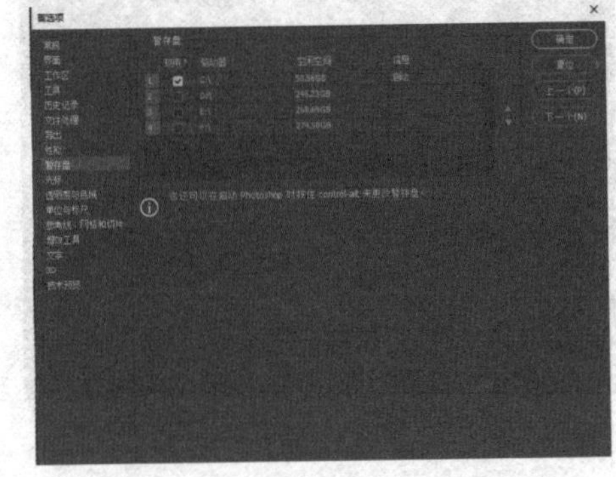

图 2-22

（3）单击“确定”按钮确认设置。

（4）重新启动 Photoshop 以使更改生效。

2.5.2 复位所有警告对话框

有时会显示包含关于特定状态的警告或提示的信息。通过选择信息中的“不再显示”选项，可以让这些信息不再显示。用户也可以将所有已设为不再显示的信息重新设置为可以显示。

将所有警告信息重新设置为可以显示：执行“编辑”|“首选项”|“常规”命令，在打开的如图 2-23 所示的对话框中单击“复位所有警告对话框”按钮即可。

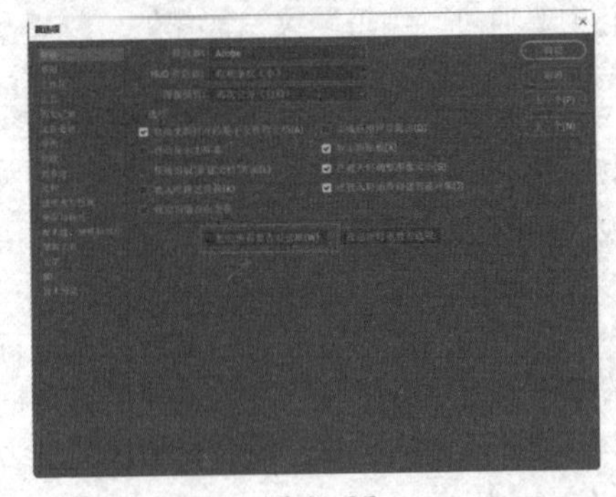

图 2-23

2.5.3 监视操作

进度条表明操作正在进行中。用户可以中断进程，或者也可以让程序在进程完成时通知用户。

（1）取消操作：按住【Esc】键，直至正在进行的操作停止。

（2）设置操作完成通知。执行“编辑” | “首选项” | “常规”命令，在打开的对话框中，选择“完成后用声音提示”复选框即可，如图 2-24 所示。

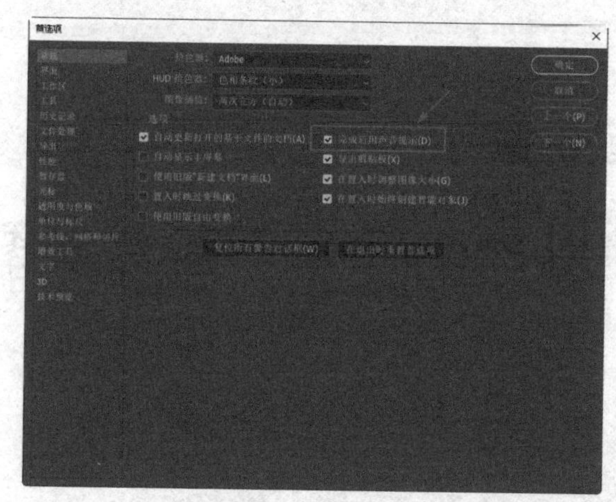

图 2-24

2.6 本章回顾

本章简明扼要地介绍了 Photoshop 2020 软件中最基本的操作。包括图像文件的基本操作，图像窗口的基本操作，辅助工具的设置与启用等知识。

本章内容看似很简单，但对于初学者来说，它是熟练掌握 Photoshop 图像应用软件的最基础的知识，也可为以后制作图像打下基础。

本章重点内容：Photoshop 2020 图像窗口操作，Photoshop 2020 的辅助工具。

第 3 章

使用 Photoshop 2020 绘制图像

本章主要内容与学习目的

- Photoshop 2020 的绘画工具
- 选取前景色和背景色
- 画笔的使用与设置
- 设置绘画和编辑工具的属性栏
- 画笔和铅笔工具
- 提高训练——绘制三菱汽车标志
- 本章回顾

画笔和铅笔是Photoshop软件中绘画的重要工具，使用它可以绘制出很多形状不同的图形和线条。这也是初学者学习的重点，在图像制作中，画笔工具发挥着很重要的作用。本章将详细讲解画笔的使用与功能设置。

3.1 Photoshop 2020的绘画工具

Photoshop提供了画笔和铅笔两种典型的绘画工具。通常用画笔工具来绘制那些较柔和的线条或色彩的轮廓线，而铅笔工具则用来绘制那些线条比较硬的手画线。用户还可以自己设置画笔，更改系统默认的特性。还可以将画笔工具用作喷枪，使绘制的图像具有喷涂的色彩效果。下面是使用画笔工具或铅笔工具绘图时的基本步骤：

（1）选定图像的前景色。

（2）从工具箱中选择画笔工具或铅笔工具。

（3）在工具属性栏中进行设置。

（4）完成了以上步骤，在绘图区域用户就可以移动鼠标，画出自己想要的图画了。

3.2 选取前景色和背景色

现实生活中，在开始绘画之前总要先调好颜色。同样使用Photoshop作图时也要有类似的步骤，这就是指定前景色和背景色。

Photoshop使用前景色绘画、填充和描边选区，使用背景色生成渐变填充和在图像的涂抹区域中填充。一些特殊效果滤镜也使用前景色和背景色。

用户可以使用“吸管”工具、“颜色”面板、“色板”面板或“拾色器”对话框指定新的前景色或背景色。下面就详细介绍如何使用这些工具改变前景色或背景色。

3.2.1 使用工具箱中的颜色设置

在工具箱的下部，有一个颜色选区，如图3–1所示。更改前景色或背景色的具体步骤如下：

（1）要更改前景色，可以单击颜色选区中的“设置前景色”颜色按钮，如图3–2所示。

（2）要更改背景色，可以单击颜色选区中的“设置背景色”颜色按钮，如图3–3所示。

图 3–1

图 3–2

图 3–3

（3）之后会弹出一个如图3–4所示的对话框，以供用户选择颜色，它就是“拾色器”，颜色选定后，单击“确定”按钮即可改变前景色或背景色的颜色。

图 3–4

（4）在“拾色器”对话框中，左侧的彩色方框称为彩色域，是用来选择颜色的。彩色域中的小圆圈是颜色选取光标，如图 3-5 所示。彩色域右边的竖长条为彩色滑块，如图 3-6 所示，可以用来调整颜色的不同色调。

图 3-5

图 3-6

在彩色滑块右侧还有一块显示颜色的区域，称为颜色预览框，如图 3-7 所示。其分成两部分，上半部分所显示的是当前所选的颜色，下半部分显示的是打开“拾色器”对话框之前选定的颜色。

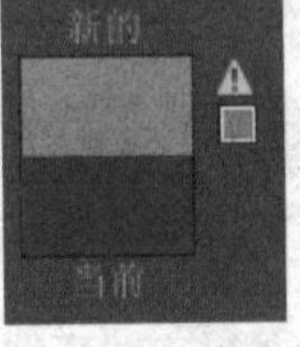

图 3-7

其右侧有一个带有感叹号的三角形按钮，称为溢色警告。其下面的小方块显示打印机能识别的颜色中与所选色彩最接近的颜色。

当出现溢色警告时，说明你所选择的颜色已经超出打印机所能识别的颜色范围，打印机无法将其准确打印出来。

单击溢色警告按钮，即可将当前所选颜色置换成与之相对应的打印机所能识别的颜色。在颜色预览框的右侧还会出现一个小立方体（图 3-8），称为 Web 安全色警告。其下面的小方块显示与所选色彩最接近的 Web 安全色。单击 Web 安全色按钮，即可将当前所选颜色置换成与之相对应的 Web 安全色。

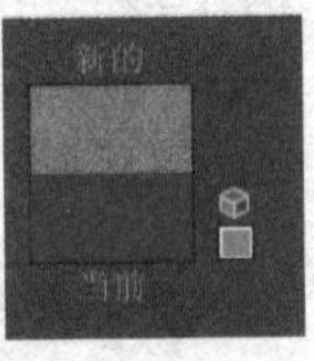

图 3-8

在对话框右下角，还有 9 个单选按钮，即 HSB、RGB、Lab 色彩模式的三原色按钮，当选中某单选按钮时，滑块即成为该颜色的控制器。例如单击选中 G 单选按钮，即滑块变为控制绿色，如图 3-9 所示，然后再在彩色域中选择决定 R 与 B 的颜色值。因此，通过调整滑块并配合彩色区域即可选择成千上万种颜色。每个单选按钮的控制功能如下：H—色相、S—饱和度、B—亮度、R—红、G—绿、B—蓝、L—明度、a—由绿到鲜红、b—由蓝到黄。

图 3-9

另外，在“拾色器”对话框的左下角有一个复选框“只有 Web 颜色”。选中该复选框后，在彩色域中就只显示 Web 安全色了，如图 3-10 所示。

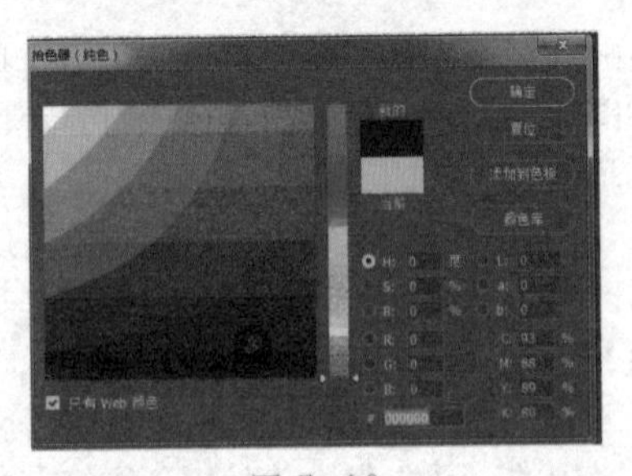
图 3-10

3.2.2 使用吸管工具

吸管工具可以在图像区域中、“颜色”面板的色谱中和“色板”面板中采集颜色预设以指定新的前景色或背景色，如图 3–11、图 3–12 和图 3–13 所示。

图 3–11

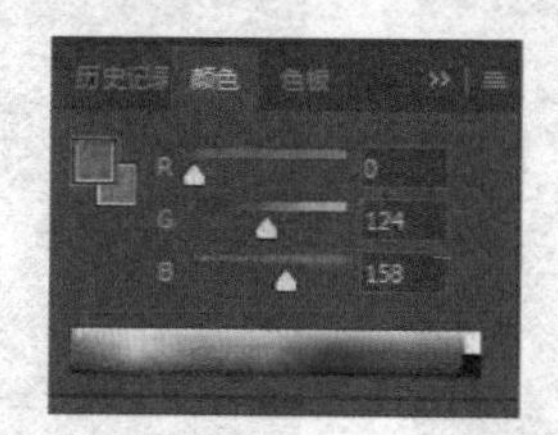

图 3–12

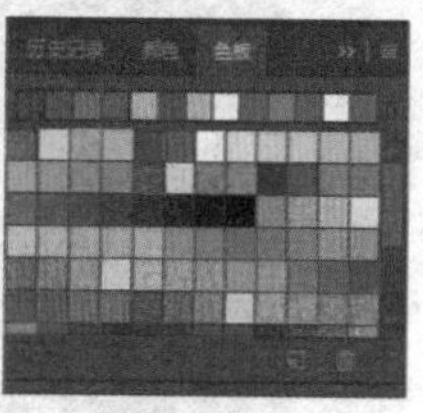

图 3–13

用吸管选取前景色：用户可以通过在图像区域、“颜色”面板的色谱中或“色板”面板中单击的方法，来选择新的前景色。或者按下鼠标左键在图像中或在“颜色”面板的色谱中的任何位置拖移，前景色选区框会随着用户鼠标的移动动态地变化，松开鼠标按钮，即可拾取新颜色。

用吸管选取背景色：用户可以利用按住【Alt】键的同时在图像区域或“颜色”面板的色谱中单击的方法，来选取新的背景色；或者按住【Alt】键并按下鼠标左键在图像中或在“颜色”面板的色谱中的任何位置拖移，背景色选区框会随着鼠标的移动动态地变化。松开鼠标按钮，即可拾取新颜色。而在“色板”面板中需要按住【Ctrl】键的同时单击，方可拾取新的背景色。

Photoshop 除了提供吸管工具以外，还提供了一个很方便查看颜色信息的工具——颜色取样器工具。它可以帮助用户定位查看图像窗口中任一位置的颜色信息。

使用方法如下：

（1）选择颜色取样器工具，移动鼠标至图像窗口需要查看颜色信息的位置处单击即可完成颜色取样，如图 3–14 所示。此时会自动显示“信息”面板，如图 3–15 所示，并在该面板中显示定点后颜色的信息。

图 3–14

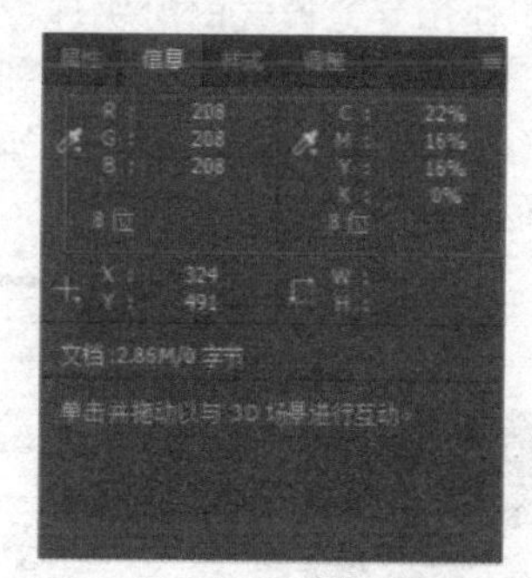

图 3–15

（2）取样点的位置可以任意调整，移动鼠标至取样点上拖动即可完成移动。例如执行“图像” | “调整” | “曲线”命令，对图像进行曲线调整，取样点的颜色信息也会随之变化，如图 3–16 所示，使用户能很清楚地看到当前取样点上反映的颜色变化信息。

（3）取样点信息可以显示或隐藏，其方法是：在“信息”面板中单击面板右上角上的小黑三角可以打开“信息”面板菜单，如图 3–17 所示，单击其中的“颜色取样器”命令就可以显示或隐藏取样点。

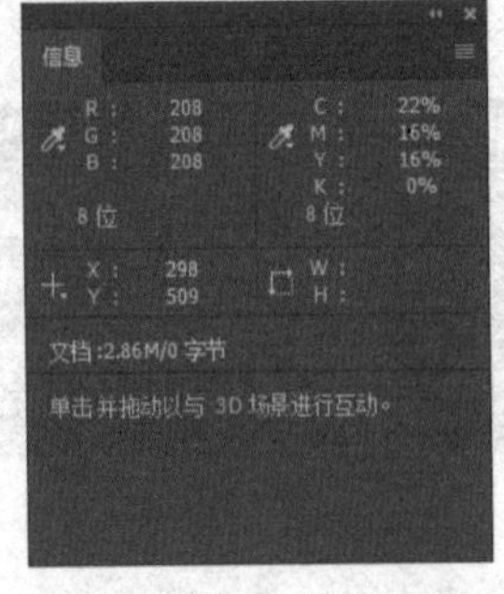

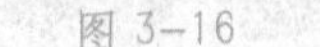
图 3-16

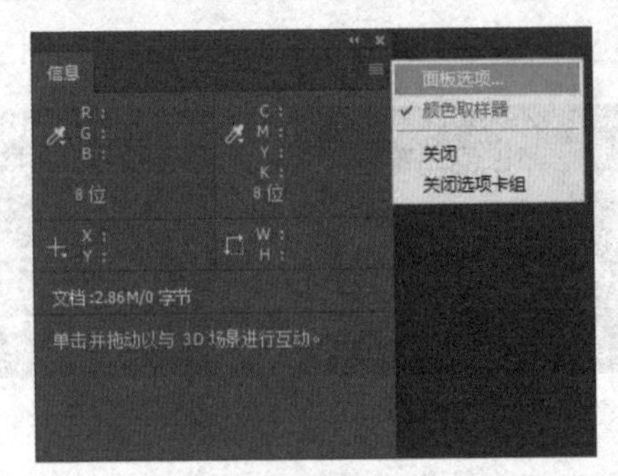

图 3-17

3.2.3 使用“颜色”面板

使用“颜色”面板选择颜色如同在“拾色器”对话框中选色一样轻松。在“颜色”面板中不仅能显示当前的前景色和背景色的颜色值，而且可以通过拖动“颜色”面板中的滑块来编辑前景色和背景色。也可以从面板底部的曲线图色谱中选取前景色或背景色。

在默认情况下，“颜色”面板所提供的是 RGB 色彩模式的滑块，如图 3-18 所示，其中有 3 条滑块，分别为 R、G、B。当用户想使用其他模式的滑块进行选色时，则可以单击面板右上角的☰按钮，打开“颜色”面板菜单，如图 3-19 所示，从中选择 6 种不同模式的滑块。

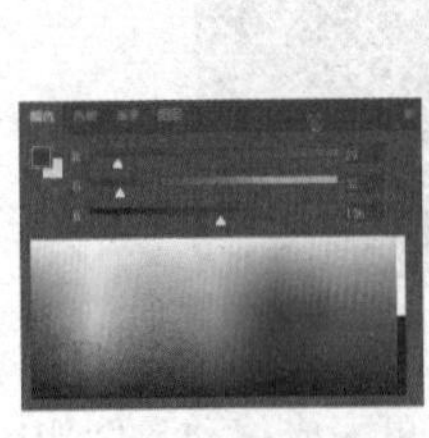
图 3-18

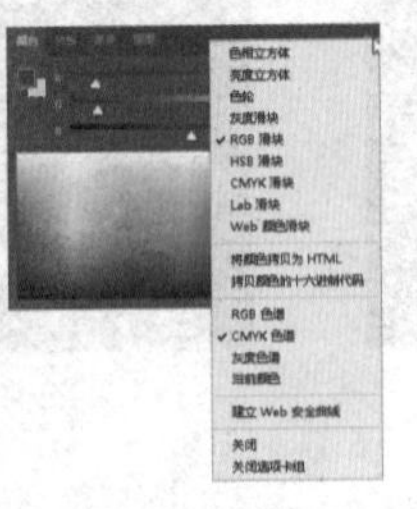
图 3-19

要更改颜色滑块的颜色模式，可以从“颜色”面板菜单中选取滑块选项。

“灰度滑块”：选中此项后，滑块变为一个 K(黑色)，即灰度模式，如图 3-20 所示。

说明： 若在用户的 Photoshop 中未显示颜色面板，则可以执行“窗口”|“颜色”命令，打开“颜色”面板，或者按快捷键【F6】。若单击“颜色”面板中处于激活状态的设置前景色或设置背景色颜色框，则可以打开“拾色器”对话框。

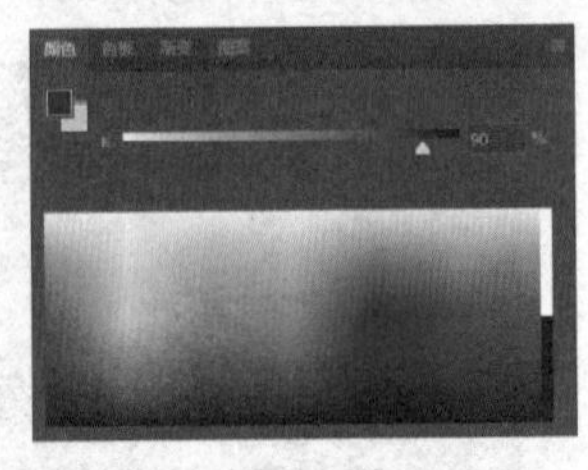
图 3-20

“HSB 滑块”：选中此项后，各滑块变为 H—(色相)、S—(饱和度)、B—(亮度) 滑块，如图 3-21 所示。通过拖动这 3 个滑块上的小三角滑块可以分别设定 H、S、B 的值，其使用方法与 RGB 滑块相同。

CMYK 滑块：选中此项后，滑块变为 C—青色、M—洋红色、Y—黄色、K—黑色 4 个滑块，如图 3-22 所示。使用方法与 RGB 滑块相同。

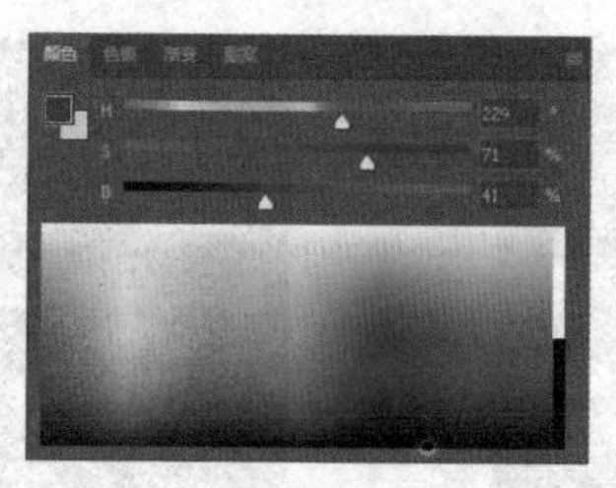

图 3-21

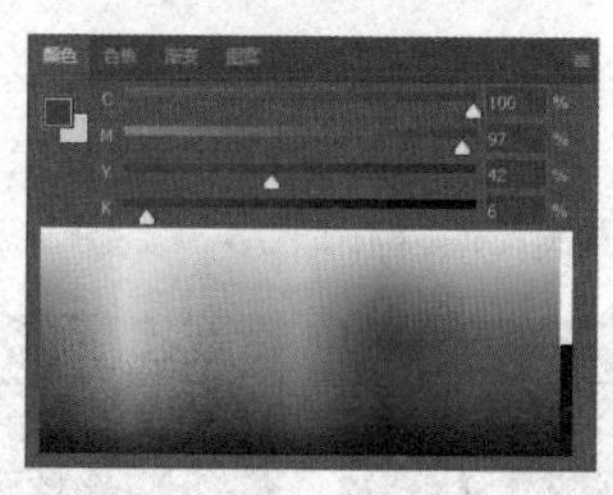

图 3-22

Lab 滑块：选中此项后，滑块变为 L、a、b 3 个滑块，如图 3-23 所示。L—用于调整亮度（其范围 0~100）；a—用于调整由绿到鲜红的光谱变化；b—用来调整由黄到蓝的光谱变化，后两者取值范围都在 -128~127 之间。

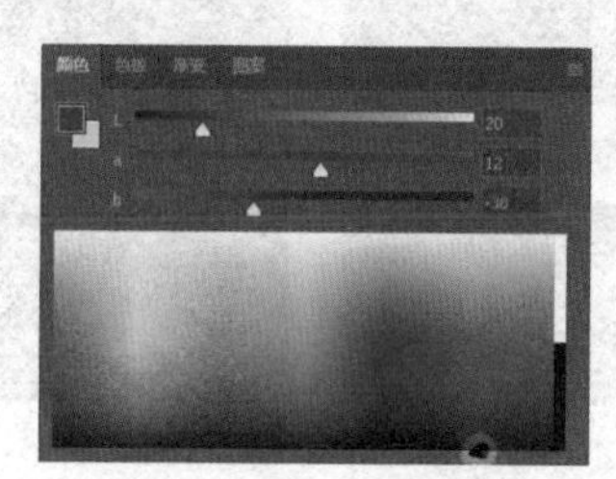

图 3-23

“Web 颜色滑块”：选中此项后，滑块变为 R、G、B 3 个滑块，使用方法与 RGB 滑块相同，但是只能选择 Web 安全色，如图 3-24 所示。

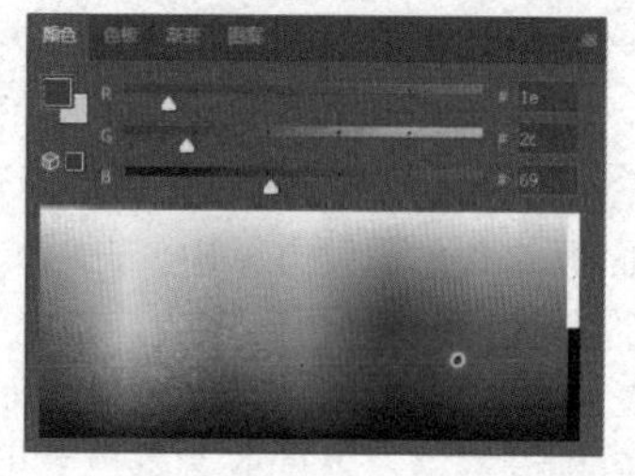

图 3-24

要更改四色曲线图中显示的色谱，可以从“颜色”面板菜单中选取选项。

“RGB 色谱”、“CMYK 色谱”或“灰色曲线图”显示指定颜色模型的色谱；“当前颜色”显示当前前景色和当前背景色之间的色谱。如果需要只显示 Web 安全颜色，可以选取“建立 Web 安全曲线”。

拖移颜色滑块时，默认情况下，滑块颜色会随着用户的拖移而改变。在 Photoshop 中，可以关闭此功能以便提高性能。其方法是：执行“编辑”|“首选项”|“界面”命令，打开如图 3-25 所示的对话框，在该对话框中取消选择“动态颜色滑块”复选框。

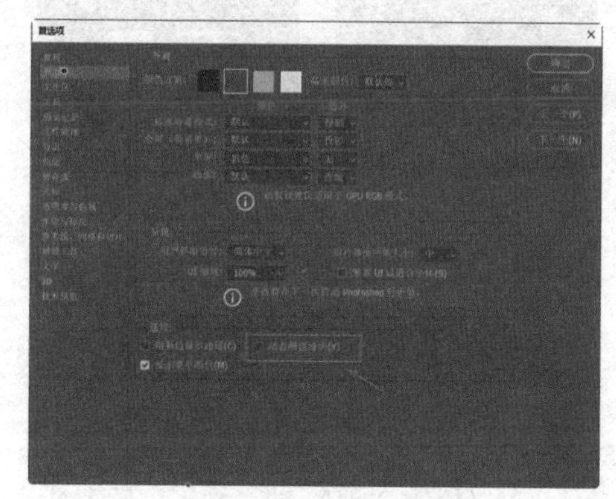

图 3-25

3.2.4 使用“色板”面板

Photoshop 还提供了一个“色板”面板，以便快速选择颜色。该面板中的颜色都是预设好的，不需要进行配置即可使用。用户还可以在“色板”面板中加入一些常用的颜色或将一些不常用的颜色删除。下面介绍关于在“色板”面板中的操作：

要使用“色板”面板选择颜色，首先执行“窗口”|“色板”命令，打开“色板”面板，如图3–26所示。然后移动鼠标至“色板”面板的颜色预设方格中，此时光标变成吸管形状，单击即可选定当前指定颜色。要选取前景色，可以单击“色板”面板中的颜色预设方格；要选取背景色，可以按住【Ctrl】键并单击面板中的颜色预设方格。

修改“色板”面板中颜色的方法如下：

1. 在“色板”面板中添加颜色

（1）使用新建按钮。单击“色板”面板中的新建按钮，新建色板名称为“色板1”“色板2”等，增加的颜色为当前选取的前景色。

（2）使用快捷菜单。在“色板”面板中的空白处单击鼠标右键，弹出如图3–27所示的快捷菜单，选择“新色板预设”命令，弹出如图3–28所示的“色板名称”对话框，指定增加颜色的名称，单击“确定”按钮确认。在对话框左面的方框中显示的是当前选取的前景色。

图 3–26

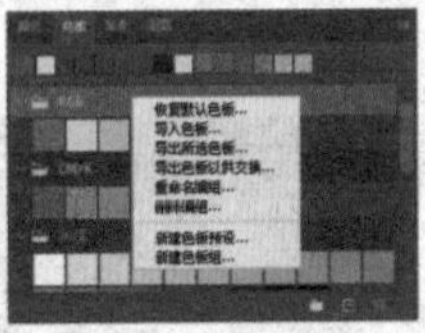

图 3–27

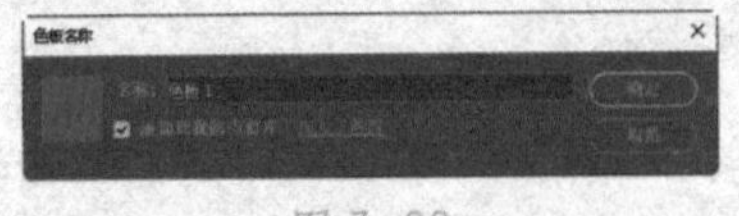

图 3–28

（3）使用“色板”面板菜单。单击“色板”面板右上角的按钮，弹出如图3–29所示的菜单，选择“新建色板预设”命令，同样会弹出“色板名称”对话框，其操作方法和使用快捷菜单相同。

2. 删除“色板”面板中的颜色预设

将颜色预设拖到删除按钮上，如图3–30所示，松开鼠标即可删除该颜色预设。

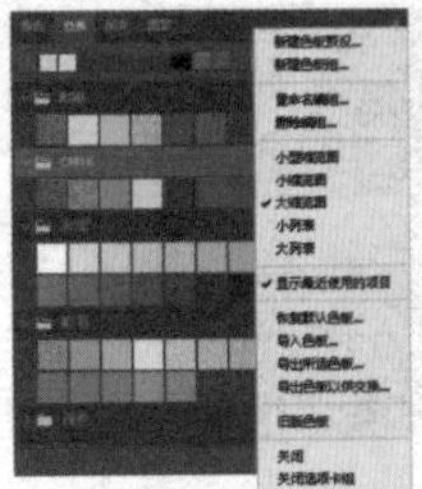

图 3–29

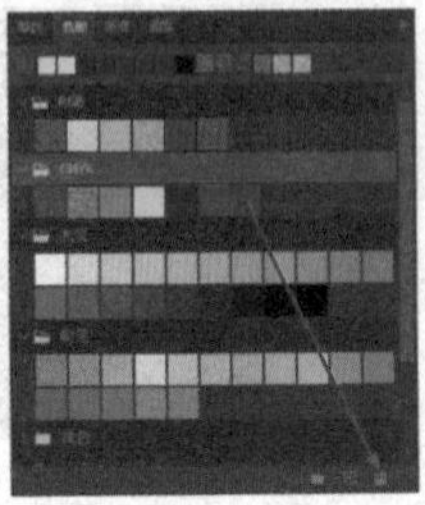

图 3–30

3. 更改“色板”的显示方式

从“色板”面板菜单中选取显示选项，其显示方式共有4种，如图3–31到图3–35所示。

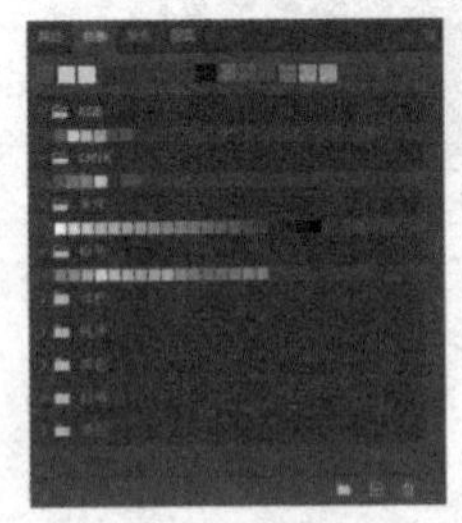

图 3–31　小型缩览图

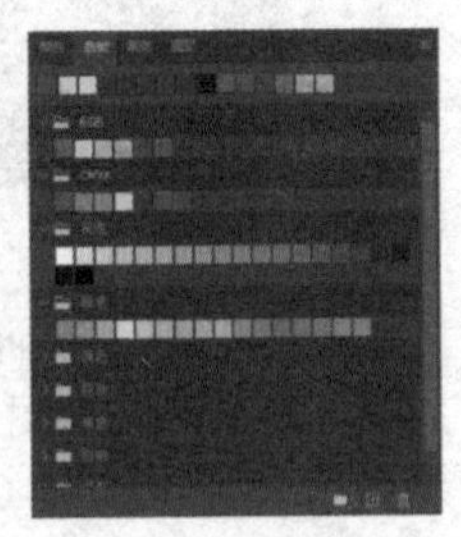

图 3–32　小缩览图

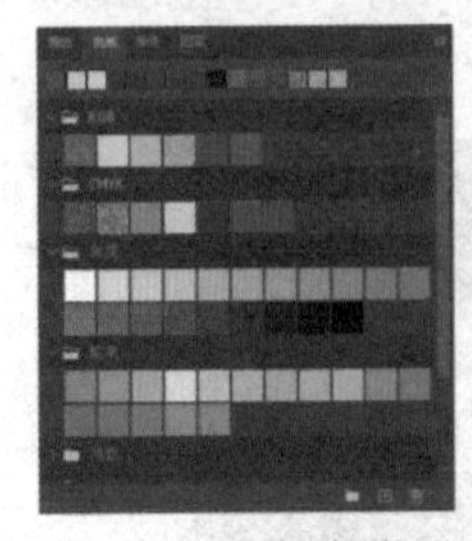

图 3–33　大缩览图

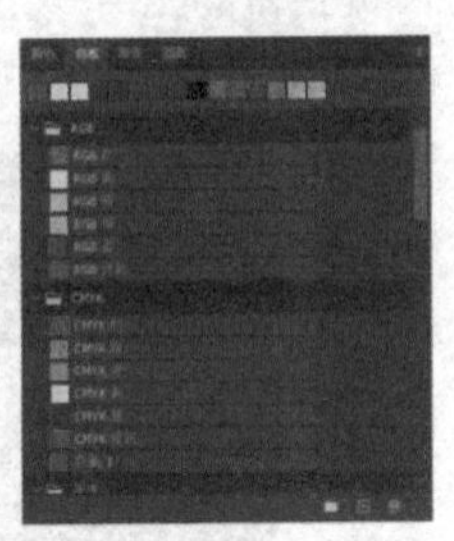

图 3–34　小列表

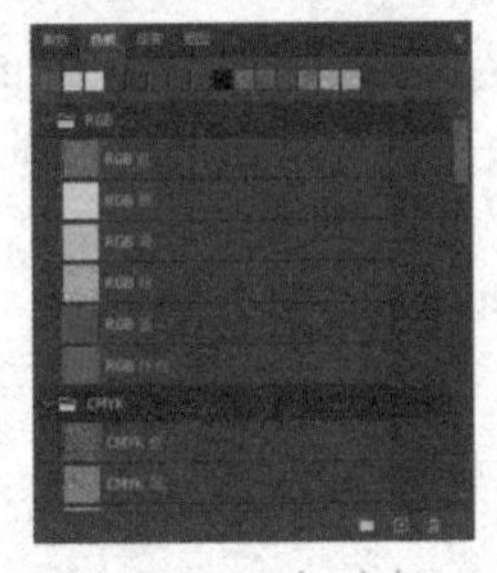

图 3–35　大列表

4. 载入色板

（1）从“色板”面板菜单中选取“导

入色板”选项，在弹出的“载入”对话框中选择要载入的色板，然后单击“载入”按钮即可，如图 3–36 所示。

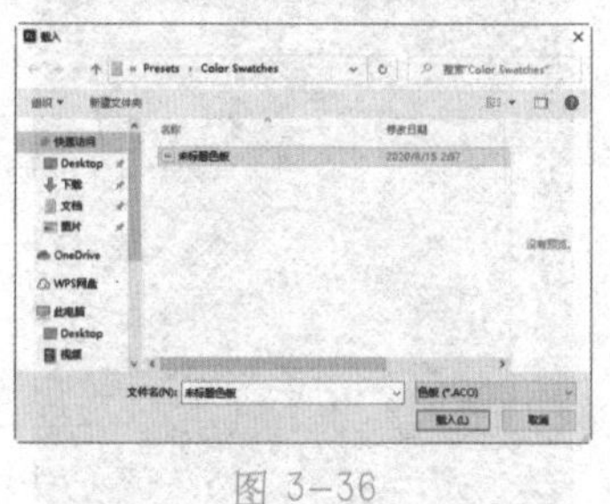

图 3–36

（2）返回到默认色板库。当经过多次增减、替换色板后，“色板”面板将失去本来面目，如果用户想要将它恢复到初始设置，可从“色板”面板菜单中选择“恢复默认色板”命令，替换当前色板。

（3）若要重命名“色板”面板中的原有色板，则可以通过单击鼠标右键，在弹出的快捷菜单中选择“重命名色板”命令，接着在弹出的“色板名称”对话框中进行名称修改。

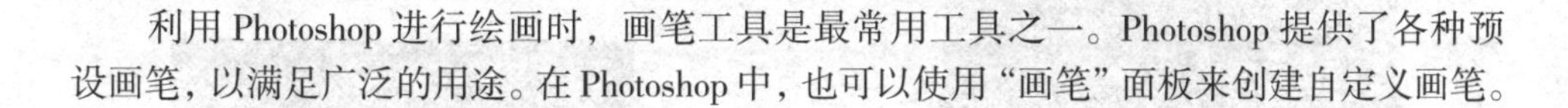

3.3 画笔的使用与设置

利用 Photoshop 进行绘画时，画笔工具是最常用工具之一。Photoshop 提供了各种预设画笔，以满足广泛的用途。在 Photoshop 中，也可以使用“画笔”面板来创建自定义画笔。

3.3.1 使用预设画笔

在使用画笔工具、铅笔工具、橡皮擦工具和历史画笔等绘图工具时，用户必须选定适当大小的画笔，才能进行绘图。在 Photoshop 中，可以使用“画笔”面板查看、选择和载入预设画笔。

执行“窗口”|“画笔”命令或者使用快捷键【F5】，均可以打开“画笔”面板，如图 3–37 所示。面板的左侧是选项名称，当选择其中任何一个选项后，右侧就会显示可供设置的参数。

图 3–37

选择“画笔”面板左侧的“画笔预设”选项，接着在右侧就会显示 Photoshop 预先设置好的画笔。

单击“画笔”面板右上角的▤按钮，可以弹出画笔面板菜单，从中可选取预设画笔的显示方式：画笔名称、画笔描边和画笔笔尖，其中“画笔名称”不可隐藏。

“画笔名称”：仅以纯文本的形式显示画笔的名称，如图 3–38 所示。

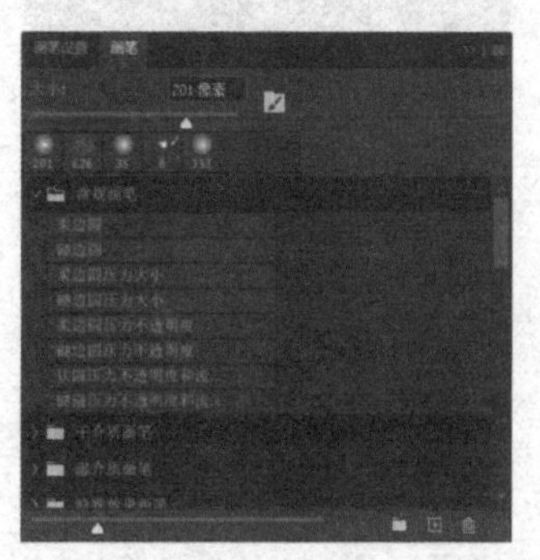

图 3–38

“画笔描边”：以显示画笔形状形式查看画笔，如图 3–39 所示。

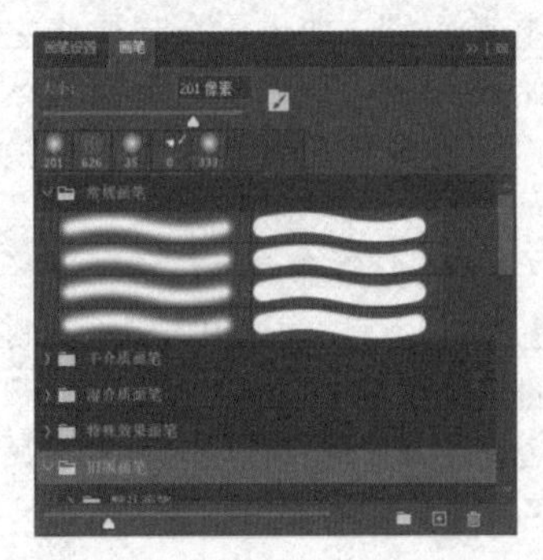

图 3–39

“画笔笔尖”：以显示画笔笔尖形式查看画笔，如图 3–40 所示。

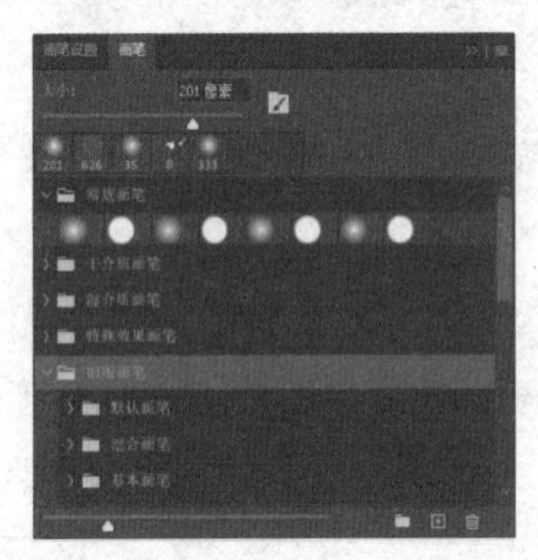

图 3–40

“画笔名称”+“画笔描边”：以显示画笔名称和形状形式查看画笔（带缩览图），如图 3–41 所示。

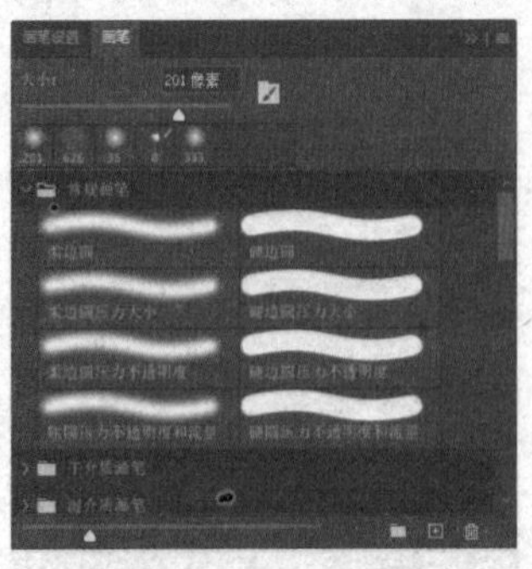

图 3–41

“画笔名称”+“画笔笔尖”：以显示画笔笔尖和画笔名称形式查看画笔（带缩览图），如图 3–42 所示。

图 3–42

“画笔名称”+“画笔描边”+“画笔笔尖”：查看画笔的名称、形状和笔尖，如图 3–43 所示。

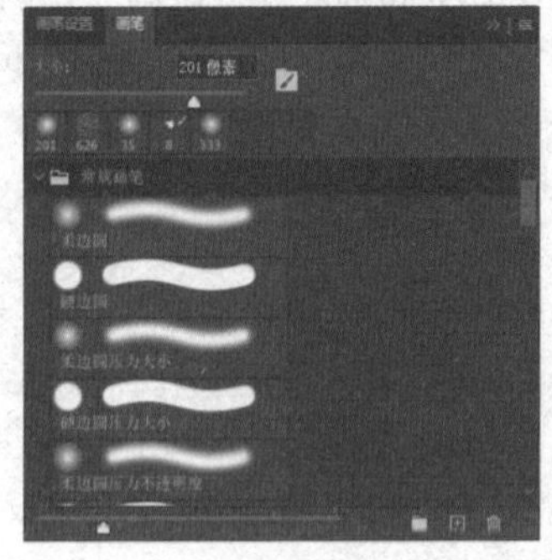

图 3–43

画笔有“硬边画笔”和“软边画笔”两种。

硬边画笔：硬边画笔绘制的线条不具有柔和的边缘，如图 3–44 所示。

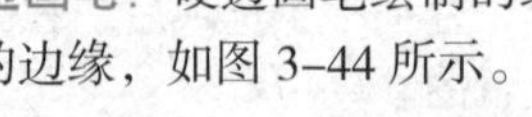

图 3–44

软边画笔：软边画笔绘制的线条，可以产生柔和的边缘，如图 3–45 所示。

图 3–45

拖动面板底部的“主直径”滑条上的滑块可以调节画笔的大小，也可以直接在顶部的文本框中输入画笔的直径数值，单位是像素，取值范围为（1~5000）。如果画笔具有双重笔尖，主画笔笔尖和双重画笔笔尖都将被缩放。

除了列表中的预设画笔外，Photoshop 还为用户提供了很多可供选择的画笔类型。它们都保存在预设画笔库中。要载入预设画笔，方法如下：

从“画笔”面板菜单中选取“导入画笔”命令，在弹出的对话框中选择想使用的库文件，并单击“载入”按钮，即可将库添加到当前列表。

要返回到默认预设画笔库，可以从画笔面板菜单中选取“恢复默认画笔”命令，替换掉当前列表。

3.3.2　自定义画笔

画笔线条由许多单独的画笔笔迹组成。所选的画笔笔尖决定了画笔笔迹的形状、直径和其他特性。可以通过编辑其选项来自定义画笔笔尖，也可以通过采集图像中的像素样本来创建新的画笔笔尖形状。

1. 更改画笔设置

如果 Photoshop 预置的画笔不能满足用户的需要，那么可以更改画笔的设置，操作如下：

（1）在工具箱中选择一种绘图工具，例如画笔，然后调出“画笔”面板。

（2）选择要设置的画笔：硬边圆，如图 3-46 所示，接着打开“画笔设置”面板，如图 3-47 所示，在其中就可以设置画笔笔尖的直径、角度、圆度等。

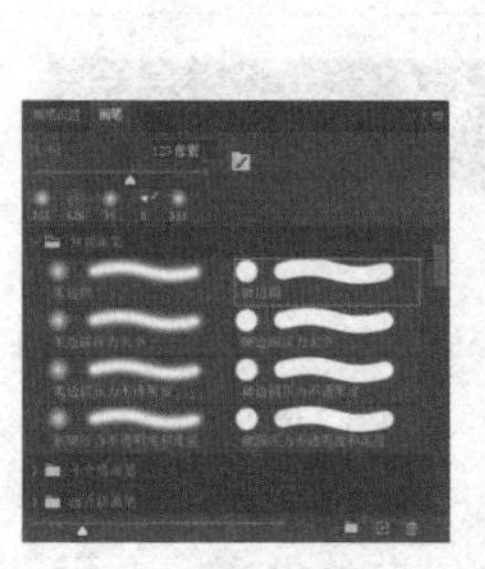

图 3-46

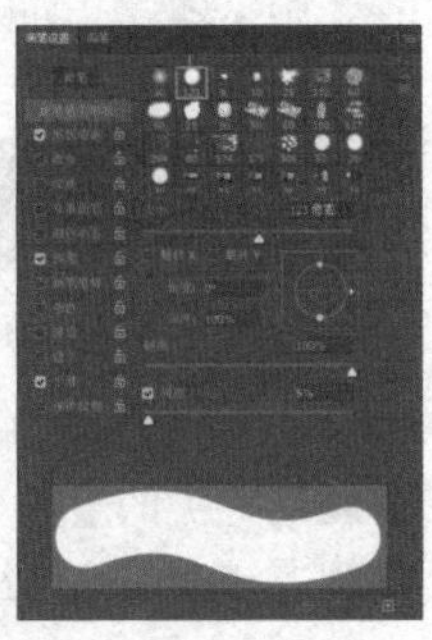

图 3-47

拖动“直径”滑条上的滑块调节画笔笔尖的直径，也可以直接在文本框中输入画笔笔尖的直径数值，单位是像素，取值范围为（1~5000）。

可以在“角度”文本框中输入（-180~180）的数值来指定画笔笔尖的角度，或者拖曳其右侧方框中的箭头进行调整，如图 3-48 所示。

在“圆度”文本框中可以输入（0~100）大小的数值，该数值用于控制椭圆形画笔笔尖的长轴和短轴的比例，也可以用鼠标拖曳其右侧方框内的两个圆点来调整，如图 3-49 所示。

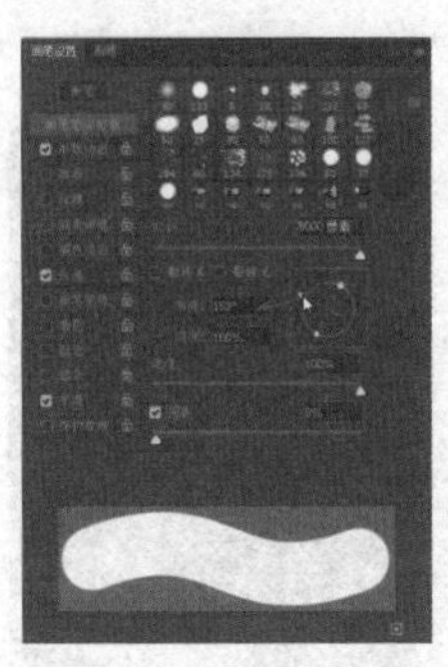

图 3-48

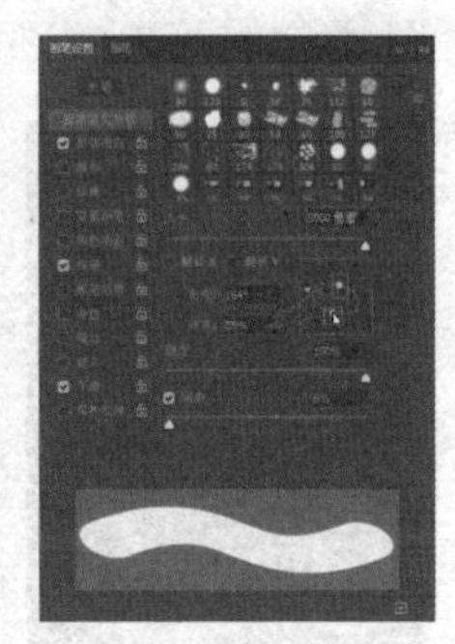

图 3-49

在“硬度”文本框中输入（0%~100%）的数值，该数值用来控制画笔笔尖边界的柔和程度，也可以拖曳“硬度”下面的滑块来调整硬度，如图 3-50 所示。

说明：如果选择的不是硬边画笔也不是软边画笔，则“硬度”选项不可用，显示为灰色。

在“间距”文本框中输入（1%～1000%）的数值，该数值用来控制笔画中两个画笔笔迹之间的距离。其数值在25%以下时，绘制的图形是连续的；大于200%时，绘制的图形是断断续续的。也可以拖曳“间距”下面的滑块来调整间距。如图3-51所示。

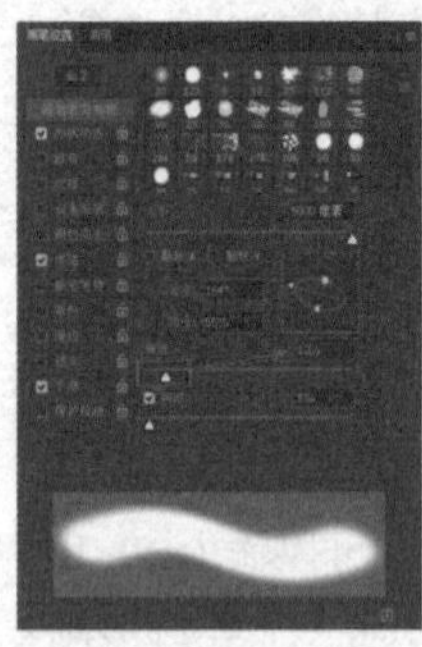

图 3-50

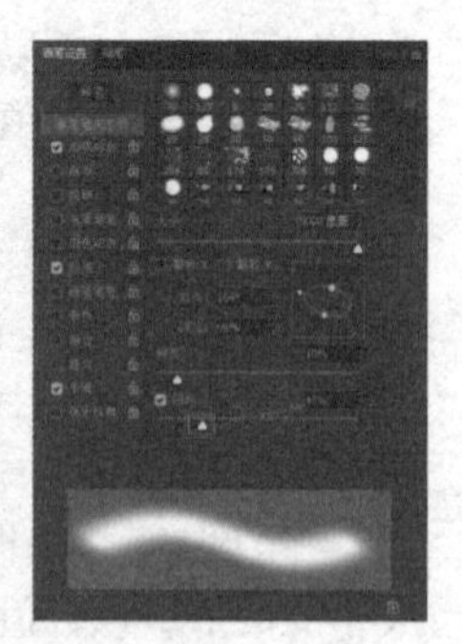

图 3-51

（3）选择“翻转X”和“翻转Y”，可以将画笔笔尖沿X轴或Y轴反转。如图3-52和图3-53所示。

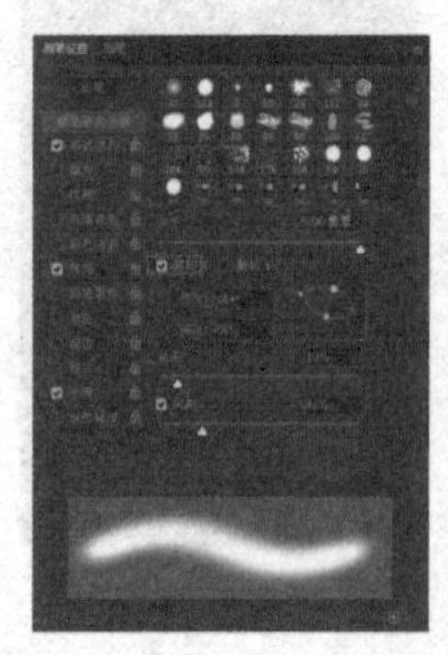

图 3-52

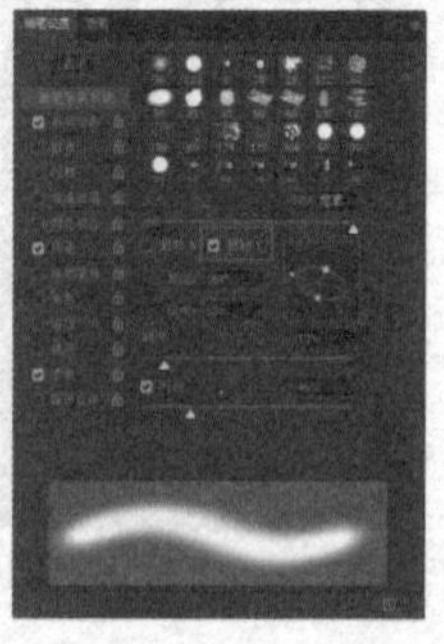

图 3-53

（4）在左侧的“画笔笔尖形状”一栏下，可以单击列表中各形状前的复选框，以添加或取消形状，如图3-54所示。

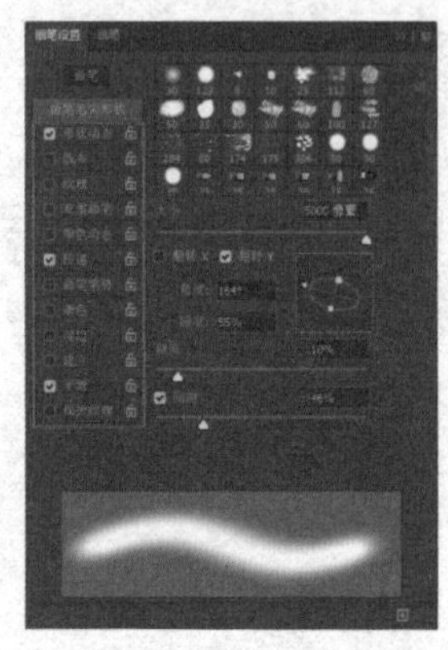

图 3-54

（5）设置完成后，在图像内拖动鼠标即可使用自定义的画笔。

2. 根据图像设定画笔

设置过程如下：

（1）打开作为笔触的图像，如图3-55所示。或者用选取工具在打开的图像中选取一部分。如果要定义带软边的画笔，选择由灰色值像素组成的画笔形状（彩色画笔形状显示为灰色值）。

图 3-55

（2）使用“编辑”|“定义画笔预设”命令，弹出如图3-56所示的对话框，在“画笔名称”对话框中输入名称，单击“确定”按钮，此时在“画笔”面板中自动新增了一个画笔样式，如图3-57所示。

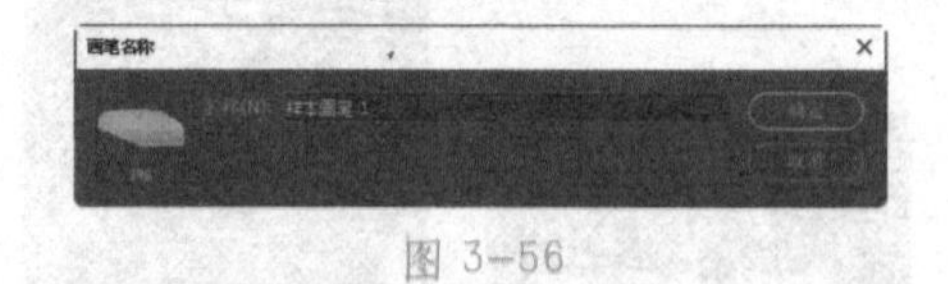

图 3-56

（3）打开“画笔”面板，在其中设置画笔笔尖的直径、角度、间距等属性，详细方法在前面已经介绍过了。

（4）建立一个以白色为底的页面，在工具箱中选择画笔工具，接着在“画笔”面板中选择刚定义的画笔，在图像窗口中

单击鼠标或拖动，即可进行绘图，效果如图 3-58 所示。

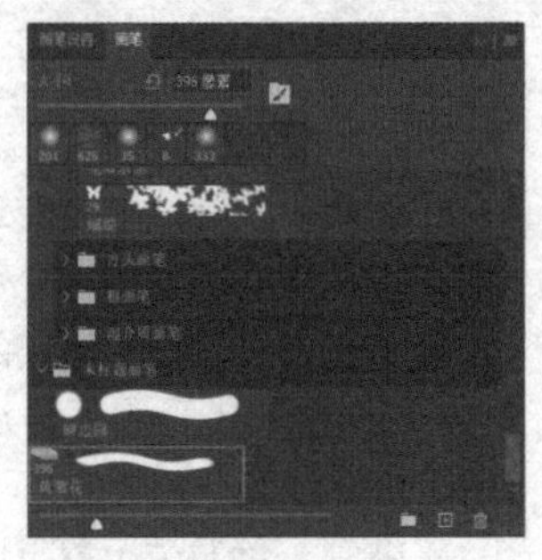

图 3-57

图 3-58

3.3.3 管理预设画笔

新建预设画笔是指基于当前画笔设置建立的新画笔，建立新预设画笔的步骤如下：

（1）打开“画笔”面板，单击面板右上角的按钮，打开画笔面板菜单，如图 3-59 所示，选择“新建画笔预设”命令，接着会弹出“画笔名称”对话框，如图 3-60 所示，输入新的画笔名称即可。

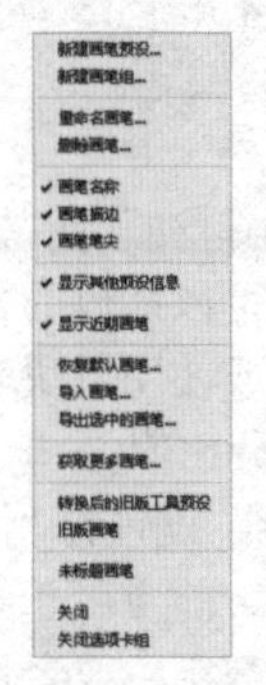

图 3-59

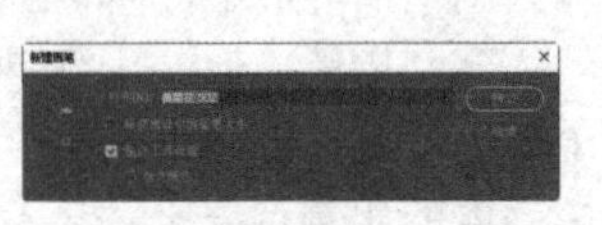

图 3-60

（2）单击“确定”按钮，即可在“画笔”面板中增加一个画笔。

（3）接下来就可以重新设置新建的画笔。

建立画笔后，为了方便以后使用，可以把整个“画笔”面板中的画笔保存在一个新组中。单击画笔面板底部菜单中的“创建新组”按钮，弹出如图 3-61 所示的“组名称”对话框，在该对话框中设置好保存的组名后，单击“确定”按钮保存。然后将新建立的画笔拖动到该组下即可。

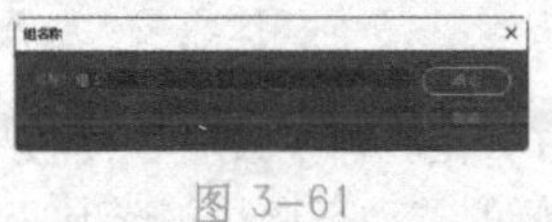

图 3-61

要更改某个画笔的名称，右击该画笔，然后在弹出的菜单中选择“重命名画笔”命令，弹出“画笔名称”对话框，在该对话框中输入新的名称，如图 3-62 所示，单击“确定”按钮即可。

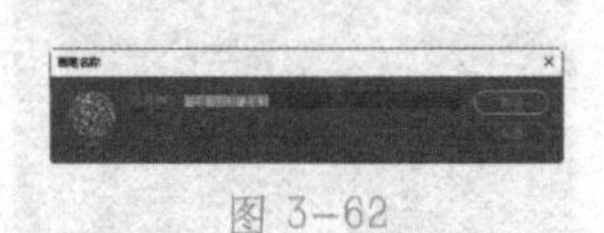

图 3-62

要在“画笔”面板中删除某个画笔，只要右击该画笔，在弹出的快捷菜单中选择“删除画笔”命令，或者单击“画笔”面板中的删除按钮即可。

在“画笔”面板菜单中，也有删除和重命名画笔的命令：

删除画笔：删除画笔面板中当前选取的画笔。

重新命名画笔：对当前选取的画笔重命名。

3.3.4 设置画笔

“画笔设置”面板提供了许多将动态（或变化）元素添加到预设画笔笔尖的选项。例如，可以设置在笔画路线中改变画笔笔迹的大小、颜色和不透明度的选项。

1. 设定画笔的形状动态

形状动态决定笔画中画笔笔迹的变化，效果如图 3-63 所示。要编辑画笔的动态形状，方法如下：

原图

应用动态形状后的效果

图 3-63

（1）在“画笔设置”面板中，选择面板左侧的“动态形状”选项，此时面板显示如图 3-64 所示。

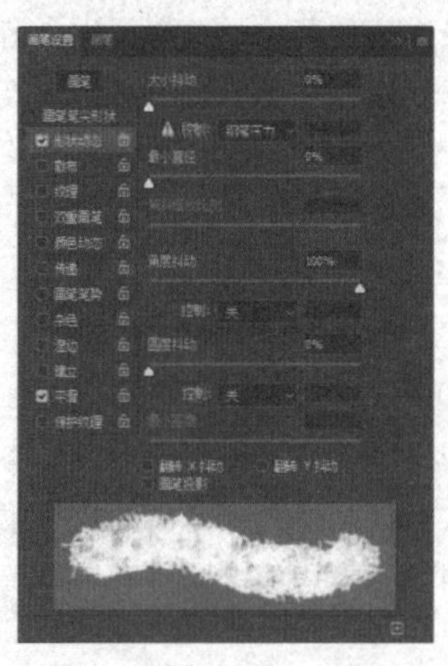

图 3-64

（2）设置画笔面板右侧的一个或多个选项。

大小抖动：抖动百分比指定动态元素的随机性。如果是 0，则元素在笔画路线中不改变；如果是 100%，则元素具有最大数量的随机性。

控制：在控制下拉菜单中的选项指定笔画中画笔笔迹大小的改变方式：

关：不控制画笔笔迹的大小变化。

Dial：在进行画笔描边的同时，使用 Dial 来进行动态调整。

渐隐：按照指定数量的步长在初始直径和最小直径之间渐隐画笔笔迹的大小。每个步长等于画笔笔尖的一个笔迹。该值的范围可以是 1~9999。例如，输入 10 步长会产生以 10 为增量的渐隐。

钢笔压力、钢笔斜度和光笔轮：基于钢笔压力、钢笔斜度或钢笔拇指轮位置，在初始直径和最小直径之间改变画笔笔迹的大小。

提示：只有当使用压力敏感的数字化绘图板时，钢笔控制才可用。如果选择钢笔控制但没有安装绘图板，则将显示带叹号的警告图标。

最小直径：当启用“大小抖动”和“控制”时，才能指定画笔笔迹可以缩放的最小百分比。可通过键入数字或使用滑块来输入画笔笔尖最小直径的百分比值。

倾斜缩放比例：当“控制”设置为“钢笔斜度”时，才能指定在旋转前应用于画笔高度的比例百分比。键入数字，或者使用滑块输入画笔直径的 0~200 之间的百分比值。

角度抖动和控制：指定笔画中画笔笔迹角度的改变方式。

要指定最大抖动的百分比，可以键入数字，或者使用滑块输入 0~100 的百分比值。要指定如何控制画笔笔迹的角度变化，可以从“控制”下拉菜单中选取选项：

关：不控制画笔笔迹的角度变化。

渐隐：可按指定数量的步长在 0~360° 之间渐隐画笔笔迹角度。

Dial：在进行画笔描边的同时，使用 Dial 来进行动态调整。

钢笔压力、钢笔斜度或光笔轮：基于钢笔压力、钢笔斜度或钢笔拇指轮位置，在 0~360° 之间改变画笔笔迹的角度。

初始方向：使画笔笔迹的角度基于画笔笔画的初始方向。

方向或旋转：使画笔笔迹的角度基于画笔笔画的方向。

圆度抖动和控制：指定画笔笔迹的圆度在笔画中的改变方式。要指定最大抖动的百分比，可以键入数字，或者使用滑块输入百分比值，指示画笔短轴和长轴之间的比例。要指定如何控制画笔笔迹的圆度变化，可以从“控制”下拉菜单中选取选项：

关：不控制画笔笔迹的圆度变化。

渐隐：可按指定数量的步长在 100% 和“最小圆度”值之间渐隐画笔笔迹的圆度。

Dial：在进行画笔描边的同时，使用 Dial 来进行动态调整。

钢笔压力、钢笔斜度或光笔轮：基于钢笔压力、钢笔斜度或钢笔拇指轮位置，在 100% 和“最小圆度”值之间改变画笔笔迹的圆度。

旋转：使画笔笔迹的角度基于画笔笔画的方向。

最小圆度：当“圆度抖动”和“控制”启用时指定画笔笔迹的最小圆度。键入数字，或者使用滑块输入百分比值，指示画笔短轴和长轴之间的比例。

2. 设定画笔散布

画笔散布可确定笔画中笔迹的数目和位置，效果如图 3-65 所示。

编辑画笔散布的方法如下：

（1）在“画笔设置”面板中，选择面板左侧的“散布”选项，此时的面板显示如图 3-66 所示。

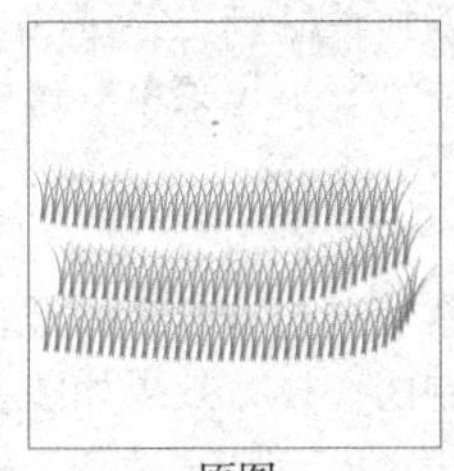

原图

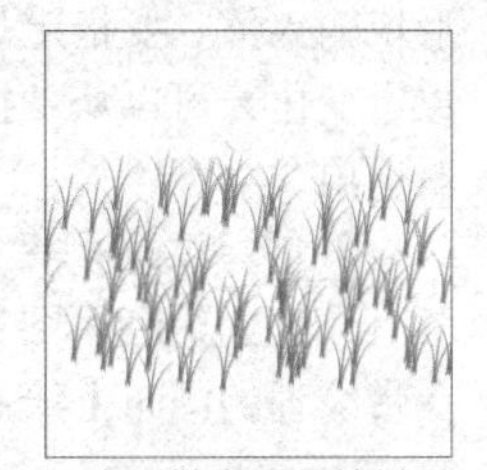

应用散布后的效果

图 3-65

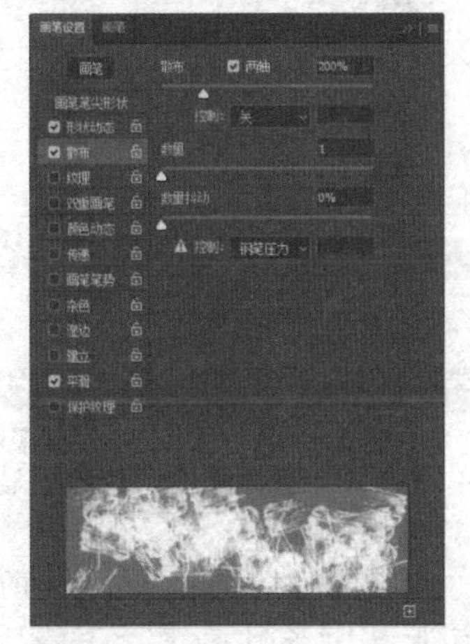

图 3-66

（2）设置下面的一个或多个选项：

“散布”和“控制”：指定画笔笔迹在笔画中的分布方式。当选择“两轴”时，画笔笔迹按径向分布。当取消选择“两轴”时，画笔笔迹垂直于笔画路径分布。要指定散布的最大百分比，可以键入数字或使用滑块来输入值。要指定如何控制画笔笔迹的散布变化，可以从“控制”下拉菜单中选取选项。

数量：指定在每个间距间隔里应用的画笔笔迹数量。可以键入数字或者拖动滑块来输入值。

“数量抖动”和“控制”：指定画笔笔迹的数量如何针对各种间距间隔而变

化。要指定在每个间距间隔里应用的画笔笔迹的最大百分比，可以键入数字或使用滑块输入值。要指定如何控制画笔笔迹的数量变化，可以从“控制”下拉菜单中选取选项。

3. 创建纹理画笔

纹理画笔利用图案使描边看起来像是在带纹理的画布上绘制的一样，效果如图 3-67 所示。

原图

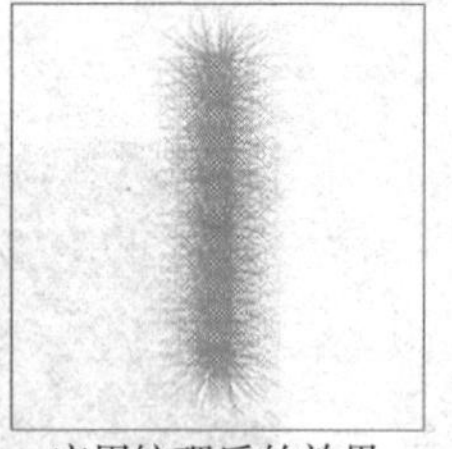

应用纹理后的效果

图 3-67

要编辑画笔的纹理选项，方法如下：

（1）在“画笔设置”面板中，选择面板左侧的“纹理”选项，其面板显示如图 3-68 所示。

（2）单击图案样本，在弹出的图案选项框列表中选择图案，如图 3-69 所示。

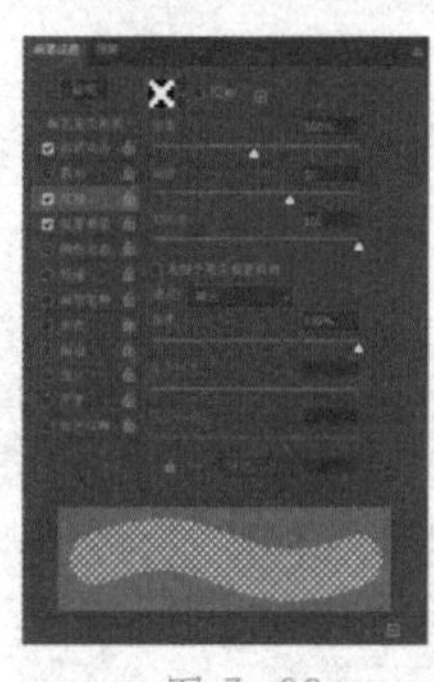

图 3-68

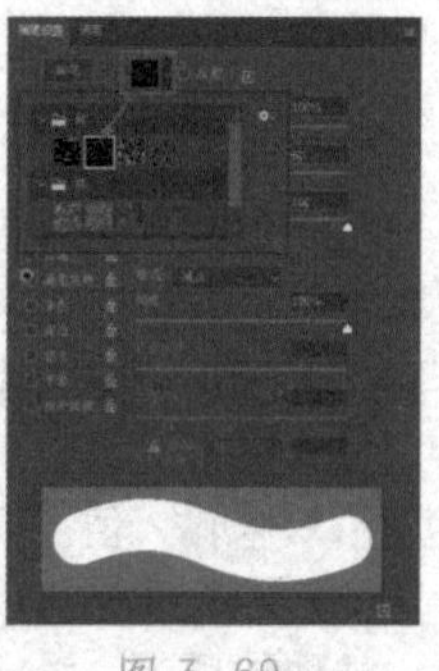

图 3-69

（3）设置下面的一个或多个选项：

反相：基于图案中的色调反转纹理的亮点和暗点。当选择反相时，图案中的最亮区域是纹理中的暗点；图案中的最暗区域是纹理中的亮点。当取消选择反相时，图案中的最亮区域接收最多的油彩；图案中的最暗区域油彩最少。

缩放：指定图案的缩放比例。键入数字，或者使用滑块来改变图案大小的百分比值。

亮度和对比度：设置图案的亮度和对比度。键入数字，或者使用滑块来改变图案亮度或对比度的百分比值。

为每个笔尖设置纹理：指定在绘画时是否分别渲染每个笔尖。如果不选择此选项，则无法使用“深度”变化选项。

模式：指定用于组合画笔和图案的混合模式。

深度：指定油彩渗入纹理中的深度。键入数字，或者使用滑块来改变值。

最小深度：当使用“深度”中的“控制”并且选中“为每个笔尖设置纹理”时，指定油彩可渗入的最小深度。

深度抖动和控制：当选中“为每个笔尖设置纹理”时，指定深度的改变方式。要指定最大抖动的百分比，可以键入数字或使用滑块输入值。要指定如何控制画笔笔迹的深度变化，可以从“控制”下拉菜单中选取选项。

4. 创建双重画笔

双重画笔使用两个笔尖创建画笔笔迹，效果如图 3-70 所示。在“画笔设置”面板的“画笔笔尖形状”项中可以设置主要笔尖的选项；在“画笔设置”面板的“双重画笔”项中可以设置次要笔尖的选项。

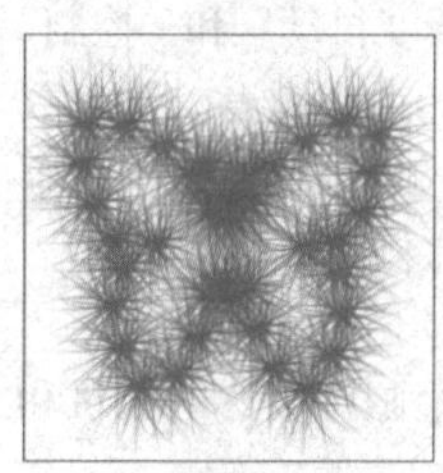

原图

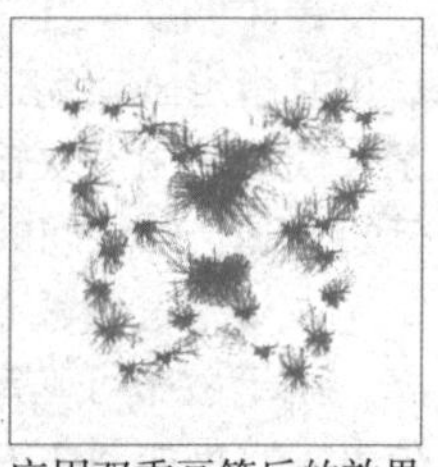

应用双重画笔后的效果

图 3-70

要编辑画笔的双笔尖选项，方法如下：

（1）在“画笔设置”面板中，选择面板左侧的“双重画笔”选项，其面板显示如图 3–71 所示。

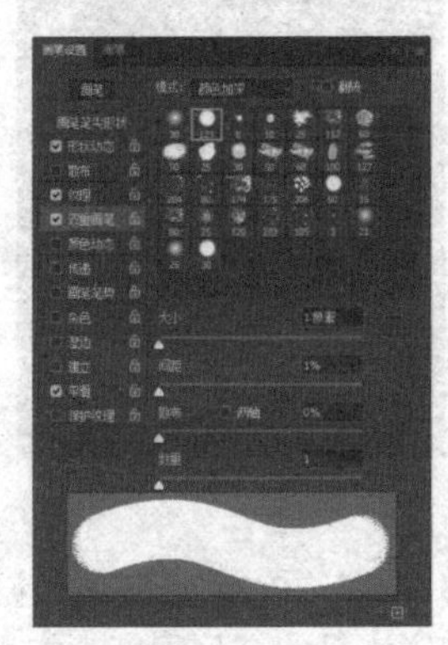

图 3–71

（2）选择主要笔尖和双笔尖组合画笔笔迹时使用的混合模式。

（3）从画笔选择列表框中选择双重画笔的笔尖。

（4）设置下面的一个或多个选项：

大小：控制双笔尖的大小。以像素为单位输入值，或者单击“使用取样大小”来设置画笔笔尖的原始直径（只有当画笔笔尖形状是通过采集图像中的像素样本创建的，“使用取样大小”选项才可用）。

间距：控制笔画中双笔尖画笔笔迹之间的距离。要更改间距，可以键入数字，或使用滑块输入笔尖直径的百分比值。

散布：指定笔画中双笔尖画笔笔迹的分布方式。当选中“翻转”时，双笔尖画笔笔迹按径向分布。当取消选择“翻转”时，双笔尖画笔笔迹垂直于笔画路径分布。要指定散布的最大百分比，可以键入数字或使用滑块来输入值。

数量：指定在每个间距间隔应用的双笔尖画笔笔迹的数量。可键入数字或者拖动滑块来输入值。

5. 指定动态颜色

动态颜色决定笔画路线中油彩颜色的变化方式，效果如图 3–72 所示。

原图

应用动态颜色后的效果

图 3–72

要编辑画笔的动态颜色，方法如下：

（1）在“画笔设置”面板中，选择面板左侧的“动态颜色”选项，面板显示如图 3–73 所示。

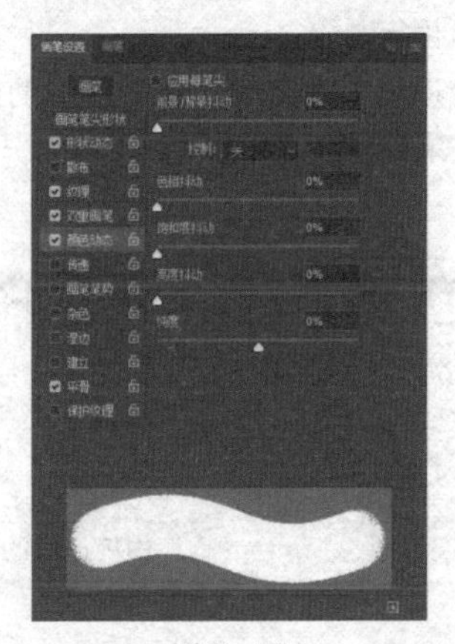

图 3–73

（2）设置下面的一个或多个选项：

前景／背景抖动和控制：指定前景色和背景色之间的油彩变化方式。要指定油彩颜色可以改变的百分比，可以键入数字或拖动滑块来输入值。要指定如何控制画笔笔迹的颜色变化，可以从“控制”下拉菜单中选取一个选项。

色相抖动：指定笔画中油彩色相可以改变的百分比。可键入数字或者拖动滑块来输入值。较低的值在改变色相的同时保持接近前景色的色相。较高的值增大色相间的差异。

饱和度抖动：指定笔画中油彩饱和度

可以改变的百分比。可键入数字或者拖动滑块来输入值。较低的值在改变饱和度的同时保持接近前景色的饱和度。较高的值增大饱和度级别之间的差异。

亮度抖动：指定笔画中油彩亮度可以改变的百分比。可以键入数字或者通过拖动滑块来输入值。较低的值在改变亮度的同时保持接近前景色的亮度。较高的值增大亮度级别之间的差异。

纯度：增大或减小颜色的饱和度。可以键入一个数字或者通过拖动滑块输入一个介于 -100~100 之间的百分比值。如果该值为 -100，则颜色将完全去色；如果该值为 100，则颜色将完全饱和。

6. 设定传递

传递用来确定颜色在笔迹中的改变方式，效果如图 3-74 所示。

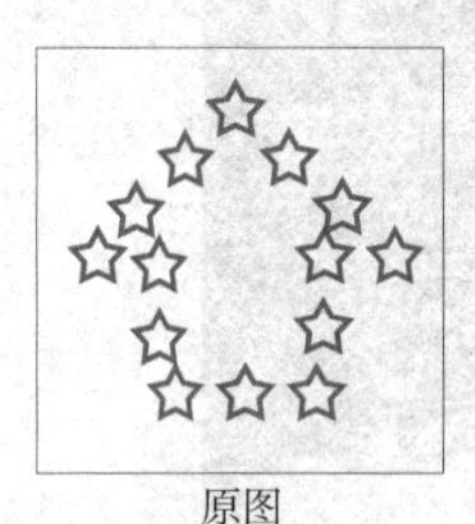

原图　　应用传递后的效果

图 3-74

要编辑画笔的传递，方法如下：

（1）在“画笔设置”面板中，选择面板左侧的“传递”，其面板如图 3-75 所示。

（2）设置下面的一个或多个选项：

不透明度抖动 / 控制 / 最小：设置画笔笔迹颜色不透明度的变化方式，最大值和属性栏中的不透明度值为同一个值。如果要指定如何控制画笔笔迹的不透明度变化，可以从下面“控制”菜单中进行选择。当选择除“关”以外的选项时，如“渐隐”，此时“最小”参数就可用了，可控制不透明度渐隐时的最小值。

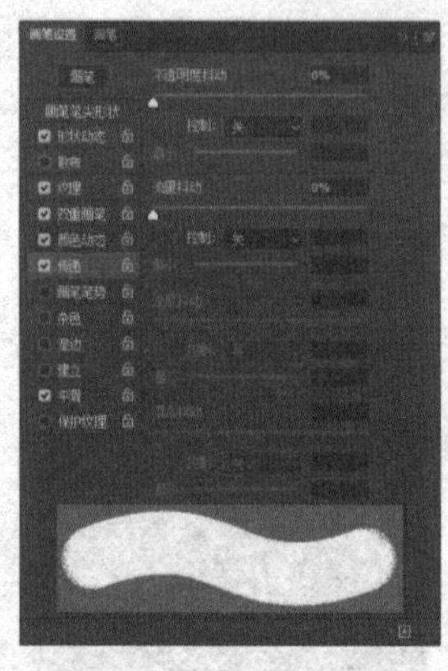

图 3-75

流量抖动 / 控制 / 最小：设置画笔笔迹中油彩流量的变化程度。如果要指定如何控制画笔笔迹的流量变化，可以从下面的“控制”菜单中进行选择。当选择除“关”以外的选项时，如“渐隐”，此时“最小”参数就可用了，可控制流量渐隐时的最小值。

湿度抖动 / 控制 / 最小：设置画笔笔迹中颜色湿度的变化程度。如果要指定如何控制画笔笔迹的湿度变化，可以从下面“控制”下拉列表中进行选择。通常选用混合器画笔工具来使用“湿度抖动”，而选中“画笔”工具时，该参数却不能使用。

混合抖动 / 控制：设置画笔笔迹中颜色混合的变化程度。如果要指定如何控制画笔笔迹的混合变化，可以从下面的“控制”下拉菜单中进行选择。通常选用混合器画笔工具来使用“混合抖动”，而选中“画笔”工具时，该参数却不能使用。

7. 其他形状

“画笔设置”面板左侧还有其他 5 个单独的形状选项，包括杂色、湿边、建立、平滑和保护纹理。这 5 个选项都没有参数。

杂色：为画笔添加杂色，效果如图 3-76 所示。“杂色”选项可向个别的画笔笔尖添加额外的随机性。当应用于柔边画笔笔尖（包含灰度值的画笔笔尖）时，此选项最有效。在“画笔”面板中，选择面板左侧的“杂色”复选项即可。

原图　　添加杂色后的效果

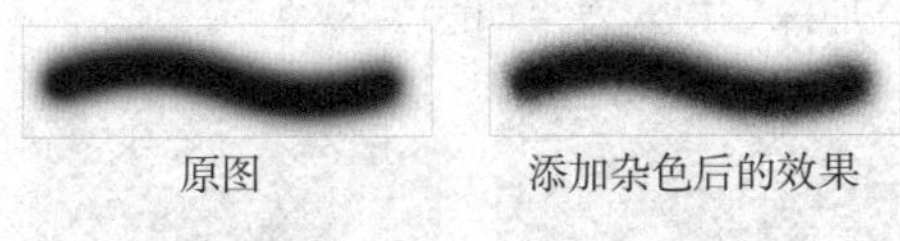

图 3-76

湿边：为画笔添加湿边，效果如图 3-77 所示。“湿边”选项可沿画笔笔画的边缘增大油彩量，从而创建水彩效果。在“画笔”面板中，选择面板左侧的“湿边”复选项即可。

原图　　添加湿边后的效果

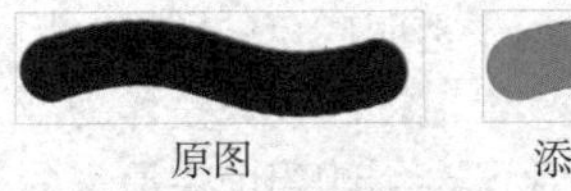

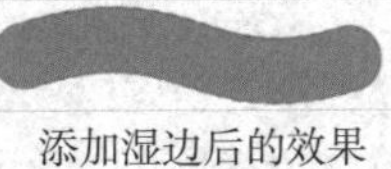

图 3-77

平滑：为画笔添加平滑效果。“平滑”选项可在画笔笔画中产生较平滑的曲线。当使用光笔进行快速绘画时，此选项最有效；但是它在笔画渲染中可能会导致轻微的滞后。

保护纹理：为画笔添加保护纹理效果。“保护纹理”选项可对所有具有纹理的画笔预设应用相同的图案和比例。选择此选项后，在使用多个纹理画笔笔尖绘画时，可以模拟出一致的画布纹理。

3.4 设置绘画和编辑工具的属性栏

在 Photoshop 的工具属性栏中可以设置各种绘图工具的选项参数，这些参数包括“模式”“不透明度”“流量”“强度”“曝光度”等。选择不同的绘图工具时，工具属性栏显示的参数设置也不相同。图 3-78 是画笔工具的属性栏。

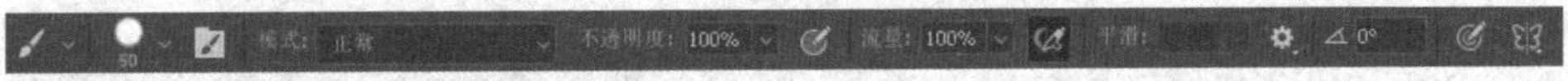

图 3-78

3.4.1 选择色彩混合模式

单击属性栏中“模式”右侧的三角按钮，弹出如图 3-79 所示的列表，可从中选取色彩混合模式。

正常：这是 Photoshop 的默认模式，选择此种模式，绘制出来的颜色会覆盖原来的底色，当色彩是半透明时才会透露出底部的颜色，效果如图 3-80 和图 3-81 所示。

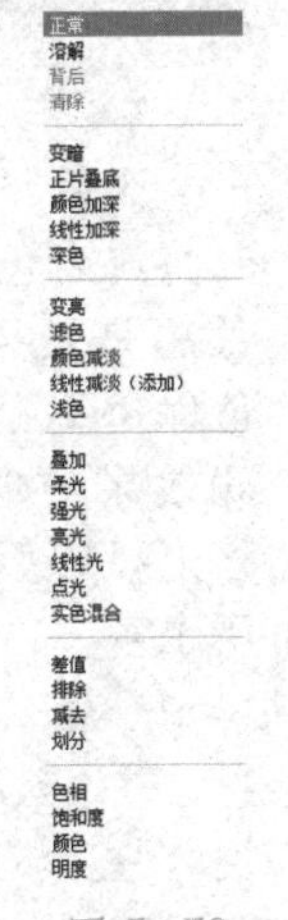

图 3-79

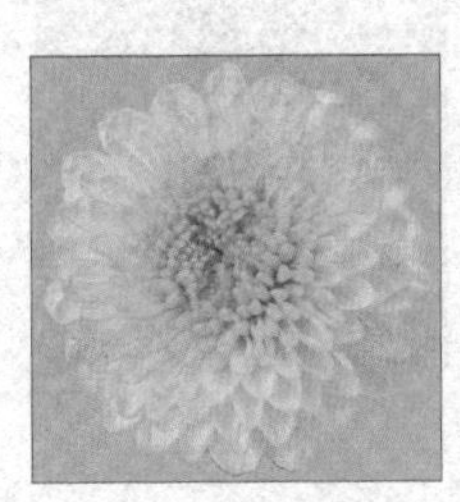

图 3-80

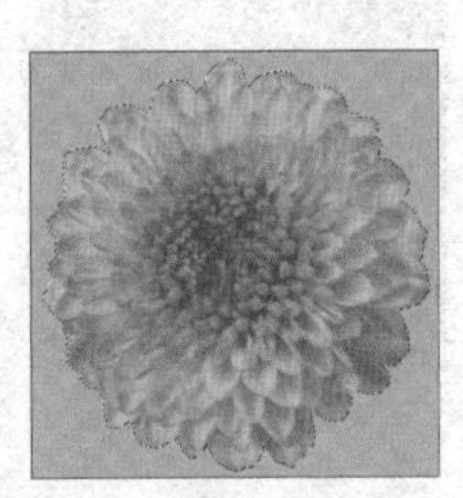

图 3-81

溶解：结果颜色将随机地取代具有底色或者混合颜色的像素，取代程度取决于像素位置的不透明度。该模式在使用喷枪和半透明的大画笔时效果较好。“溶解”模式效果如图 3-82 所示。

背后：只能用于透明底色的图层。用这种模式绘图时，绘制的颜色只是作为当前层的背景色，而不会影响当前层原来的图像的形状和颜色，只在当前层的透明底色部分绘画。“背后”模式效果如图 3-83 所示。

图 3-82

图 3-83

清除：选择此种模式绘图，不论绘图工具应用哪种颜色，绘图工具将清除任何底色，得到透明的像素。要使用此模式，用户必须是在取消选择“锁定透明像素”的图层中。“清除”模式效果如图 3-84 所示。

变暗：查看每个通道中的颜色信息，并选择基色或混合色中较暗的颜色作为结果色。比混合色亮的像素被替换，比混合色暗的像素保持不变。“变暗”模式效果如图 3-85 所示。

图 3-84

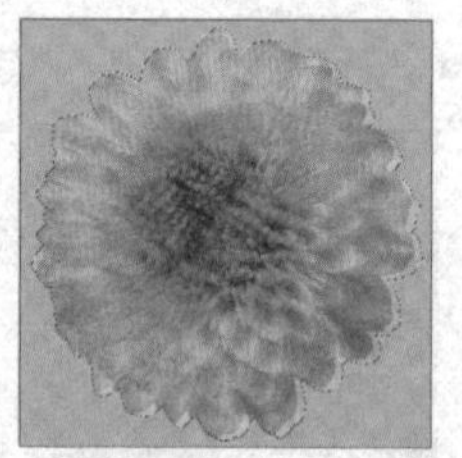

图 3-85

正片叠底：查看每个通道中的颜色信息，并将基色与混合色复合。结果色总是较暗的颜色。任何颜色与黑色复合产生黑色。任何颜色与白色复合保持不变。当用黑色或白色以外的颜色绘画时，绘画工具绘制的连续笔画产生逐渐变暗的颜色。“正片叠底”模式效果如图 3-86 所示。

颜色加深：查看每个通道中的颜色信息，并通过增加对比度使基色变暗来反映混合色。与白色混合后不产生变化。“颜色加深”模式效果如图 3-87 所示。

图 3-86

图 3-87

线性加深：查看每个通道中的颜色信息，并通过减小亮度使基色变暗以反映混合色。与白色混合后不产生变化。“线性加深”模式效果如图 3-88 所示。

变亮：查看每个通道中的颜色信息，并选择基色或混合色中较亮的颜色作为结果色。比混合色暗的像素被替换，比混合色亮的像素保持不变。“变亮”模式效果如图 3-89 所示。

图 3-88

图 3-89

滤色：查看每个通道的颜色信息，并将混合色的互补色与基色复合。结果色总是较亮的颜色。用黑色过滤时颜色保持不变。用白色过滤将产生白色。此效果类似于多个摄影幻灯片在彼此之上投影。“滤色”模式效果如图 3-90 所示。

颜色减淡：查看每个通道中的颜色信息，并通过减小对比度使基色变亮以反映混合色。与黑色混合则不发生变化。“颜色减淡”模式效果如图 3-91 所示。

图 3-90

图 3-91

线性减淡：查看每个通道中的颜色信息，并通过增加亮度使基色变亮以反映混合色。与黑色混合则不发生变化。“线性减淡”模式效果如图 3–92 所示。

浅色：比较混合色和基色的所有通道值的总和并显示值较大的颜色。“浅色”不会生成第三种颜色（可以通过“变亮”混合获得），因为它将从基色和混合色中选取最大的通道值来创建结果色。

叠加：复合或过滤颜色，具体取决于基色。图案或颜色在现有像素上叠加，同时保留基色的明暗对比。不替换基色，但基色与混合色相混以反映原色的亮度或暗度。“叠加”模式效果如图 3–93 所示。

图 3-92

图 3-93

柔光：使颜色变亮或变暗，具体取决于混合色。此效果与发散的聚光灯照在图像上相似。如果混合色（光源）比 50% 灰色亮，则图像变亮，就像被减淡了一样。如果混合色（光源）比 50% 灰色暗，则图像变暗，就像被加深了一样。用纯黑色或纯白色绘画会产生明显较暗或较亮的区域，但不会产生纯黑色或纯白色。“柔光”模式效果如图 3–94 所示。

强光：复合或过滤颜色，具体取决于混合色。此效果与耀眼的聚光灯照在图像上相似。如果混合色（光源）比 50% 灰色亮，则图像变亮，就像过滤后的效果。这对于向图像中添加高光非常有用。如果混合色（光源）比 50% 灰色暗，则图像变暗，就像复合后的效果。这对于向图像添加暗调非常有用。用纯黑色或纯白色绘画会产生纯黑色或纯白色。“强光”模式效果如图 3–95 所示。

图 3-94

图 3-95

亮光：通过增加或减小对比度来加深或减淡颜色，具体取决于混合色。如果混合色（光源）比 50% 灰色亮，则通过减小对比度使图像变亮。如果混合色比 50% 灰色暗，则通过增加对比度使图像变暗。“亮光”模式效果如图 3–96 所示。

线性光：通过减小或增加亮度来加深或减淡颜色，具体取决于混合色。如果混合色（光源）比 50% 灰色亮，则通过增加亮度使图像变亮。如果混合色比 50% 灰色暗，则通过减小亮度使图像变暗。“线性光”模式效果如图 3–97 所示。

图 3-96

图 3-97

点光：替换颜色，具体取决于混合色。如果混合色（光源）比 50% 灰色亮，则替换比混合色暗的像素，而不改变比混合色亮的像素。如果混合色比 50% 灰色暗，则替换比混合色亮的像素，而不改变比混合色暗的像素。这对于向图像添加特殊效果非常有用。“点光”模式效果如图 3-98 所示。

实色混合：与“亮光”模式相似，效果如图 3-99 所示。

图 3-98

图 3-99

差值：查看每个通道中的颜色信息，并从基色中减去混合色，或从混合色中减去基色，具体取决于哪一个颜色的亮度值更大。与白色混合将反转基色值；与黑色混合则不产生变化。“差值”模式效果如图 3-100 所示。

排除：创建一种与“差值”模式相似但对比度更低的效果。与白色混合将反转基色值；与黑色混合则不发生变化。“排除”模式效果如图 3-101 所示。

图 3-100

图 3-101

减去：查看每个通道中的颜色信息，并从基色中减去混合色。在 8 位和 16 位图像中，任何生成的负片值都会剪切为零。

划分：查看每个通道中的颜色信息，并从基色中划分混合色。

色相：用 1 基色的亮度和饱和度以及混合色的色相创建结果色。“色相”模式效果如图 3-102 所示。

饱和度：用基色的亮度和色相以及混合色的饱和度创建结果色。在无（0）饱和度（灰色）的区域上用此模式绘画不会产生变化。“饱和度”模式效果如图 3-103 所示。

图 3-102

图 3-103

颜色：用基色的亮度以及混合色的色相和饱和度创建结果色。这样可以保留图像中的灰阶，并且对于给单色图像上色和给彩色图像着色都会非常有用。“颜色”模式效果如图 3-104 所示。

明度：用基色的色相和饱和度以及混合色的亮度创建结果色，此模式创建与“颜色”模式相反的效果。“明度”模式效果如图 3-105 所示。

图 3-104

图 3-105

3.4.2 设定不透明度

在绘图工具的属性栏除了可以设置色彩混合模式还可以设置不透明度、流量、强度或曝光度。

在文本框中输入（1~100）的数值来决定绘图工具的不透明度，或者单击列表框右边的三角形按钮，在弹出的滑块中也可以调整不透明度。图 3-106 所示为使用不同透明度的画笔进行线条绘制的效果，从上到下的“不透明度”值分别是 100%、50%、25%。

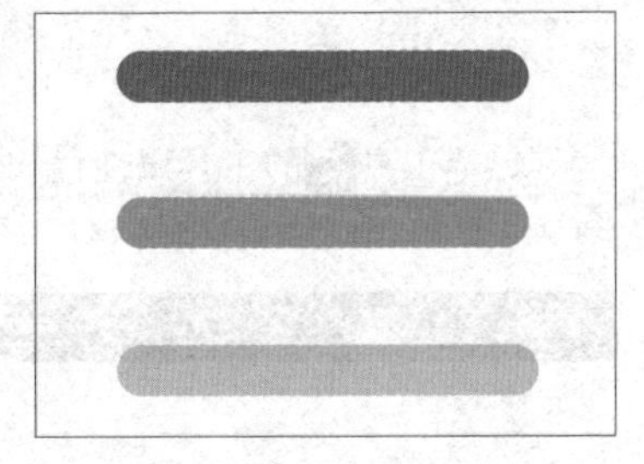

图 3-106

3.4.3　设置流量

在文本框中直接输入（1~100）的数值来确定流量，也可以单击右边的按钮，在弹出的滑块中调整。图 3-107 所示为使用不同流量的画笔进行线条绘制的效果，从上到下的“流量”值分别是 100%、50%、25%。

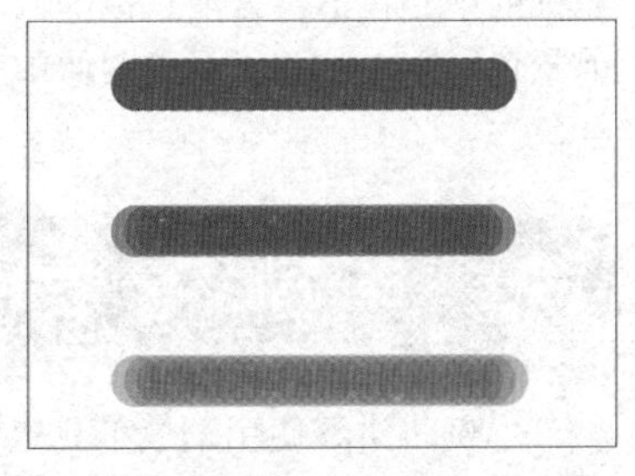

图 3-107

3.5　画笔和铅笔工具

3.5.1　画笔工具

下面介绍“画笔”工具的属性栏，如图 3-108 所示。属性栏中包括“画笔”“模式”“不透明度”“流量”。

图 3-108

画笔预设：用来设置画笔的形状。单击右侧的按钮会出现“画笔”列表框，用来选择所需的画笔。还可以执行“窗口”｜“画笔设置”菜单命令，在弹出的“画笔设置”面板中设置画笔的参数。

模式：在下拉列表中选择绘图的色彩混合模式。

不透明度：设置画笔工具的不透明度。可以直接输入（1~100）的整数或者单击右侧箭头在弹出的滑块中设置。

流量：设置画笔工具的绘图速率或油墨的流量。

3.5.2 铅笔工具

铅笔工具的工具属性栏和“画笔”工具相比，多了一个“自动抹除”复选框，如图 3–109 所示。

图 3–109

自动抹除是铅笔工具的特殊功能，在选中“自动抹除”复选框时，当开始拖移鼠标时，如果光标的中心在前景色颜色区域上，则该区域将抹成背景色。如果在拖移鼠标时光标的中心在不包含前景色的区域上，则该区域将绘制成前景色。图 3–110 所示的图像中前景色为黑色，背景色为红色。

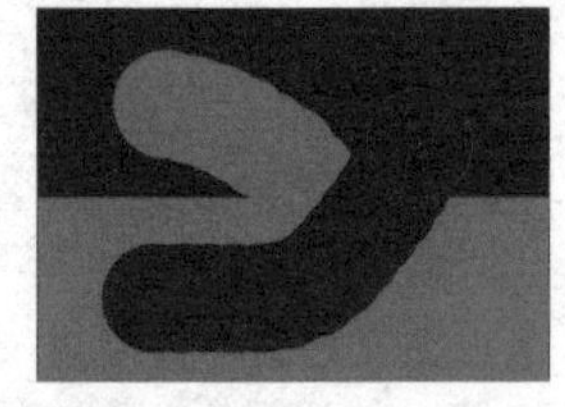

图 3–110

3.6 提高训练——绘制三菱汽车标志

本例将讲解使用钢笔工具来制作三菱汽车标志，知识重点是路径的创建和将路径转换为选区。下面具体介绍绘制三菱汽车标志的步骤。

操作步骤如下：

（1）执行“文件”|“新建”命令，在弹出的“新建”对话框中进行参数设置，如图 3–111 所示，完成设置后单击“确定”按钮确认。

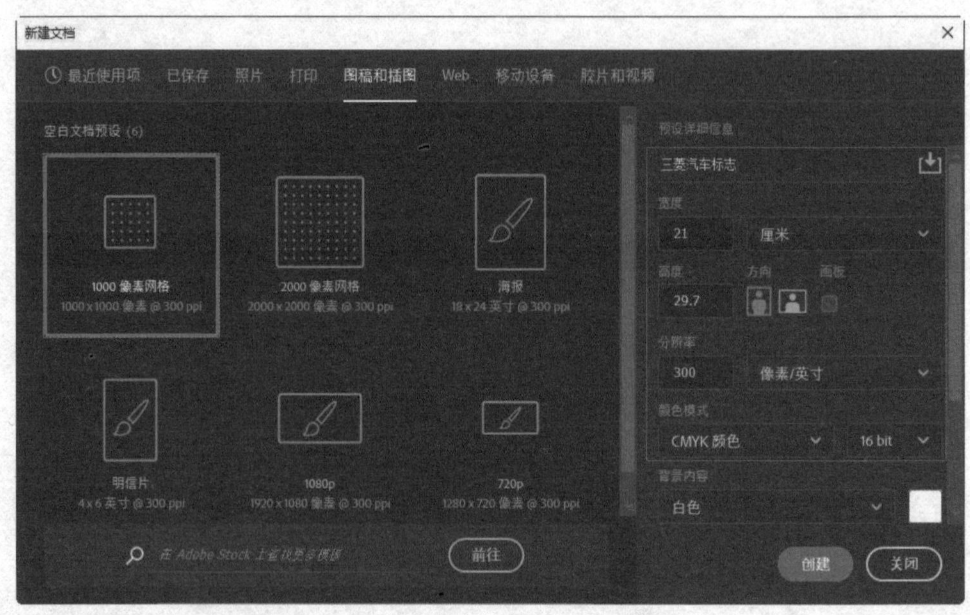

图 3–111

（2）选择钢笔工具，在属性栏中单击选中路径操作按钮，在图像窗口中通过描点的方法绘制一个闭合路径，如图 3–112 所示。

（3）如果绘制的路径形状不够满意，可以选择添加锚点工具和转换点工具对绘制的路径进行形状上的调整，以便达到合适的效果，如图 3–113 所示。

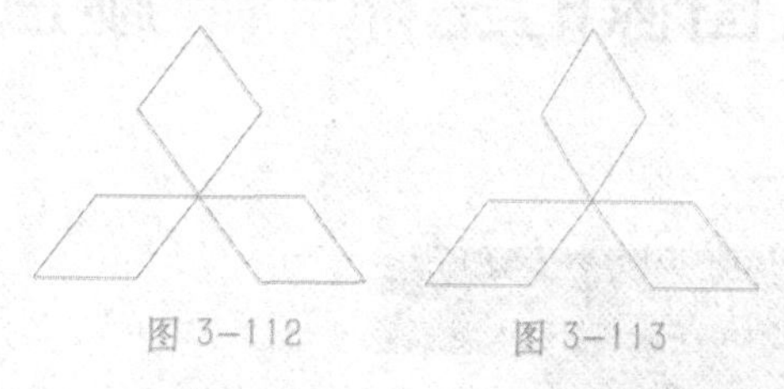
图 3–112　　图 3–113

（4）激活“路径”面板，确认绘制路径层处于选中状态，在路径层上单击鼠标右键，在弹出的快捷菜单中选择“建立选区”命令，如图 3–114 所示，或者使用快捷键【Ctrl+Enter】将路径转换成选区，转换成选区后的效果如图 3–115 所示。

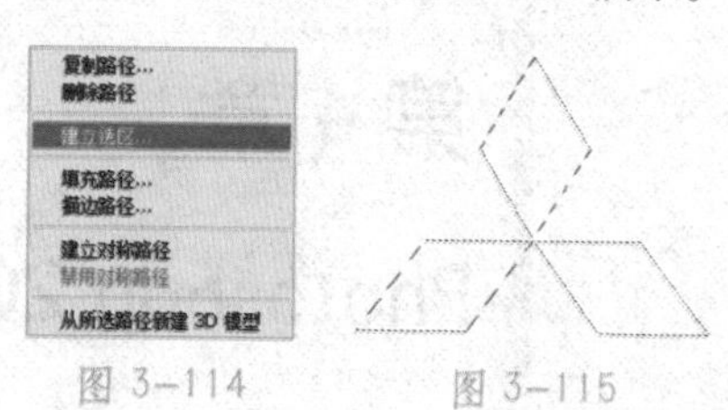

图 3–114　　图 3–115

（5）在“图层”面板中新建一个图层“图层 1”，设置填充色为红色并填充，然后使用快捷键【Ctrl+D】取消选区，得到的效果如图 3–116 所示。

图 3–116

到此，三菱汽车标志就制作完毕。

3.7　本章回顾

本章讲解的是图像绘制工具的知识。根据图像绘制工具的用途将其分为典型的两种：

（1）画笔工具：通常用来绘制那些较柔和的线条或色彩的轮廓线。

（2）铅笔工具：用来绘制那些线条比较硬的手画线。

在实际的应用中用户可以自己设置画笔，更改系统默认的特性，同时可以将画笔工具用作喷枪，使绘制的图像具有喷涂的色彩效果。

了解绘图工具用途后就可以使用了，在使用前首先要确定前景色（因为系统默认的绘画颜色为前景色），其次根据需要进行工具参数设置，最后才可以进行绘画。

第 4 章

Photoshop 2020 图像的生命——颜色

本章主要内容与学习目的

- 色彩常识
- Photoshop 2020 的图像颜色模式转换
- Photoshop 2020 颜色设置
- Photoshop 2020 渐变工具和油漆桶工具
- 提高训练——立体图形的绘制
- 本章回顾

颜色可以产生对比效果，使得图像显得更加美丽；颜色可以使一幅黯淡的图像明亮绚丽，使一幅本来毫无生气的图像充满活力。因此，创建完美的颜色是至关重要的。Photoshop 为用户提供了大量颜色设置和色彩调整功能，为营造良好图像效果提供了十分有利的条件。本章将介绍颜色的基础知识，以及 Photoshop 中颜色的设置和应用。

4.1 色彩常识

对于图像的设计和处理，认识和把握色彩是创建完美图像的基础。下面，先介绍一些色彩常识。

4.1.1 色彩的来源

物体由于内部物质的不同，受光线照射后，会产生光的分解现象。一部分光线被吸收，其余的被反射或折射出来，成为所见物体的色彩。所以，色彩不仅与光有密切关系，还与被光照射的物体有关，也与观察者有关。色彩是通过光为人们所感知的，光实际上是一种按波长辐射的电磁能。

4.1.2 色彩的色调、亮度和饱和度

自然界的色彩虽然千变万化、多种多样，但无论如何从人的视觉系统看，色彩可用色调、饱和度和亮度来描述。人眼看到的任一彩色光都是这三个特性的综合效果。这三个特性是色彩的三要素，其中色调与光波的波长有直接关系，亮度和饱和度与光波的幅度有关。

1. 色调与色相

绘画中要求有固定的色彩感觉，有统一的色调，否则难以表现画面的情调和主题。例如，一幅具有红色调的画，是指它在总体上色彩偏红。电脑在图像处理上采用数字化，可以非常精确地表现色彩的变化。色调是相对连续变化的。用圆环来表现色谱的变化，就构成了一个色彩连续变化的色环。

2. 亮度与明度

同一物体因受光不同会产生明度上的变化，不同颜色的光，强度相同时照射同一物体也会产生不同的亮度感觉。明度也可以说是指各种纯正的色彩相互比较所产生的明暗差别。在纯正光谱中，黄色的明度最高，显得最亮；其次是橙、绿；再其次是红、蓝；紫色明度最低，显得最暗。

3. 饱和度与纯度

淡色的饱和度比浓色要低一些。饱和度还和亮度有关，同一色调越亮或越暗，则越不纯。饱和度越高，色彩越艳丽、越鲜明突出，越能发挥其色彩的固有特性。但饱和度高的色彩容易让人感到单调刺眼。饱和度低，色感比较柔和协调，可混色太杂，则容易让人感觉浑浊，色调显得灰暗。

色彩在视觉上能给人以温度感，因此分为暖色系、冷色系和中性色。暖色系包括：红、橙、黄、粉、咖啡。冷色系包括：青、蓝、紫。中性色则为：黑、白、灰，这三种颜色又称为无彩色。

色彩还能表达一定的情感，比如：红色表示热烈，黄色表示开朗，绿色表示生

机，粉色表示温馨，紫色表示高贵，白色表示纯洁。

另外，色彩还给予人们视觉上的膨胀感、收缩感。比如：穿上暗色服装，人就显得瘦小。

4.1.3 色彩的混合与互补

在太阳光七色之中，红、绿、蓝三种色是最基本的，我们称它们为三原色光。

1. 光的三基色

色彩的混合与颜料的混合不同。色光的基色或原色为红（R）、绿（G）、蓝（B）三色。用这三原色两两相加，可以得到其他所有的色光。如用红色叠加绿色就可得到黄光；绿色叠上蓝色得青光；红光叠上蓝色得品红光。三原色光相加得到白光，相当于七色光相加。相加的两色光的比重不同，会产生不同的色彩。如红与绿相加得黄色，红光重于绿色得到橙色，绿光重于红光得黄绿色。

2. 色光混合

三原色以不同的比例相混合，可成为各种色光，但原色却不能由其他色光混合而成。色光的混合是光量的增加，所以三原色相混合而成白光。

3. 互补色

凡是两种色光相混合而成白光，这两种色光互为补色。如 R（红）、C（青）；G（绿）、M（洋红）；B（蓝）、Y（黄）互为补色。互补色是彼此之间最不一样的颜色，这就是人眼能看到除了基色之外其他色的原因。

4.1.4 色彩模式

色彩模式决定了显示和打印数字图像的色彩模型。常见的色彩模式有位图模式、灰度模式、双色调模式、HSB（色相、饱和度、亮度）模式、RGB（红、绿、蓝）模式、CMYK（青、洋红、黄、黑）模式、Lab 模式、索引色模式、多通道模式以及 8 位 /16 位模式等，每种模式的图像描述和重现色彩的原理和所能显示的颜色数量是不同的。

下面简要介绍一些常用的色彩模式。

1.HSB 模式

HSB 模式是基于人眼对色彩的观察来定义的，在该模式中，所有的颜色都用色相或色调、饱和度、亮度 3 个特性来描述。

2.RGB 模式

RGB 模式是基于自然界中 3 种基色光的混合原理，将红（R）、绿（G）和蓝（B）3 种基色按照 0（黑）~255（白色）的亮度值在每个层次中分配，从而指定其色彩。当不同亮度的基色混合后，便会产生出 256×256×256 种颜色，约为 1670 万种。例如，一种明亮的红色可能 R 值为 246、G 值为 20、B 值为 50。当 3 种基色的亮度值相等时，产生灰色；当 3 种亮度值都是 255 时，产生纯白色；而当所有亮度值都是 0 时，产生纯黑色。3 种色光混合生成的颜色一般比原来的颜色亮度值高，所以 RGB 模式产生颜色的方法又被称为色光加色法。

3.CMYK 模式

CMYK 颜色模式是一种印刷模式。其中 CMYK 四个字母分别指青（Cyan）、洋红（Magenta）、黄（Yellow）、黑（Black），在印刷中代表 4 种颜色的油墨。CMYK 模式在本质上与 RGB 模式没有什么区别，只是产生色彩的原理不同，在 RGB 模式中由光源发出的色光混合生成颜色，而在CMYK模式中由光线照到有不同比例C、M、Y、K油墨的纸上，部分光谱被吸收后，反射到人眼的光产生颜色。由于C、M、Y、K在混合成色时，随着C、M、Y、K 4种成分的增多，反射到人眼的光会越来越少，光线的亮度会越来越低，所有CMYK模式产生颜色的方法又被称为色光减色法。

4.Lab模式

Lab模式的原型是由CIE协会在1931年制定的一个衡量颜色的标准，在1976年被重新定义并命名为CIE Lab。此模式解决了由于不同的显示器和打印设备所造成的颜色扶植的差异，即不依赖于任何设备。

Lab颜色是以一个亮度分量L及两个颜色分量a和b来表示颜色的。其中L的取值范围是0~100，a分量代表由绿色到红色的光谱变化，而b分量代表由蓝色到黄色的光谱变化，a和b的取值范围均为-128~127。

Lab模式所包含的颜色范围最广，能够包含所有的RGB和CMYK模式中的颜色。CMYK模式所包含的颜色最少，有些在屏幕上能看到的颜色在印刷品上却无法实现。

5. 位图模式

位图模式用两种颜色（黑和白）来表示图像中的像素。位图模式的图像也叫作黑白图像。因为其深度为1，也称为1位图像。由于位图模式只用黑白色来表示图像的像素，在将图像转换为位图模式时会丢失大量细节，因此Photoshop提供了几种算法来模拟图像中丢失的细节。在宽度、高度和分辨率相同的情况下，位图模式的图像尺寸最小，约为灰度模式的1/7和RGB模式的1/22以下。

6. 灰度模式

灰度模式可以使用多达256级灰度来表现图像，使图像的过渡更平滑细腻。灰度图像的每个像素有一个0（黑色）~255（白色）之间的亮度值。灰度值也可以用黑色油墨覆盖的百分比来表示（0%等于白色，100%等于黑色）。使用黑度或灰度扫描仪产生的图像常以灰度显示。

7. 双色调模式

双色调模式采用2~4种彩色油墨来创建由双色调（2种颜色）、三色调（3种颜色）和四色调（4种颜色）混合其层次来组成图像。在将灰度图像转换为双色调模式的过程中，可以对色调进行编辑，产生特殊的效果。而使用双色调模式最主要的用途是使用尽量少的颜色表现尽量多的颜色层次，这对于减少印刷成本是很重要的，因为在印刷时，每增加一种色调都需要更大的成本。

8. 索引颜色模式

索引颜色模式是网上和动画中常用的图像模式，当彩色图像转换为索引颜色的图像后包含近256种颜色。索引颜色图像包含一个颜色表。如果原图像中颜色不能用256色表现，则Photoshop会从可使用的颜色中选出最相近颜色来模拟这些颜色，这样可以减小图像文件的尺寸。用来存放图像中的颜色并为这些颜色建立颜色索引，颜色表可在转换的过程中定义或在生成索引图像后修改。

9. 多通道模式

多通道模式对有特殊打印要求的图像非常有用。例如，如果图像中只使用了一两种或两三种颜色时，使用多通道模式可以减少印刷成本并保证图像颜色的正确输出。

10. 8位/16位通道模式

在灰度RGB或CMYK模式下，可以使用16位通道来代替默认的8位通道。根据默认情况，8位通道中包含256个层次，如果增到16位，每个通道的层次数量为65536个，这样能得到更多的色彩细节。Photoshop可以识别和输入16位通道的图像，但对于这种图像限制很多，所有的滤镜都不能使用，且 16 位通道模式的图像不能被印刷。

4.1.5 色彩混合模式

在进行 Photoshop 的图层操作时，可使用“图层”面板上的“混合模式”下拉菜单选项来改变图层叠加效果。图层混合模式决定了当前图层与下一图层颜色的合成方式。此外，在其他许多面板（例如笔刷工具）中也有类似的混合模式，而此时混合模式决定了绘图工具的着色方式。在一些命令对话框中（例如填充，描边）也同样有该模式。

图层混合模式的设置能给画面带来非常出色的效果，既简单又好用。下面通过实例介绍各种色彩混合模式的功能和应用。

（1）打开两幅图像，分别如图 4–1 和图 4–2 所示。

图 4–1

图 4–2

（2）确认第二幅图像处于当前编辑图像，执行“选择”|“全部”命令，选中整个图像。

（3）执行“编辑”|“拷贝”命令，复制图像到剪贴板上，然后关闭该图像文件。

（4）转换到第一幅图像中，执行“编辑”|“粘贴”命令，将剪贴板中的图像粘贴到当前编辑图像中，此时从“图层”面板中可以看到，当前有两个图层即“图层 1”和“图层 0”，图 4–3 所示的为粘贴图像前的“图层”面板，图 4–4 所示的为粘贴图像后的“图层”面板。

图 4–3

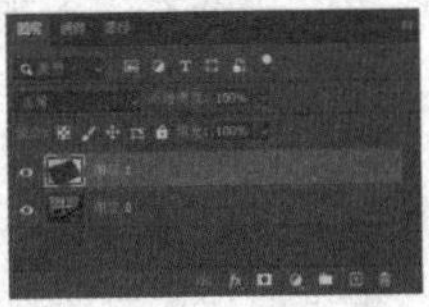

图 4–4

（5）更改图层混合模式至少需要两个图层，图层混合模式是根据当前图层与其下一图层的颜色来进行混合的，混合的效果由所选择的混合类型所决定。在“图层”面板中单击“正常”或“正常”右边的向下箭头，弹出如图 4–5 所示的下拉菜单，通过选择该菜单中的命令项，便可得到很奇妙的混合效果。

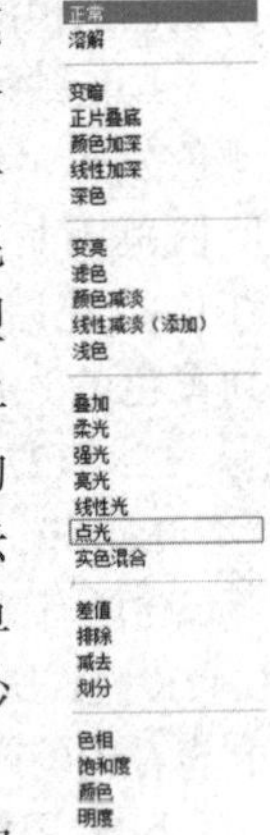

图 4–5

（6）通过设置图层的“不透明度”，可以更好地呈现“混合模式”的更改效果。调整图层“不透明度”的方法是：可以直接在其文本框中输入数值，也可以拖动其滑块来进行设置，如图 4–6 所示。

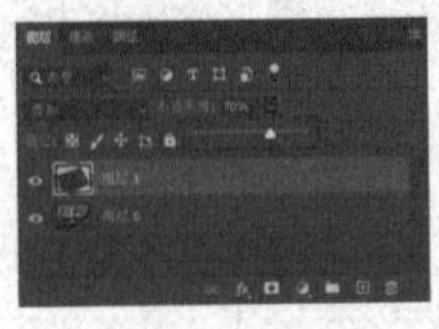

图 4–6

4.1.6 各种图层“混合模式”的效果

根据图层混合模式的作用原理不同，Photoshop 的图层“混合模式”主要分为以下几种：

1.“正常”模式

“正常”模式是图层“混合模式”的默认方式，较为常用，它一般不会产生特殊的效果，除非调整了图层的不透明度。

2.“溶解”模式

在“图层”面板中，设置图层的混合模式为“溶解”，如图 4–7 所示，便会产生如图 4–8 所示的效果。可见，该模式把当前图层的像素以一种颗粒状的方式作用到下层，以获取溶入式效果。

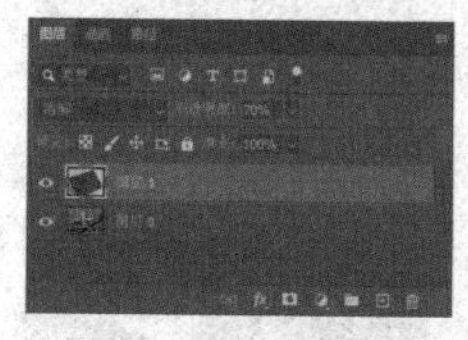

图 4–7

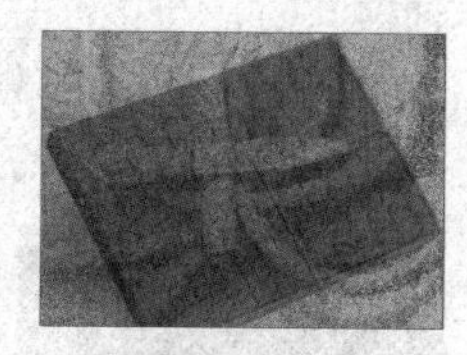

图 4–8

3.“变暗”模式

设置图层的混合模式为“变暗”，如图 4–9 所示。改变混合模式后，得到的图像效果如图 4–10 所示。可见，该模式在混合两图层像素的颜色时，对这二者的 RGB 值（即 RGB 通道中的颜色亮度值）分别进行比较，取二者中低的值再组合成为混合后的颜色，所以总的颜色灰度级降低，造成变暗的效果。显然，用白色去合成图像时毫无效果。

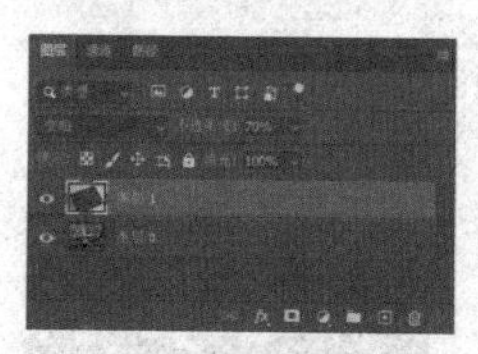

图 4–9

图 4–10

4.“正片叠底”模式

设置图层的混合模式为“正片叠底”，如图 4–11 所示。改变图层混合模式后，得到的图像效果如图 4–12 所示。可见，该模式是将上下两层的像素颜色的灰度级进行乘法计算，获得灰度级更低的颜色而成为合成后的颜色。图层合成后的效果，简单地说是低灰阶的像素显现而高灰阶的不显现，产生类似正片叠加的效果。

图 4–11

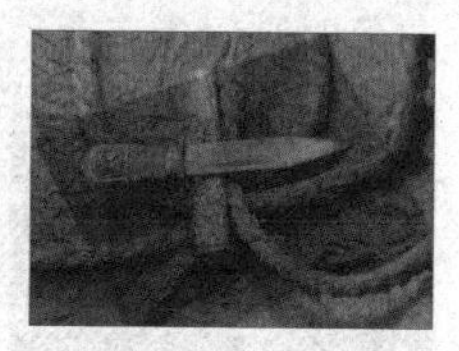

图 4–12

5.“颜色加深”模式

设置图层的混合模式为“颜色加深”，如图 4–13 所示。改变图层混合模式后，得到的图像效果如图 4–14 所示。可见，使用这种模式时，会加暗图层的颜色值，添加的颜色越亮，效果越细腻。

图 4–13

图 4–14

6.“线性加深”模式

设置图层的混合模式为“线性加深”，如图 4–15 所示。改变图层混合模式后，得到的图像效果如图 4–16 所示。可见，该模式可查看每个通道中的颜色信息，并通过减小亮度使基色变暗以反映混合色。不过，与白色混合后不产生变化。

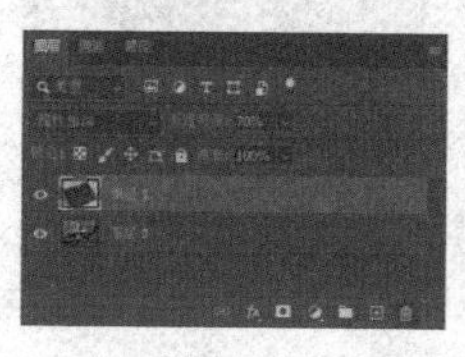

图 4–15

图 4–16

7.“变亮”模式

设置图层的混合模式为“变亮”，如图 4–17 所示。改变混合模式后，得到的图像效果如图 4–18 所示。可见，与变暗模式相反，变亮混合模式是将两像素的 RGB 值进行比较后，取高值成为混合后的颜色，因而总的颜色灰度级升高，造成变亮的效果。用黑色合成图像时无作用，用白色时则仍为白色。

图 4-17

图 4-18

8."滤色"模式

设置图层的混合模式为"滤色"，如图 4-19 所示。改变混合模式后，得到的图像效果如图 4-20 所示。可见，使用这种模式时，仅在图层的透明部分编辑或绘画。

图 4-19

图 4-20

9."颜色减淡"模式

设置图层的混合模式为"颜色减淡"，如图 4-21 所示。改变混合模式后的图像效果如图 4-22 所示。可见，使用这种模式时，会加亮图层的颜色值，添加的颜色越暗，效果越细腻。

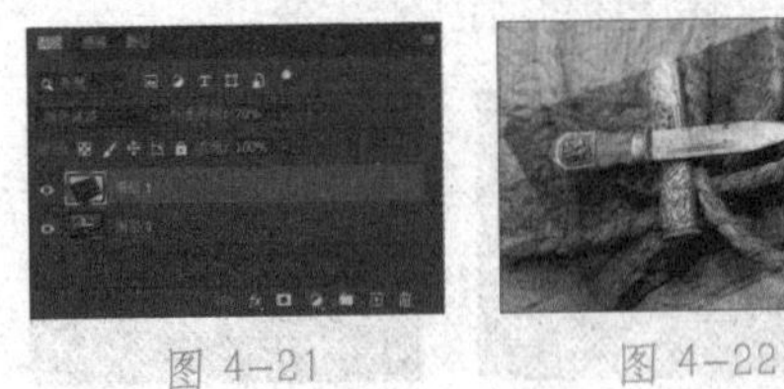
图 4-21

图 4-22

10."线性减淡"模式

设置图层的混合模式为"线性减淡"，如图 4-23 所示。改变混合模式后，得到的图像效果如图 4-24 所示。可见，使用这种模式时，会查看每个通道中的颜色信息，并通过增加亮度使基色变亮以反映混合色。需要注意的是与黑色混合的部分不发生变化。

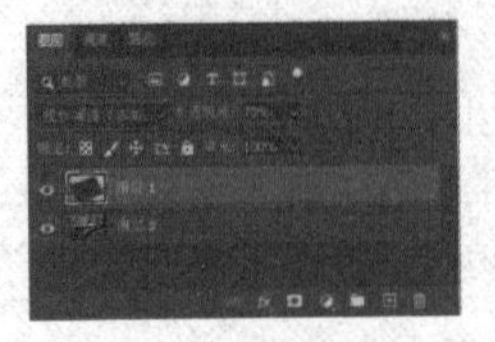
图 4-23

图 4-24

11.叠加模式

设置图层的混合模式为"叠加"，如图 4-25 所示。改变混合模式后，得到的图像效果如图 4-26 所示。可见，使用这种模式时，与正片叠底模式正好相反，叠加模式合成图层的效果是显现两图层中较高的灰阶，而较低的灰阶则不显现。

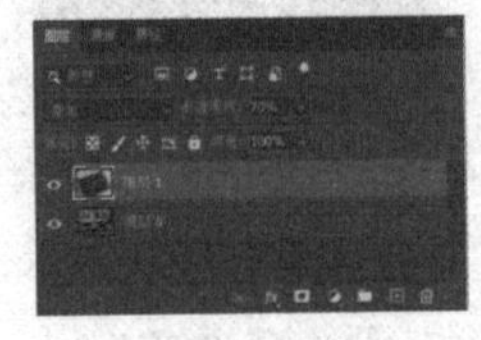
图 4-25

图 4-26

12."柔光"模式

设置图层的混合模式为"柔光"，如图 4-27 所示。改变混合模式后，得到的图像效果如图 4-28 所示。可见，该模式的作用效果如同是打上一层色调柔和的光，因而被我们称之为柔光。作用时将上层图像以柔光的方式施加到下层。当底层图层的灰阶趋于高或低，则会调整图层合成结果的阶调趋于中间的灰阶调，而获得色彩较为柔和的合成效果。

图 4-27

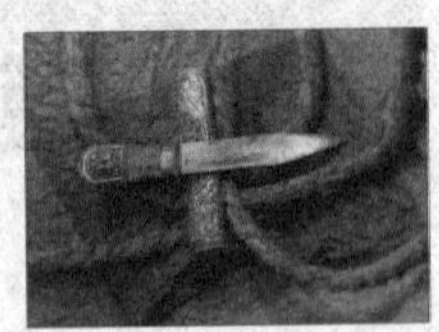
图 4-28

13."强光"模式

设置图层的混合模式为"强光"，如图 4-29 所示。改变混合模式后，得到的图像效果如图 4-30 所示。可见，该模式的作用效果如同是打上一层色调强烈的光，所以称为强光。如果两层中颜色的灰阶是偏向低灰阶，作用与正片叠底类似，而当偏向高灰阶时，则与“滤色”类似。中间阶调作用不明显。

图 4-29

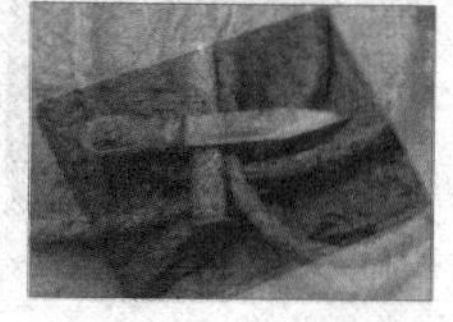

图 4-30

14. “亮光”模式

设置图层的混合模式为“亮光”，如图 4–31 所示。改变混合模式后，得到的图像效果如图 4–32 所示。该模式通过增加或减小对比度来加深或减淡颜色，如果混合色（光源）比 50% 灰色亮，则通过减小对比度使图像变亮。如果混合色比 50% 灰色暗，则通过增加对比度使图像变暗。

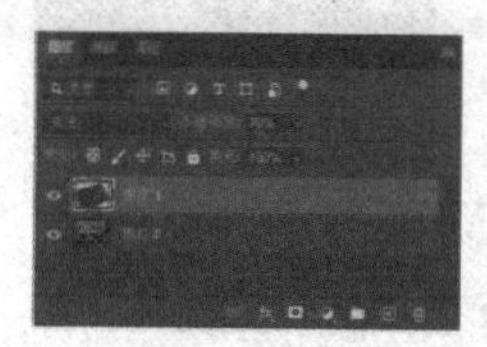

图 4-31

图 4-32

15. “线性光”模式

设置图层的混合模式为“线性光”，如图 4–33 所示。改变混合模式后，得到的图像效果如图 4–34 所示。可见，该模式通过减小或增加亮度来加深或减淡颜色，具体取决于混合色。如果混合色（光源）比 50% 灰色亮，则通过增加亮度使图像变亮。如果混合色比 50% 灰色暗，则通过减小亮度使图像变暗。

图 4-33

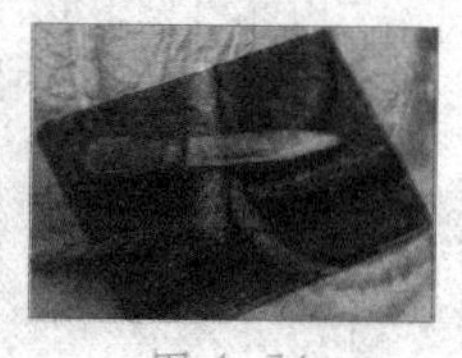

图 4-34

16. “点光”模式

设置图层的混合模式为“点光”，如图 4–35 所示。改变混合模式后，得到的图像效果如图 4–36 所示。可见，该模式将替换颜色，具体取决于混合色。如果混合色（光源）比 50% 灰色亮，则替换比混合色暗的像素，而不改变比混合色亮的像素。如果混合色比 50% 灰色暗，则替换比混合色亮的像素，而不改变比混合色暗的像素。这对于向图像添加特殊效果非常有用。

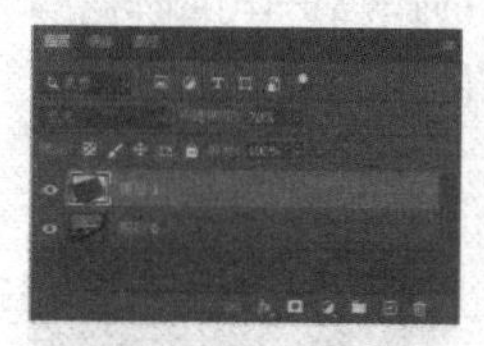

图 4-35

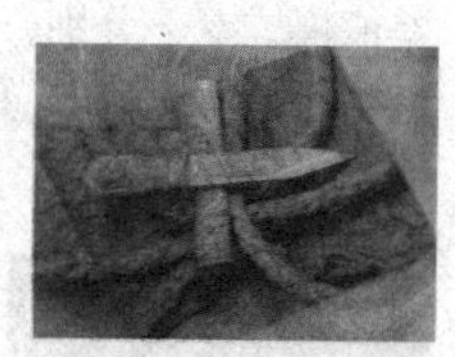

图 4-36

17. “实色混合”模式

设置图层的混合模式为 Hard Mix（实色混合），如图 4–37 所示。改变混合模式后，得到的图像效果如图 4–38 所示。该混合模式与“亮光”模式相似。

图 4-37

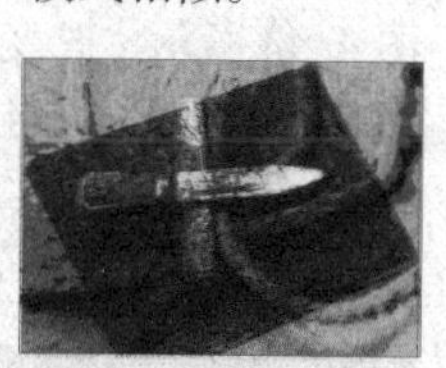

图 4-38

18. “差值”模式

设置图层的混合模式为“差值”，如图 4–39 所示，便会产生如图 4–40 所示的差值效果。可见，该模式作用时，将要混合图层双方的 RGB 值中每个值分别进行比较，用高值减去低值作为合成后的颜色。所以这种模式也常使用，例如通常用白色图层合成一图像时，可以得到负片效果的反相图像。

图 4-39

图 4-40

19.“排除”模式

设置图层的混合模式为“排除”，如图 4-41 所示。改变混合模式后，得到的图像效果如图 4-42 所示。可见，排除模式用较高阶或较低阶颜色去合成图像时与差值模式毫无分别，使用趋近中间阶调颜色则效果有区别，总的来说效果比差值模式要柔和。

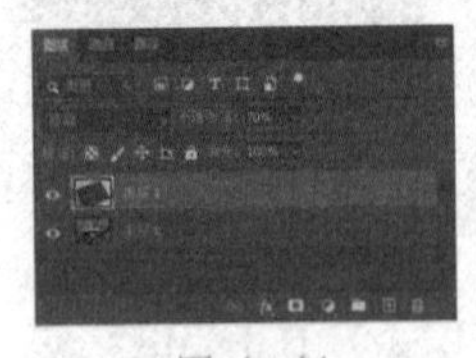

图 4-41

图 4-42

20.“色相”模式

设置图层的混合模式为“色相”，如图 4-43 所示。改变混合模式后，得到的图像效果如图 4-44 所示。可见，该模式在合成时，用当前图层的色相值去替换下层图像的色相值，而饱和度与亮度不变。

图 4-43

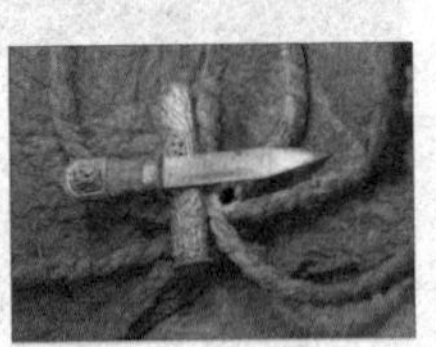

图 4-44

21.“饱和度”模式

设置图层的混合模式为“饱和度”，如图 4-45 所示。改变混合模式后，得到的图像效果如图 4-46 所示。可见，该模式在合成时，用当前图层的饱和度去替换下层图像的饱和度，而色相值与亮度不变。

图 4-45

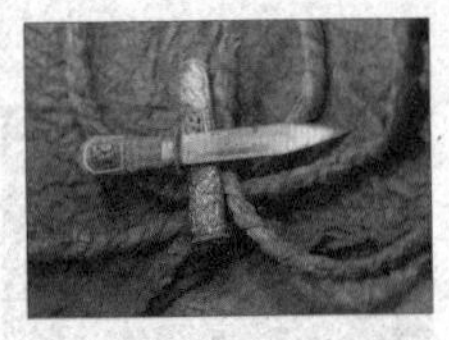

图 4-46

22.“颜色”模式

设置图层的混合模式为“颜色”，如图 4-47 所示。改变混合模式后，得到的图像效果如图 4-48 所示。可见，该模式用当前图层的色相值与饱和度替换下层图像的色相值和饱和度，而亮度保持不变。

图 4-47

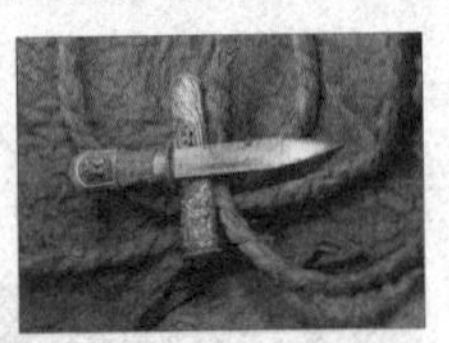

图 4-48

23.“明度”模式

设置图层的混合模式为“亮度”，如图 4-49 所示。改变混合模式后，得到的图像效果如图 4-50 所示。可见，该模式用当前图层的亮度值去替换下层图像的亮度值，而色相值与饱和度不变。

图 4-49

图 4-50

由此可见，混合模式控制着图像中的像素如何受绘画或编辑工具的影响。

4.2 Photoshop 2020 的图像颜色模式转换

色彩和色调对于一幅图像无疑是至关重要的。在 Photoshop 中可以自由地转换图像的各种颜色模式，但是由于不同的颜色模式包含的颜色范围不同，所以它们的特性存在差异，因而在转换色彩模式时或多或少会产生一些颜色数据的丢失。在选择颜色模式时，应该注意以下几个问题：

（1）图像输出和输入方式：输出方式就是图像以什么方式输出。输入方式是指在扫描输入时以什么模式存储图像，通常使用的是 RGB 模式。

（2）编辑功能：在选择模式时，需要考虑到在 Photoshop 中能够使用的功能。

（3）颜色范围：不同的颜色模式其颜色范围不同，在图像编辑时可以采用颜色范围较广的 RGB 或者 Lab 模式，以获得最佳的图像视觉效果。

（4）文件占用的内存和磁盘空间大小：不同模式保存的文件的大小是不一样的，索引模式的图像文件大小大约是 RGB 模式文件的 1/3，而 CMYK 模式的文件又要比 RGB 模式文件大很多。文件越大处理时占用的内存空间越多。

4.2.1 位图模式和灰度模式的转换

在 Photoshop 中，只有“灰度”模式的图像才能直接转换为“位图”模式，而彩色模式在转换为位图模式时，都必须转换为灰度模式。下面介绍位图模式和灰度模式之间的相互转换。

1. 灰度模式转换为位图模式

灰度模式的图像具有从黑色到白色的 256 个色调，而位图模式的图像是一种只有两种色调的图像。

要将灰度模式的图像转换为位图模式，执行以下操作：

（1）打开要转换的图像，如图 4–51 所示。

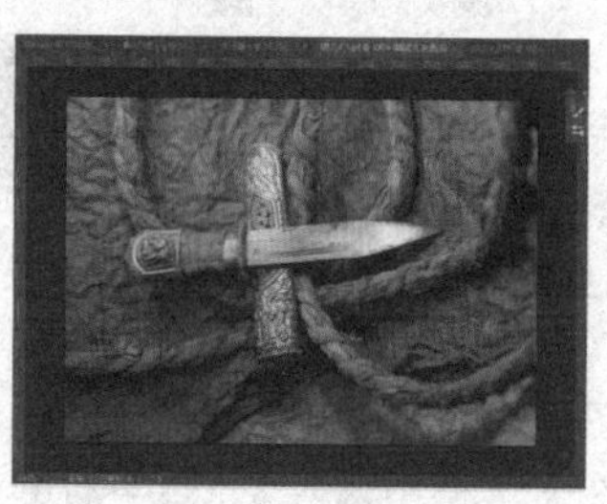

图 4–51

（2）执行“图像”|“模式”|“位图”命令，在打开的“要拼合图层吗？”对话框中单击“确定”按钮，打开图 4–52 所示的“位图”对话框。

（3）在“分辨率”选项栏中设定图像分辨率。“输入”选项中显示的数值是原图的分辨率，而在“输出”文本框中设定的是转换后的图像分辨率（取值范围是 1.000~1410064.408）。

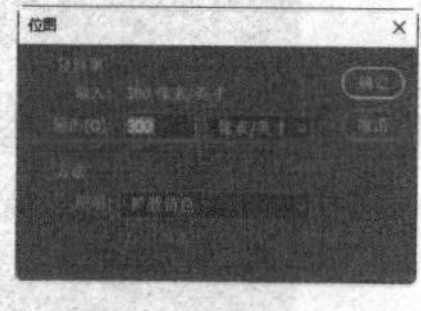

图 4–52

（4）在“方法”选项栏中设定转换为位图的方式。可选择的方式有 5 种：

“50% 阈值”：将灰度值大于 128 的像素变成白色，灰度值小于 128 的像素变成黑色。即将较暗的色调转为黑色，较亮的色调转为白色，如图 4–53 所示。

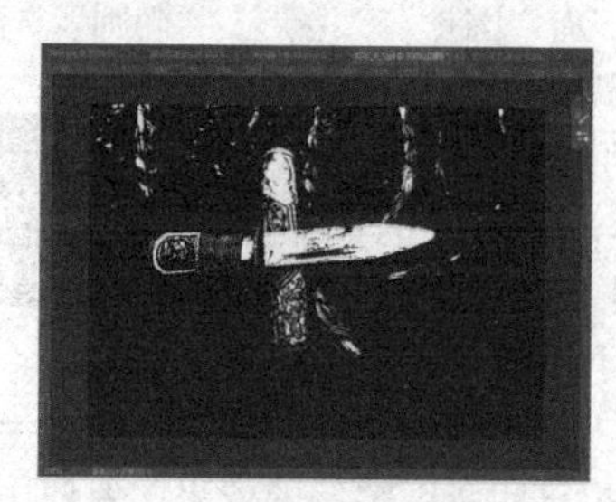

图 4–53

“图案仿色”：通过将灰度级组织到黑白网点的几何配置，来转换图像到位图模式，如图 4–54 所示。

图 4-54

"扩散仿色"：通过使用从图像左上角像素开始的误差扩散过程来转换图像。此选项对在黑白屏幕上显示图像非常有用，效果如图 4-55 所示。

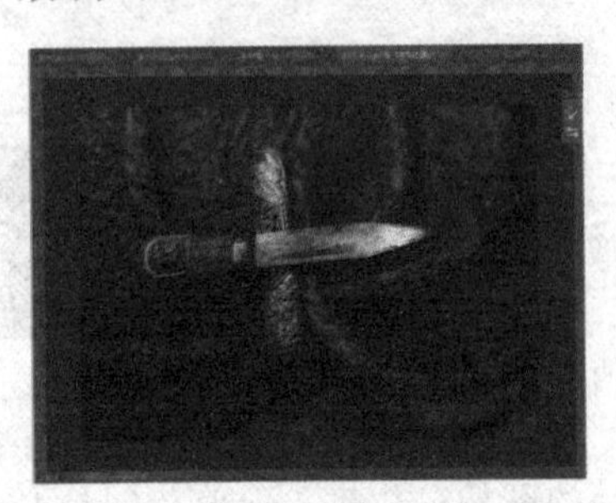

图 4-55

"半调网屏"：选择此选项转换时，Photoshop 会弹出"半调网屏"对话框，如图 4-56 所示。在"频率"文本框中可以设置每英寸或者每厘米显示多少条网屏线；"角度"文本框中用于决定网屏的方向；"形状"选项框中用于选取网点形状，有"圆形""菱形""椭圆""直线""方形""十字形"6 种形状可以选择。半调网屏的位图效果如图 4-57 所示。

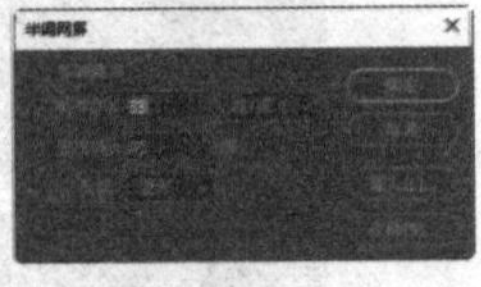

图 4-56

"自定义图案"：通过自定义半调网屏模拟打印灰度图像的效果。要使用这个选项，首先要定义一种图案，在"位图"对话框的"自定图案"下拉列表中选择一种图案预设即可。

图 4-57

（5）单击"确定"按钮即可转换为位图了。

技巧： 当一幅灰度图像转换为位图图像时，将丢失大量的颜色信息，这些丢失的信息无法恢复。即使再次把转换后的位图图像转换为灰度图像，也无法显示原来的效果。同样的道理，如果是一幅彩色模式的图像（如 RGB、Lab）在转换为灰度模式后，再转换为彩色模式，也将丢失颜色信息而不能显示原来的效果。

2. 位图模式转换为灰度模式

要将一个位图模式的图像转换为灰度模式，操作步骤如下：

（1）打开需要转换为灰度模式的位图图像。

（2）执行"图像"|"模式"|"灰度"命令，打开如图 4-58 所示的"灰度"对话框。

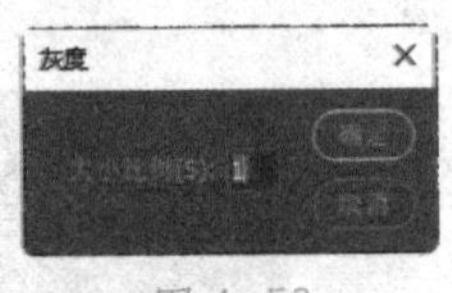

图 4-58

（3）在"大小比例"文本框中输入转换图像的尺寸比例，取值范围是（1~16），例如在文本框中输入 3，转换后的图像尺寸会变为原来尺寸的 1/3，同时像素数目相应减少。

（4）单击"确定"按钮即可。

4.2.2 灰度模式转换为双色调模式

只有灰度模式的图像才能转换为“双色调”模式，要将其他模式的图像转换为双色调模式，必须首先将其转换为灰度模式。

将一幅灰度模式图像转换为双色调模式图像的步骤如下：

（1）打开需要转换的图像文件，执行“图像”|“模式”|“双色调”命令，打开如图 4–59 所示的“双色调选项”对话框。

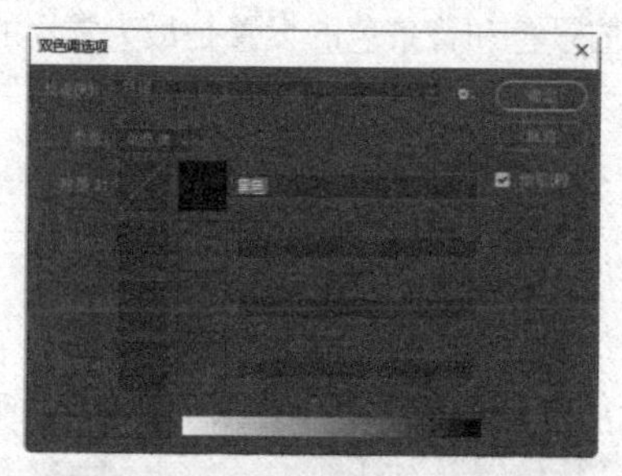

图 4–59

（2）在“类型”列表框中选择色调类型。共有 4 种类型可以选择：“单色调”“双色调”“三色调”“四色调”。选中某种类型的色调后，其下方对于色调类型的油墨项就会被激活。例如选择“双色调”时，“油墨 1”和“油墨 2”选项激活。

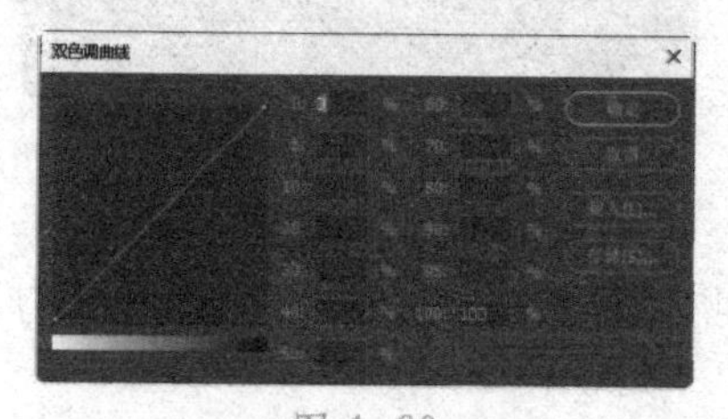

图 4–60

（3）设定好色调类型后就可以设定各种油墨的颜色，在这里选择“双色调”。在“预设”下拉列表中选择一个颜色预设，可以进行油墨颜色设置，此时在图像窗口可以看到图像颜色变化的结果。还可以通过单击“双色调”对话框中“油墨 1”和“油墨 2”右侧的第二个矩形颜色按钮，打开如图 4–61 所示的“拾色器”对话框进行油墨颜色的选取。

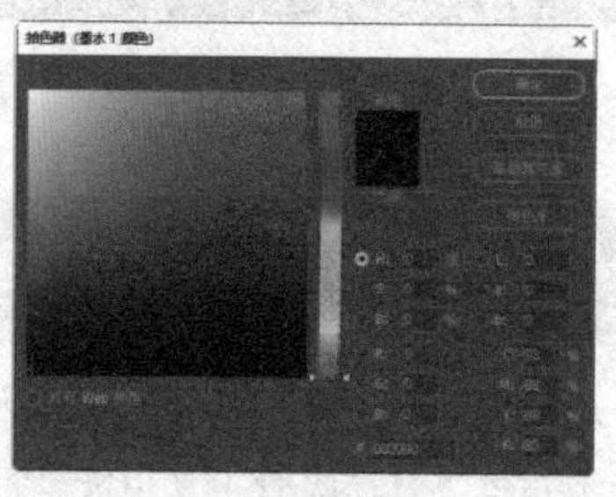

图 4–61

（4）对话框中“油墨 1”“油墨 2”右侧的第一个方框是色调曲线设置框，单击此框将弹出“双色调曲线”对话框，如图 4–62 所示。改变方框中曲线的形状可以改变油墨颜色的相应曲线。单击“确定”按钮完成设定。

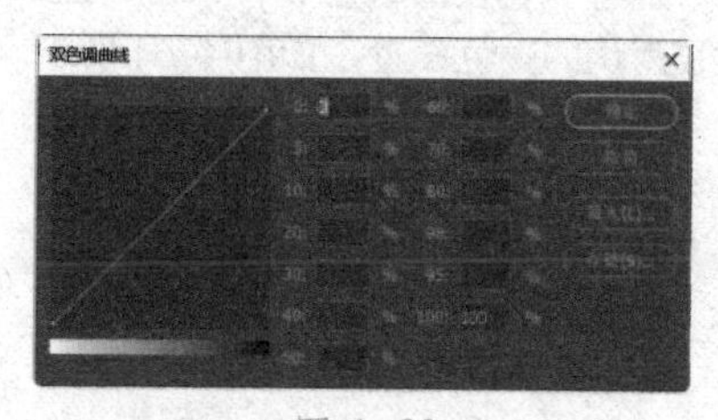

图 4–62

（5）如果在“双色调选项”对话框中单击“压印颜色”按钮（只有存在两种以上的颜色的时候，该按钮才可用），可以打开“压印颜色”对话框，如图 4–63 所示，从中可以设定油墨压印部分在屏幕上显示的颜色。对话框中有 11 个颜色框，每个颜色框代表某几种油墨混合的颜色。在“双色调选项”对话框中“类型”选择双色调时，只有“1+2”颜色框被激活，选择“三色调”时，“1+2”“2+3”“1+3”“1+2+3”4 种组合被激活；选择“四色调”时，11 个颜色框全部被激活。

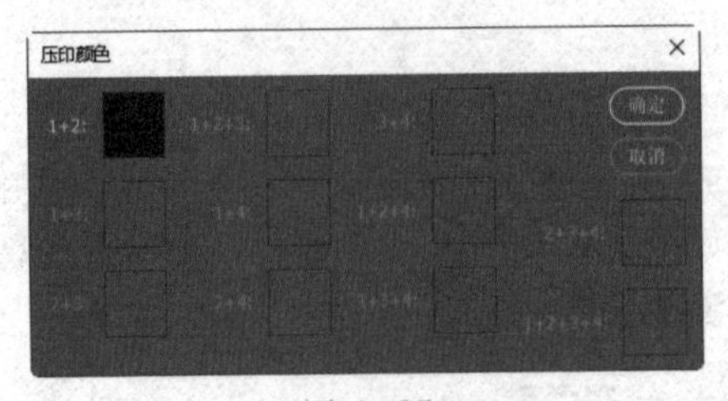

图 4-63

提示："压印颜色"对话框只是让用户可以预览油墨压印时在屏幕中显示的颜色，并非实际输出的颜色设置。

（6）在"双色调选项"对话框中单击"确定"按钮，完成双色调模式的转换。

4.3 Photoshop 2020 颜色设置

要合理使用颜色，首先要设置好颜色。其中，前景色和背景色的设置是最为常用的，颜色取样器工具、吸管工具也能辅助颜色的设置，当然使用"颜色"面板、"色板"面板和"样式"面板更能简单直观地获取所需的颜色。

4.3.1 前景色和背景色的设置

工具箱中有一个专门的颜色工具，通过该工具可以设置当前的前景色和背景色，也可以切换前景色和背景色，还可以恢复默认的颜色设置，如图 4–64 所示。

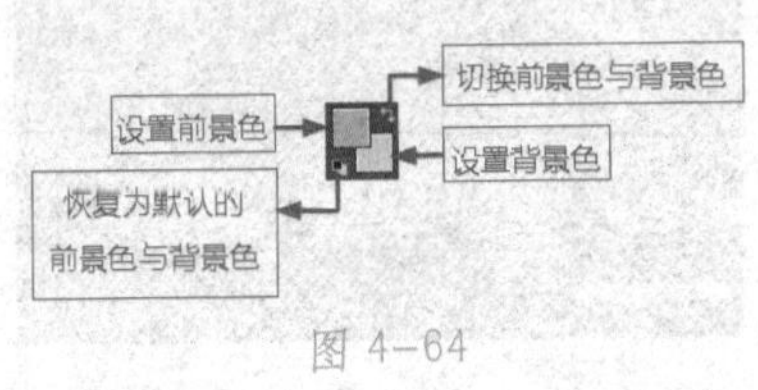

图 4–64

单击颜色工具中的按钮可转换前景色与背景色；单击小图标，可恢复前景色与背景色的默认颜色（前景色为黑色，背景色为白色；如果查看的是 Alpha 通道，则默认的前景色为白色、背景色为黑色）；单击大图标，则会弹出如图 4–65 所示的"拾色器"对话框。

图 4–65

在"拾色器"对话框中，移动小光圈到所需的颜色位置，单击"确定"按钮，便可设定所需的前景色或背景色。

4.3.2 颜色取样器工具

颜色取样器工具用于在图像中同时对 4 个以内位置的颜色取样，以便在信息面板中获得颜色信息。

在工具箱中选择颜色取样工具，接着在图像中需取样的位置单击，如图 4–66 所示，在"信息"面板上将会显示出所取颜色的信息，如图 4–67 所示。

图 4-66

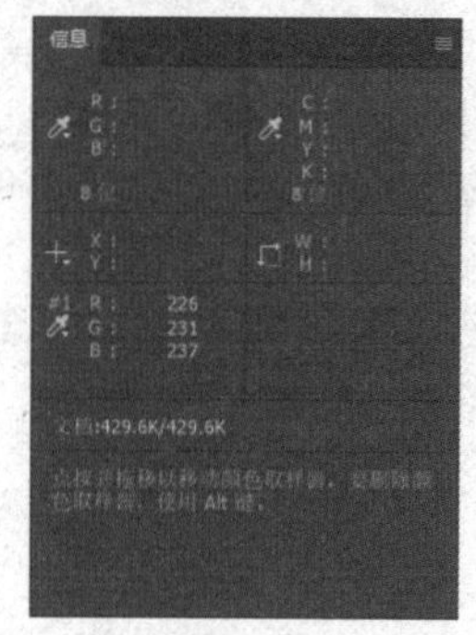

图 4-67

4.3.3 吸管工具

吸管工具可以帮助用户从图像中拾取所需的颜色，省去了调整各种基色的比例过程。它可在图像或调色板中拾取所需要的颜色，并将它设定为前景色。若按下【Alt】键的同时拾取颜色，可将其设定为背景色。

选择工具箱中的吸管工具，在工具属性栏上便会弹出如图 4-68 所示的吸管选项。其中“取样大小”选项在缺省时仅拾取光标下1个像素的颜色，若选择“3×3平均”或“5×5平均”，便可拾取 3×3 或 5×5 像素区域内所有颜色的平均值。

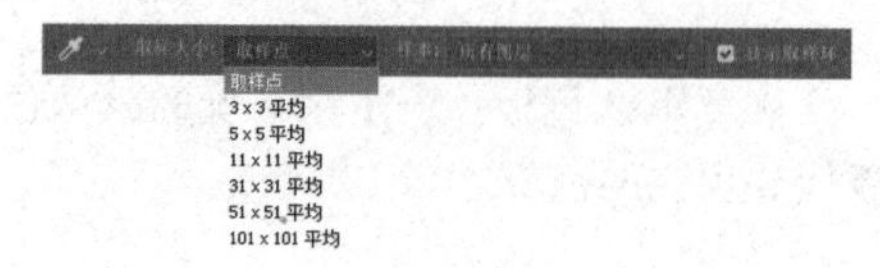

图 4-68

此外，还可利用如图 4-69 所示的“色板”面板快速选择颜色，在“色板”面板中所有的颜色都是事先配置好的，可直接从中选取。

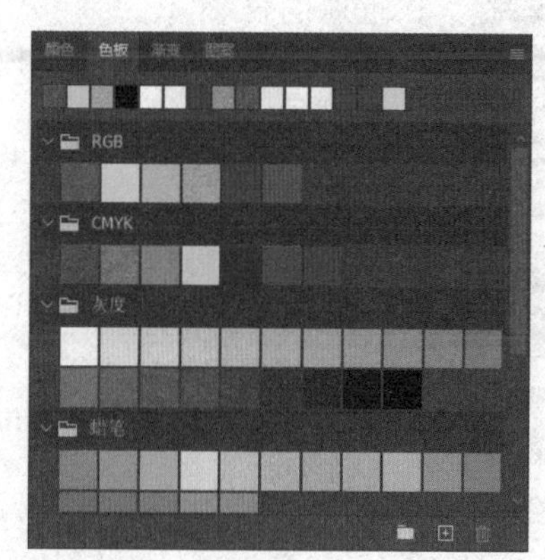

图 4-69

4.3.4 “颜色”面板

“颜色”面板用于设置前景色和背景色，也用于吸管工具的颜色取样。在面板中可以看到是一种 RGB 模式，有 3 个文本框分别代表了 R、G、B 颜色的数值，如图 4-70 所示。如果要改变前景色，只要用鼠标单击一下前景色颜色块，然后移动 R、G 和 B 色的滑杆即可改变色彩设置，当然也可以在文本框中输入数值改变颜色的混合色，最好的办法就是在色谱框用鼠标单击选择一种颜色。

在“颜色”面板中，它默认的色彩模式是 RGB 模式，用户可以单击该面板右上角的按钮，打开如图 4-71 所示的面板菜单，在此菜单中可以选择各种色彩模式。在其中有一种模式为 Web 颜色滑块，是用于 Web 图像设计的。第三栏是设置色谱的，有 RGB 色谱、CMYK 色谱、灰度色谱和当前颜色 4 种，其中，当前颜色是只显示从前景色到背景色的过渡的色谱。

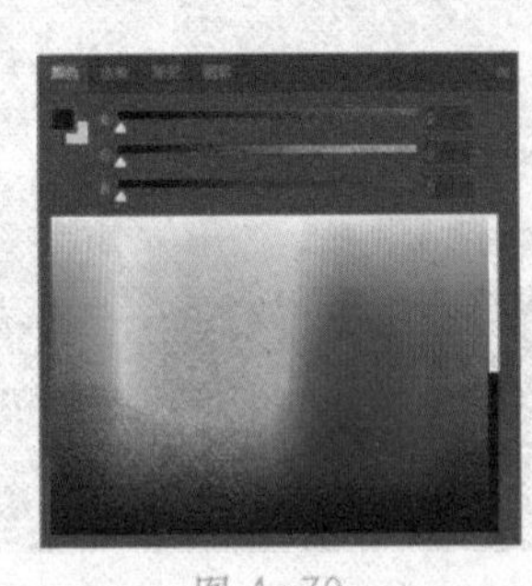

图 4-70

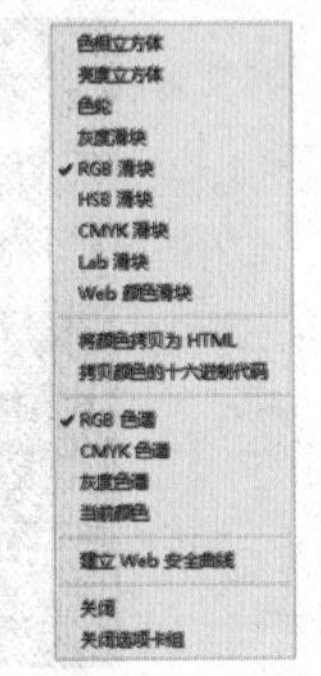

图 4-71

4.3.5 “色板”面板

“色板”面板是一种快速选取颜色的色板，它选取的颜色没有颜色面板中的颜色丰富，但它也能满足一般图像的要求。

在“色板”面板中显示的是系统已经设置好的色板样式，以方便色板的载入。

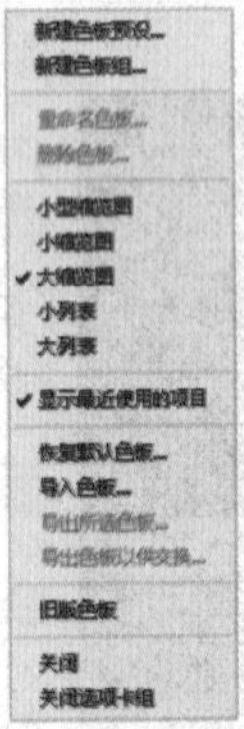

图 4-72

关于在“色板”面板中的两种操作：

当鼠标移到“色板”面板上时，鼠标将变成吸管状，这时即可用它来选取色样代替前景色或者背景色。

将鼠标移到“色板”面板的颜色方格上拖动，可以将其变换位置。

在如图 4-72 所示的“色板”面板的右键菜单中有“恢复默认色板”“导入色板”“导出所选色板”“导出色板以供交换”“新建色板预设”等命令。

其中：

新建色板预设：用于建立一个新色板，选择此命令后会出现一个对话框，如图 4-73 所示。用户可以在此对话框中设置色板的名称。

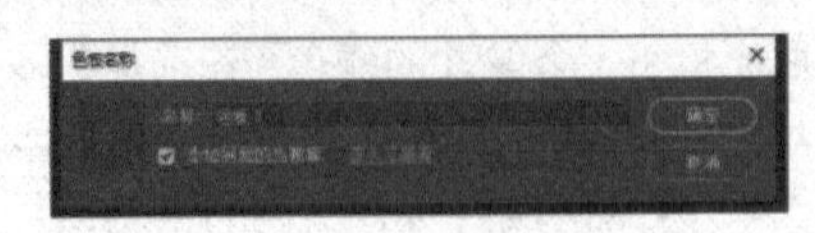

图 4-73

恢复默认色板：表示用系统的默认色板代替现在的色板。

4.3.6 “样式”面板

“样式”面板主要用于实现对图层样式的控制，可快速地将所需的颜色或其他样式应用于图层，“样式”面板如图 4-74 所示。可以在此看到系统提供的多种图层样式，也可以使用图层样式编辑命令编辑一些图层样式加到此面板中。

图 4-74

要使用某一个图层样式时，只要使用鼠标单击某一个图层样式即可。下面举例说明。

（1）执行“文件”|“新建”命令，新建一个图像文件，其参数设置如图 4-75 所示。

图 4-75

（2）选择工具箱中的横排文字工具T，在图像区中单击，出现文字输入光标。

（3）在文字工具属性栏中进行设置，如图 4-76 所示。

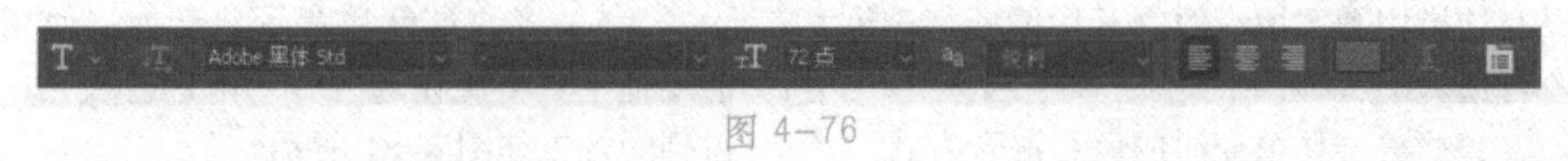

图 4-76

（4）输入如图 4-77 所示的文字。

（5）激活“样式”面板，从样式列表中选择不同的样式，即可快速产生各种效果，图 4-78 所示为应用样式的 4 个实例。

五月的花海

图 4-77

五月的花海　五月的花海　五月的花海　五月的花海

图 4-78

说明： 熟悉并合理选择各种样式必将有助于提高图像和文字处理的质量和效率。

4.4 Photoshop 2020 渐变工具和油漆桶工具

渐变工具和油漆桶工具都属于填充工具，下面介绍这两种工具的使用方法。

4.4.1 油漆桶工具

油漆桶工具用于给单击处色彩相近并相连的区域填色或图案。下面通过一个例子说明其使用方法。

（1）新建一个图像文件，并新建一个图层即“背景”。

（2）选择工具箱中的油漆桶工具，其工具属性栏如图 4–79 所示。

图 4–79

油漆桶工具的选项栏中包括“填充”“模式”“不透明度”“容差”“消除锯齿”“连续的”“所有图层”等。其中：

填充：可选择用前景色或用图案填充。只有选择用图案填充时，其后面的选项框才可选。

模式：选择填充时的色彩混合方式。

不透明度：调整填充时的不透明度。

容差：设置油漆桶工具的填充范围。低容差只会填充颜色值范围内与单击点像素非常相似的像素，高容差则会填充更大范围内的像素。

消除锯齿：选中该复选框，可以使填充的颜色或图案的边缘产生较为平滑的过渡效果。

连续的：选中该复选框，油漆桶工具只填充与单击点颜色相同或相近的相邻颜色区域；取消该复选框，将填充与单击点颜色相同或相近的所有颜色区域。

所有图层：选中该复选框，当进行颜色或图案填充时，将影响当前文档中所有的图层；取消勾选则仅填充当前图层。

（3）设置前景色为红色，背景色为橙色。

（4）选择工具箱中的椭圆选框工具，在图像中绘制一个椭圆选区，接着使用油漆桶工具在选区内单击进行填充，得到的效果如图 4–80 所示。

（5）将前景色和背景色交换，使用油漆桶工具再次在选区内单击进行填充，得到的效果如图 4–81 所示。

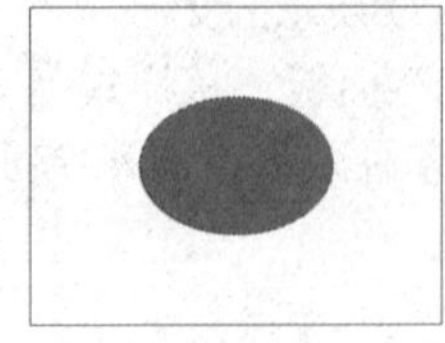

图 4–80

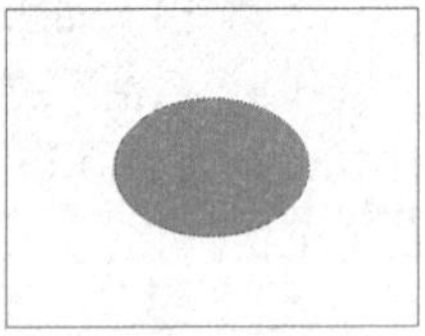

图 4–81

4.4.2 渐变工具

使用渐变工具可以创造出多种渐变效果。使用时，首先选择好渐变类型和渐变色彩，其次就是渐变色的设置。下面举例说明渐变工具的使用：

（1）新建一个图像文件。使用矩形选框工具在图像中绘制一个矩形选区。

（2）选择工具箱中的渐变工具，弹出如图 4–82 所示的工具属性栏。

图 4–82

（3）在工具属性栏中设置渐变类型为默认的线性渐变，接着单击颜色示例框，在弹出的“渐变编辑器”对话框中就可以进行渐变色的设置，如图 4–83 所示，完成设置后单击“确定”按钮确认。

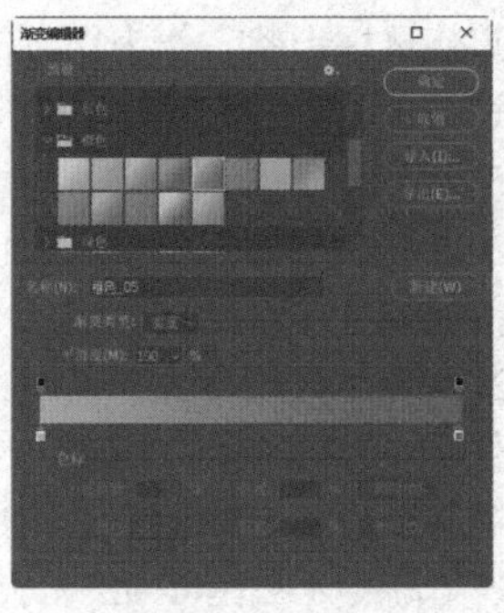
图 4-83

（4）在选区中拖动鼠标，产生一条渐变线（其表示渐变的起始位置和方向），如图 4-84 所示。松开鼠标，即可填充上渐变色，效果如图 4-85 所示。

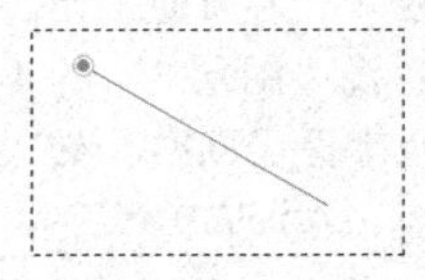
图 4-84

图 4-85

4.5 提高训练——立体图形的绘制

本例的制作过程并不复杂，但始终围绕“颜色”进行处理，之所以产生立体效果，关键就在于运用不同层次的颜色。

下面，介绍具体制作步骤。

（1）执行“文件”|“新建” 命令，参数设置如图 4-86 所示，背景色为白色。

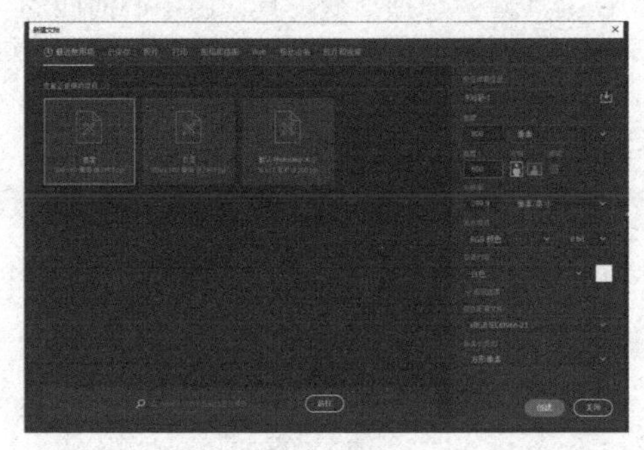
图 4-86

（2）在“图层”面板中单击“创建新图层”按钮新建一个“图层 1”图层。

（3）在工具箱中选择矩形选框工具，画出一个矩形选区。

（4）在工具箱中设置前景色为白色，背景色为黑色。

（5）选择“渐变”工具，在工具属性栏中选择“对称渐变”，按住 Shift 键由选区的中间向两边拖动鼠标，渐变填充选区，效果如图 4-87 所示。

图 4-87

（6）执行“编辑”|“变换”|“扭曲”命令，拖动矩形的顶角，产生如图 4-88 所示的效果。

（7）从工具箱中选择“椭圆形选框”工具，在图像窗口中画出一个椭圆形选区，并移动到合适的位置。

（8）执行“选择”|“反选”命令，反选选区，再按 Delete 键删除选区内图像，使圆锥体下方出现圆弧状，如图 4-89 所示。

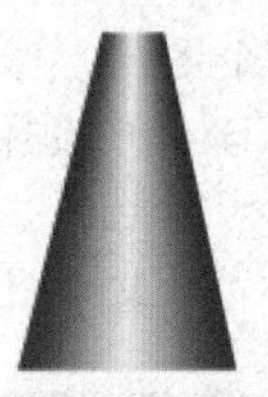
图 4-88

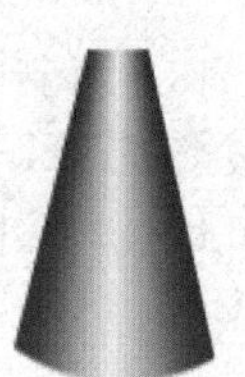
图 4-89

（9）在工具箱中选择矩形选框工具，画出一块矩形选区，移动至圆锥体下方，使选区刚好包含锥体下方的圆弧形区域。

（10）按住 Ctrl+C 将图像拷贝至剪贴板中，然后再按 Ctrl+V 粘贴出现。

（11）执行“编辑”|“变换”|“水平翻转”命令翻转图像，然后移动至合适

的位置，使它和锥体的弧形底部共同组成圆锥体的底座。

（12）将复制产生的“图层 2”拖动至“图层 1”的下方。

（13）选择“图层 1”为当前工作图层，将“图层 1”的不透明度设为 90%，效果如图 4-90 所示。

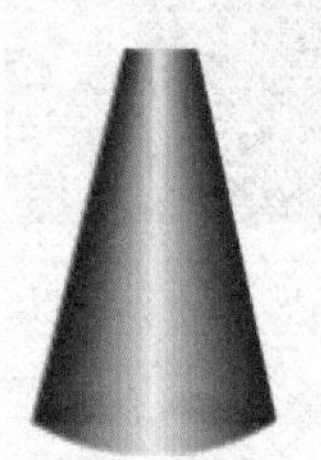
图 4-90

（14）执行“图层”|“向下合并”命令，将“图层 1”和“图层 2”合并为新的“图层 1”。

（15）在“图层”面板中再次单击“创建新图层”按钮新建“图层 2”。

（16）在工具箱中选择矩形选框工具，建立一个矩形选区。

（17）在工具箱中选择渐变工具，由左上至右下渐变填充选区，效果如图 4-91 所示。

图 4-91

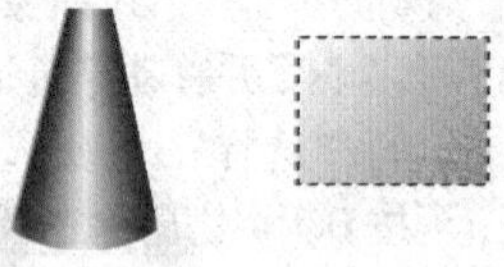

（18）再新建一个图层，按住 Shift 键向右平移选区。在工具箱中选择渐变工具，由右下至左上渐变填充选区。

（19）执行“编辑”|“变换”|“斜切”命令，调整选区形状，作为立方体的一个侧面。按照同样的方法制作立方体的顶面，然后将 3 个图层合并。

（20）在图层面板中单击“创建新图层”按钮新建一个图层。

（21）在工具箱中选择椭圆选框工具，按住 Shift 键画出一个圆形选区。在工具箱中选择渐变工具，由圆形选区中心向外画出渐变，如图 4-92 所示。

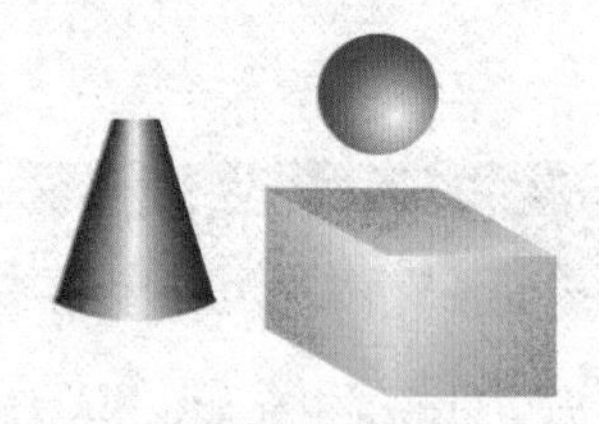
图 4-92

（22）执行“图像”|“调整”|“色相 / 饱和度”命令，在弹出的对话框中选中“着色”，分别调整 3 个立体形状的颜色。

（23）使背景图层为当前工作图层，在工具箱中选择渐变工具，由中心向四周进行菱形渐变填充。整幅图像制作完毕。效果如图 4-93 所示。

图 4-93

4.6 本章回顾

本章讲解的是 Photoshop 2020 的颜色知识。在色彩的来源中讲到物体由于内部物质的不同，受光线照射后，会产生光的分解现象。一部分光线被吸收，其余的被反射或折射出来，成为所见物体的色彩。所以，色彩不仅与光有密切关系，还与被光照射的物体有关，也与观察者有关。色彩是通过光被人们所感知的，光实际上是一种按波长辐射的电磁能。

充分了解色彩，对平面设计有很大的帮助。在本书接下来的章节中都是以色彩为基础进行操作的，可见掌握色彩知识是很重要的。

第5章 Photoshop 2020 图像编辑与修饰

本章主要内容与学习目的

- 图像基本编辑操作
- 图像高级编辑操作
- 图像修饰
- 历史记录画笔与历史记录艺术画笔
- 渐变工具
- 提高训练——制作光盘图像
- 本章回顾

图像编辑与修饰是使用 Photoshop 时经常性的工作，无论是对于已有的图像，还是新绘制的图像，都需要进行一些编辑操作。

5.1 图像基本编辑操作

基本编辑命令位于“编辑”菜单中，使用这些命令可以完成一些常规编辑操作。

5.1.1 剪切选区

在图像中选择一块区域后，执行“编辑”|“剪切”命令可以将选中的区域剪切掉，并存入剪贴板中。如图 5-1 所示为剪切前后的对比。

图 5-1

5.1.2 拷贝选区

选择一块区域后，执行“编辑”|“拷贝”命令可以拷贝选区中的图像并存入剪贴板中，而原选择区域中的图像不做任何修改。

5.1.3 粘贴

使用“编辑”|“粘贴”命令可以将剪贴板中的内容粘贴到当前图像文件的一个新层中。粘贴命令可以多次使用，以便把剪贴板中的内容粘贴到不同的图像文件中或者在同一文件中产生多个副本，下面举例说明。

（1）打开一幅图像，如图 5-2 所示。

（2）执行“选择”|“全选”命令，将整个图像选中。

图 5-2

（3）执行“编辑”|“拷贝”命令，将选中的图像拷贝并存入剪贴板中，此时原图并未产生任何变化。

（4）新建一个图像文件（当然这里也可以直接在原图像中进行粘贴操作）。执行“编辑”|“粘贴”命令，将剪贴板中的内容粘贴到新建图像文件，如图5-3所示。这样在“图层”面板中会自动生成一个新的图层“图层1”，如图5-4所示。

（5）重复执行“编辑”|“粘贴”命令，便可粘贴出多个副本。如图5-5所示是将副本移动后的效果。

图 5-3

图 5-4

图 5-5

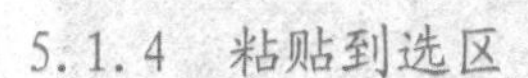

5.1.4 粘贴到选区

执行“编辑”|“粘贴入”命令可以将剪贴板的内容粘贴到当前图形文件的一个新层中。如果是同一个图形文件，它将被粘贴到与选择区域相同的位置处。如果是不同的图形文件，该图形文件中必须有一块选择区域。

下面举例说明该命令的使用方法：

（1）打开一幅图像，使用椭圆选框工具在图像中绘制一个如图5-6所示的选区。

图 5-6

（2）执行“编辑”|“拷贝”命令。

（3）使用椭圆选框工具在图像中绘制一个如图5-7所示的选区。

（4）执行“选择”|“修改”|“羽化”命令，其羽化参数设置如图5-8所示，单击“确定”按钮将选区羽化20像素。

图 5-7

（5）执行“编辑”|“粘贴入”命令即可把拷贝后的内容粘贴到选择区域的框内，效果如图5-9所示。

图 5-8

图 5-9

5.1.5 合并拷贝选区

当图像文件中含有多个图层时，执行“编辑” | “合并拷贝”命令可以拷贝选择区域中各图层所有的内容，并存入剪贴板中。

5.2 图像高级编辑操作

5.2.1 修改图像尺寸和分辨率

图像尺寸和分辨率将直接影响图像打印或印刷的精度，为此 Photoshop 提供了专门的“图像大小”“画布大小”“图像旋转”命令。还可以利用“裁切工具”对图像进行裁切。

在 Photoshop 中处理一张相片的第一步骤是保证图像具有正确的图形分辨率。分辨率指示了在一个小矩形中的像素值，并且描述一个图像和确立细节。图形分辨率是由一个图像的宽度和高度的像素值或像素数目决定的。

在一个图像长度方向上的每一个单元内的像素值称为图像图形分辨率，通常以每英寸含有的像素（ppi）为单位。一个高分辨率图像有更多的像素，因此一个高分辨率文件的大小超过一个具有同样尺寸但是低分辨率的图像大小。

执行“图像” | “图像大小”命令，可以查看当前图像的大小信息，并可以重新定义图像的像素大小、打印尺寸和分辨率。需要注意的是，如果更改了图像的大小，会导致图像的品质受到影响。

查看和更改当前图像大小的方法是：

执行“图像” | “图像大小”命令，在弹出的菜单中选择“图像大小”命令，都会弹出如图 5-10 所示的“图像大小”对话框。

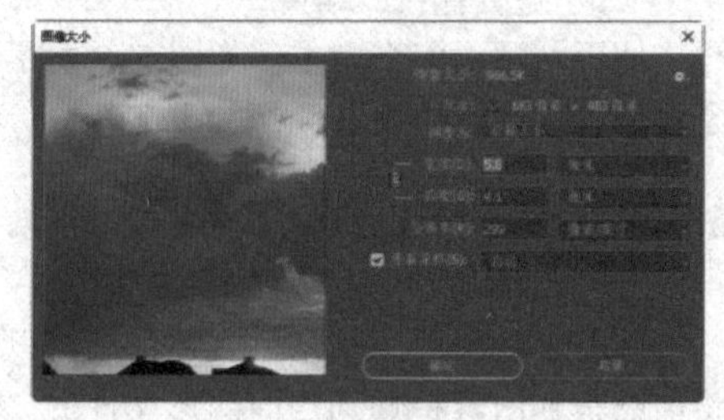

图 5-10

用户可以通过设置“宽度”“高度”“分辨率”来改变打印尺寸。

其中各选项的含义是：

图像大小：查看图像所占存储空间大小。

尺寸：显示图像的宽度和高度的尺寸。

“宽度”与“高度”：显示和设置图像的宽和高，可选单位有“百分比”“像素”“英寸”“厘米”“毫米”“点”“派卡”，宽度还有一个单位为“列”。

重新采样：改变图像尺寸时，Photoshop 将原图的像素颜色按一定的内插方式重新分配给新的像素，可选择的内插方式有“自动”“保留细节（扩大）”“两次立方（较平滑）（扩大）”“两次立方（较锐利）（缩减）”“两次立方（平滑渐变）”“邻近（硬边缘）”“两次线性”7 种，其中“两次立方”内插方式是最精确的分配方式。

5.2.2 修改画布大小

利用“画布大小”命令可以让用户修改当前图像的编辑空间，也可以通过减小画布尺寸来裁剪图像，增加画布大小则可显示出与背景色相同的颜色和透明度。

执行“图像” | “画布大小”命令，会弹出如图 5-11 所示的“画布大小”对话框。

其中各选项的含义是：

当前大小：显示了当前画布尺寸的大小。

新建大小：可以设置新的画布尺寸，在“定位”选项中可以单击一个方块来确定图像在新的画布中的位置。默认选项为中间方块，表示扩展画布后图像将出现在画布的中央。

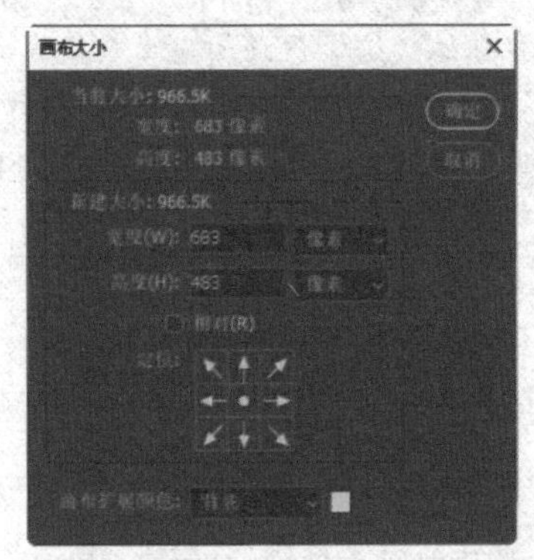

图 5-11

5.2.3 裁切图像

确认图像分辨率符合要求后，便可开始对其进行加工处理。首先，使用裁剪工具在图像中裁取大小合适的图片以便使它适合为它设计的空间。

图 5-12

裁剪图像的操作步骤如下：

（1）打开一幅图像，如图 5-12 所示。

（2）选择工具箱中的裁切工具，在图像中拖动鼠标选取一个范围，如图 5-13 所示。

（3）当裁切范围确定后，按回车键确认图像裁剪完毕，得到的效果如图 5-14 所示。

图 5-13

图 5-14

（4）执行“文件” | “存储”命令保存文件即可。

裁切工具属性栏，如图 5-15 所示。

图 5-15

技巧： 在裁切前，可以设定裁切后图像的大小和分辨率。其方法是：在工具属性栏中的“选择预设长宽比或裁剪尺寸”下拉列表中选择“前面的图像”选项，然后在设置裁剪图像的宽度、高度和分辨率输入框中依次输入所需的宽度、高度和分辨率的值。设置后，裁切的图像将自动生成所设定的大小。单击工具属性栏中的“清除”按钮将清除所有设定。

5.2.4 旋转和翻转整个图像

“图像旋转”命令可旋转或翻转整幅图像，但不能用于单个图层、部分图层、路径和选区边框的翻转。“图像”菜单中的“图像旋转”子菜单命令如图 5-16 所示。

图 5-16

在“图像”菜单下的“图像旋转”子菜单中包含多个旋转命令，但该菜单只用于对整个图像进行旋转操作，而不是对图像中的选定区域（或图层）进行旋转。

1. 180°

此命令将图像进行 180° 旋转，如图 5-17 所示。

原图像　　旋转后的图像

图 5-17

2. 顺时针 90°

该命令用于将图像以顺时针方向旋转 90°，如图 5-18 所示。

原图像

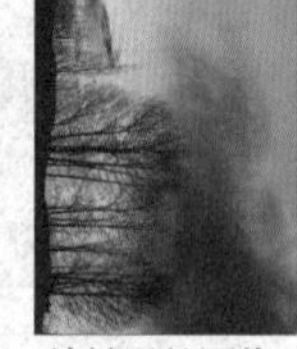

旋转后的图像

图 5-18

3. 逆时针 90°

该命令用于将图像以逆时针旋转 90°，如图 5-19 所示。

原图像

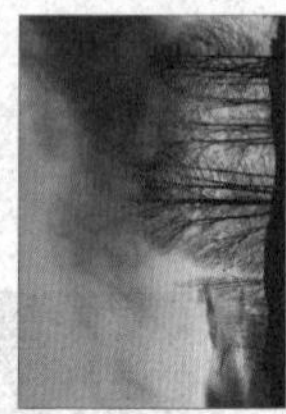

旋转后的图像

图 5-19

4. 任意角度

该命令用于将图像以给定的方向和角度做旋转运动，在“旋转画布”对话框中，可以输入角度值，并确定是顺时针方向还是逆时针方向。图 5-20 是以 45° 角做顺时针旋转的效果图。

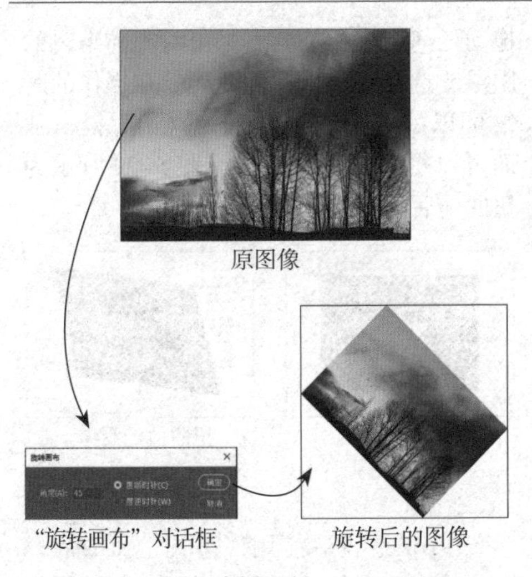

原图像

“旋转画布”对话框　　旋转后的图像

图 5-20

5. 水平翻转画布

该命令用于在水平方向上将整幅图像翻转，此命令并不考虑当前是否有选区状态，它改变的范围是整幅图像，而不是只改变图像的选定区域，如图 5-21 所示。

原图像　　旋转后的图像

图 5-21

6. 垂直翻转画布

用于在垂直方向上将整幅图像翻转，同“水平翻转画布”命令一样不考虑当前图像中有没有选定区域，如图 5-22 所示。

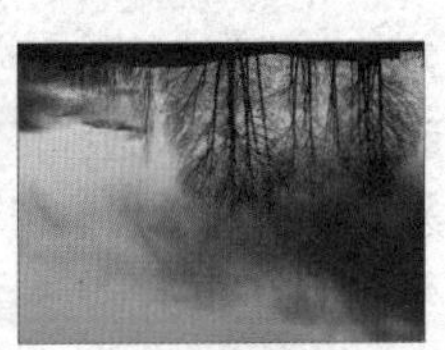

原图像　　旋转后的图像

图 5-22

5.2.5　图像的自由变换

在“编辑”菜单下的“自由变换”命令和“变换”命令可以对当前选定的区域进行变换，如图 5-23 所示。

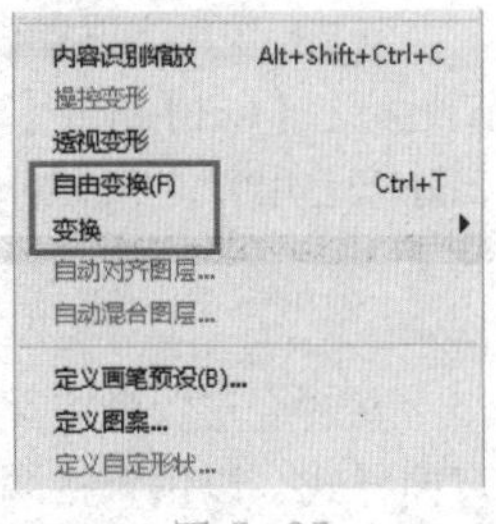

图 5-23

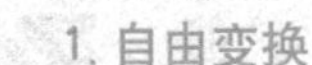

1. 自由变换

使用“自由变换”命令后，在选区或图像周围会出现 8 个控制点。当鼠标移至控制点上，便可以通过调整控制点来改变选区或图像的大小；当鼠标在控制点以外时，鼠标的形状会变为旋转样式指针，如图 5-24 所示。拖动鼠标会带动选定区域在任意方向上旋转。当鼠标在选定区域内时，鼠标的形状会变成移动式指针，拖动鼠标会将选定区域拖到预定位置处，如图 5-25 所示。

图 5-24

图 5-25

2. 变换

该菜单下的几个子菜单命令主要应用于当前编辑的图层或是图像中的选择区域，可以完成缩放、旋转、扭曲等操作。

（1）再次。该命令再次执行上一次操作，此命令可多次重复使用。

（2）缩放。该命令用于将图层或选择区域做缩放变形操作，可以在长、宽方向做任意变形。如果按住【Shift】键拖动角控制点，则可以按照长、宽等比例进行缩放变形操作。图 5-26 所示为缩放前后的效果。

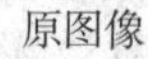
原图像

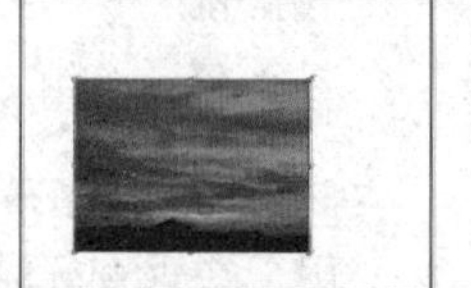
缩放后的图像

图 5-26

（3）旋转。使用“旋转”命令后，用鼠标拖动任何一个角控制点即可对当前编辑的图层或选择区域进行旋转操作，如果在按住【Shift】键后拖动，则可以以每格 15° 来旋转图像。图 5-27 所示为旋转前后的效果。

原图像

旋转后的图像

图 5-27

（4）斜切。使用“斜切”命令后，用鼠标拖动任何一个角控制点即可对当前编辑的图层或选择区域做拉伸变形。此命令可以对一个选区进行精确的数字变形，改变选区的位置，按比例缩放选区，使它旋转或倾斜，或者以这 4 个选项的任意组合方式变形等，如图 5-28 所示。

原图像

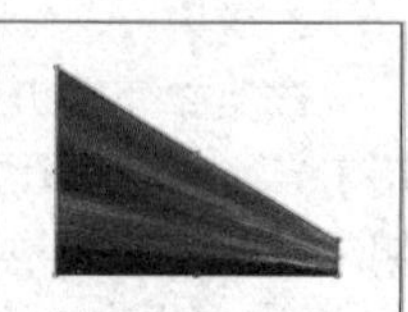
斜切后的图像

图 5-28

（5）扭曲。使用“扭曲”命令后，拖动任何一个角控制点都可对当前编辑的图层或选择区域做扭曲变形。在操作的时候可以配合【Shift】键或【Ctrl】键，从而可以得到特殊的效果。图 5-29 所示为扭曲前后的图像。

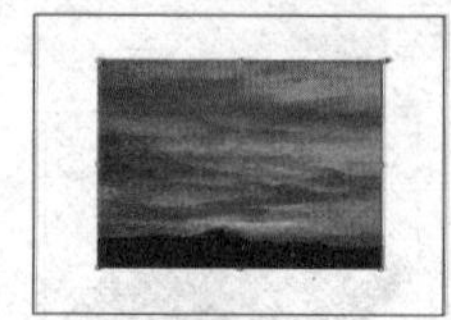
原图像

扭曲后的图像

图 5-29

（6）透视。使用“透视”命令后，拖动任何一个角控制点便可对当前编辑的图层或选择区域做透视变形。图 5-30 所示为透视前后的图像。

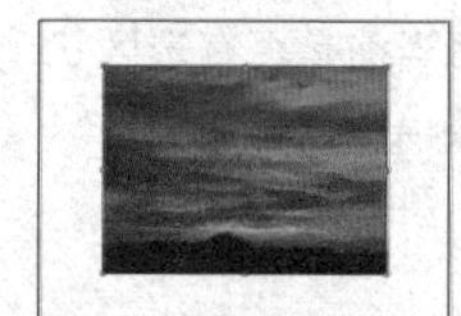
原图像

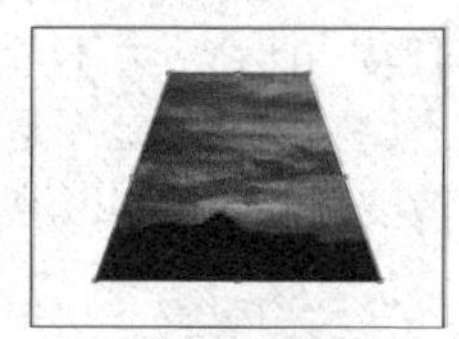
透视后的图像

图 5-30

（7）变形。选择该命令后，通过配合属性栏、【Ctrl】键或【Shift】键，可以制作出除以上几个命令以外的效果，其属性栏如所示。

在“变形”命令属性栏中提供了多种弯曲样式，以供直接调用。在属性栏中单击“变形”右边的选项框，即可打开弯曲样式列表框，如图 5-31 所示。

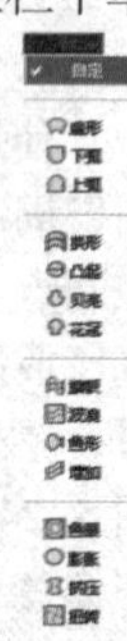
图 5-31

在使用以上 5 个命令中的任何一个命令时，均可通过单击属性栏中的“在自由变换和变形模式之间切换”按钮来切换到“变形”命令的操作模式下。

使用“变形”命令后，图像上会出现16个控制点，然后通过调整角控制点来对当前编辑的图层或选择区域做弯曲变形操作。图5-32所示为弯曲操作前后的图像。

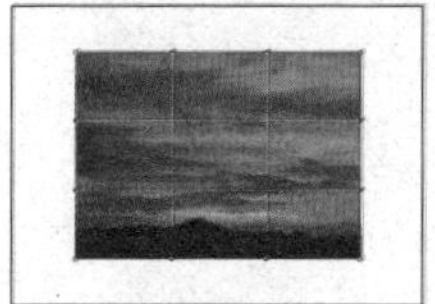
原图像

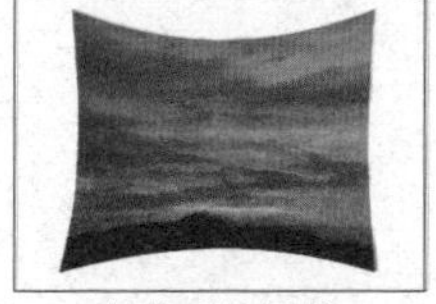
弯曲后的图像

图 5-32

打开一幅图像，如图5-33所示，然后对其分别应用系统自带的弯曲样式。图5-34所示的为应用不同变形样式后的效果。

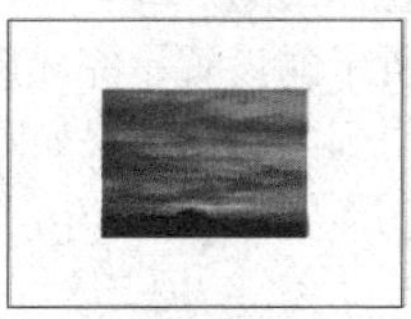
原图像

图 5-33

扇形

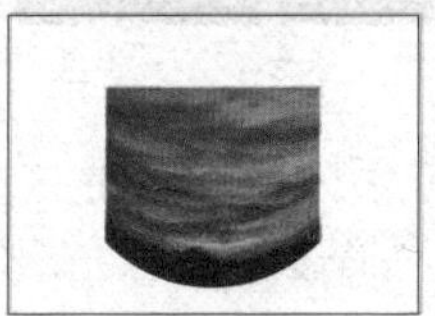
下弧

上弧

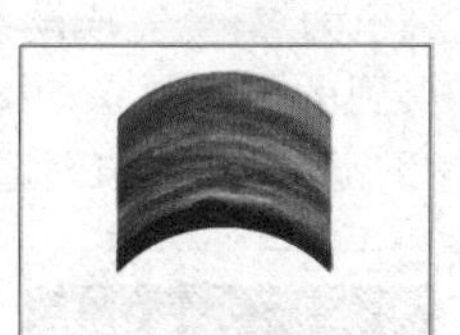
拱形

凸起

贝壳

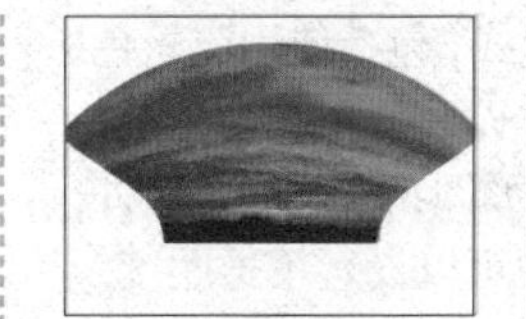
花冠

旗帜

波浪

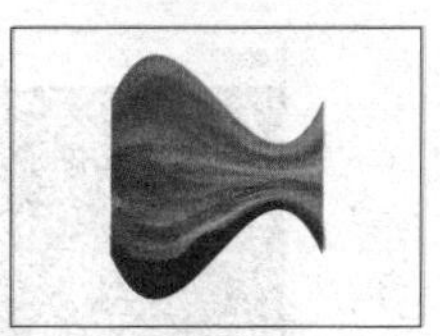
鱼形

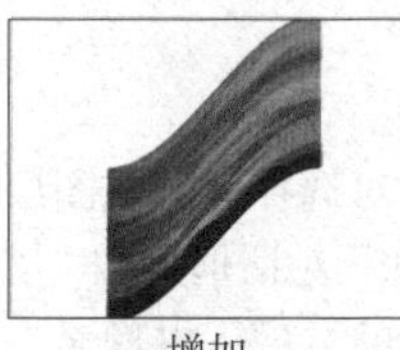
增加

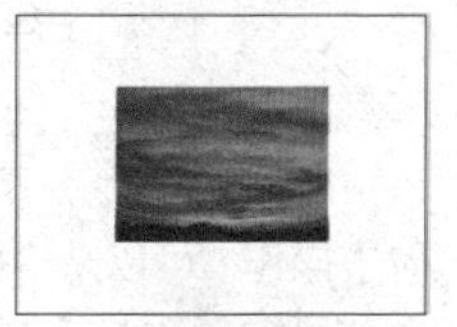
鱼眼

膨胀

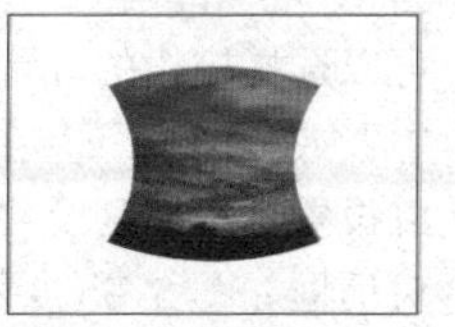
挤压

扭转

图 5-34

此外，在编辑菜单中的“变换”子菜单下，还包括了旋转180°、旋转90°（顺时针）、旋转90°（逆时针）、水平翻转和垂直翻转等命令。它们的用法与“图像”菜单中的相关命令相似，但是只对当前图层或当前选区内的图像有效。

5.2.6　填充与描边

1. 填充

“填充”命令用于对选择区域或图层填充着色。可以从“填充”对话框中的“内容”

属性栏中选择填充形式，包括使用前景色、背景色、颜色、图样以及使用灰度色进行填充，“填充”对话框如图 5–35 所示。另外，在“混合”属性栏中可以设置不透明度及填充模式。

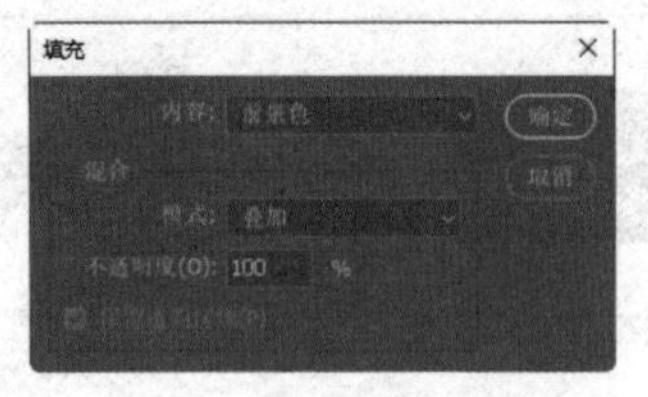

图 5–35

2. 描边

“描边”命令用于对选择区域或图层描边操作。可以从“描边”对话框中的“描边”属性栏中设定描边的宽度（以像素点为单位）和颜色。在“位置”属性栏中，可以选择描边的位置在边界线“居内”“居中”或“居外”。在“混合”属性栏中可以设置不透明度及“描边”模式。“描边”对话框如图 5–36 所示。

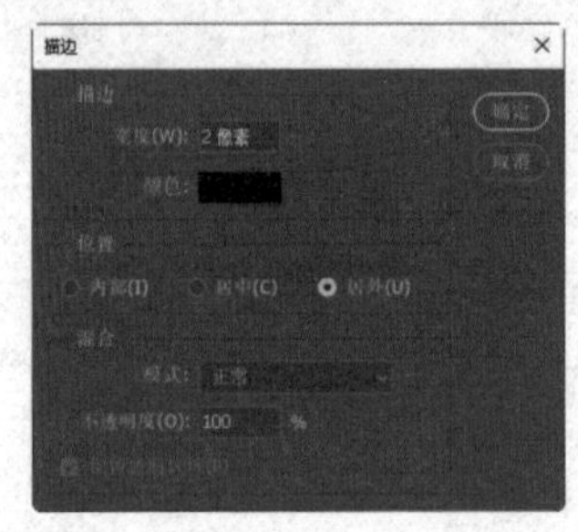

图 5–36

填充和描边命令的使用方法如下：

（1）新建一个文件，使用矩形选框工具在图像中绘制一个选区，如图 5–37 所示。

图 5–37

（2）设置前景色为（R:247，G:188，B:74）。执行“编辑”｜“填充”命令，在弹出的“填充”对话框中进行如图 5–38 所示的设置，完成后单击“确定”按钮，得到的图像效果如图 5–39 所示。

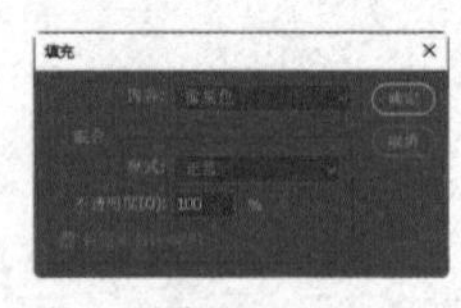

图 5–38

图 5–39

（3）确认选区存在。执行“编辑”｜“描边”命令，在弹出的“描边”对话框中进行设置，如图 5–40 所示，其中描边颜色为黑色。完成设置后单击“确定”按钮，得到的图像效果如图 5–41 所示。最后执行“选择”｜“取消选择”命令，取消选区。

图 5–40

图 5–41

5.2.7 历史记录面板

历史记录控制面板是用于对操作的恢复和撤销，它的作用要优于“编辑”菜单中的撤销和恢复操作，因为它很直观地显示了用户进行的各项操作。用户可以使用鼠标单击历史操作栏回到某一项操作，但是如果用户单击后又进行了编辑操作，则这个历史操作后的所有操作将完全删除，所以当用户选择了某一个历史操作时，要仔细考虑后再进行另外的操作。

打开如图 5-42 所示的面板菜单，可以看到有以下几项命令：

“前进一步”：此命令可将当前步骤前进一步，其快捷键为【Shift+Ctrl+Z】。例如，在图 5-43 中，当前作用的步骤是“填充”操作，当使用“前进一步”命令后，则将“晶格化”变为当前步骤操作。

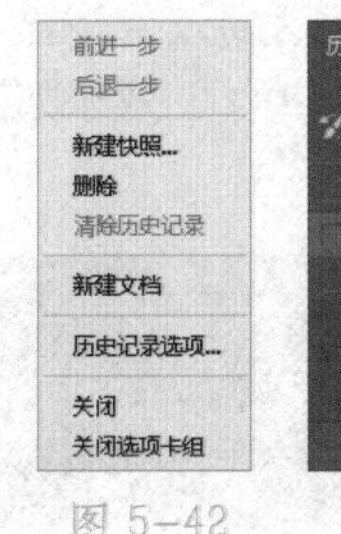

图 5-42

图 5-43

“后退一步”：此命令可将当前步骤后退一步，其快捷键为【Alt+Ctrl+Z】。

“新建快照”：此命令用于为当前的内容创建一个快照，因为在 Photoshop 2020 中可以保存快照的内容，系统将把快照的内容保存在“历史记录”面板中。

“删除”：此命令用于删除“历史记录”面板中的快照和历史操作步骤。

“清除历史记录”：此命令用于清除“历史记录”面板中的所有操作步骤，但不清除快照内容。

“新文档”：此命令用于建立新文件，新文件的内容和当前的图像内容一样。

“历史记录选项”：此命令用于设置“历史记录”面板的常用参数内容，单击此命令可打开一个对话框，如图 5-44 所示。在此对话框中有 4 个复选框，其中“自动创建第一幅快照”复选框是用于在打开文件时自动创建第一个快照；“存储时自动创建新快照”复选框是用于在存储时自动建立一个新快照；选择“允许非线性历史记录”复选框后，则可以在删除某一操作步骤时，不影响这个操作步骤后面的步骤；选中“默认显示新快照对话框”复选框后，则将按默认的方式显示新快照对话框；选择“使图层可见性更改可还原”复选框后，对图层的显示或隐藏操作也会在“历史记录”面板中记录下来。

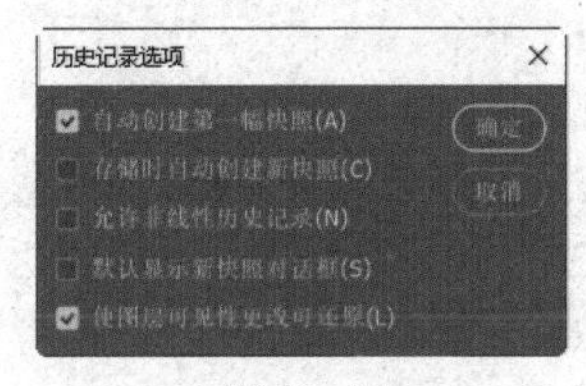

图 5-44

5.2.8 修复工具

修复画笔工具实际上是借用周围的像素和光源来修复一副图像。使用时，先按住【Alt】键选择一个希望以其区域图像来涂抹的范围，然后松开，再在要涂抹的地方涂，在涂抹时可以看到涂抹的区域与周围的区域融合得非常好。使用该工具来修复扫描出来的有杂质的照片效果相当好。

此外，在修复画笔工具的属性栏里还可以选择图案或自定义的图案来进行修复，如图 5-45 所示。

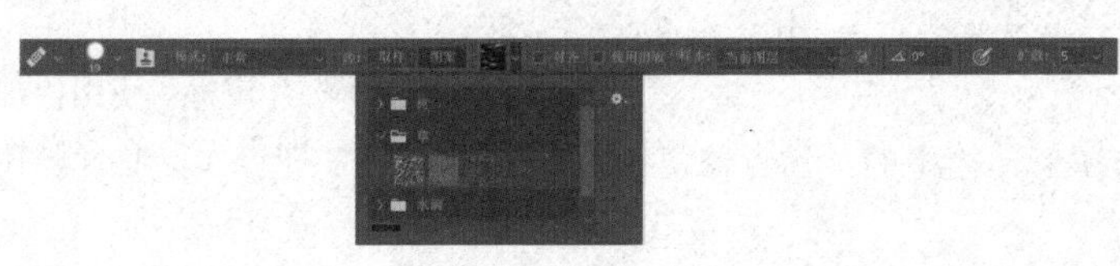

图 5-45

污点修复画笔工具的作用和修复画笔工具很相似，但在使用上要简单得多，只要在图像中需要修复的图像位置处单击即可。

修补工具是修复画笔工具功能的一个扩展。选中该工具后，可以用它来绘制一个选区，绘制的选区将是更改的区域，然后将鼠标移动到选区中间并拖动。当拖到合适的位置后松开鼠标，那么刚才选区中的图像，就会变成松开鼠标那个地方的图像，而且边缘也是和背景融合的。其工具属性栏如图 5–46 所示。

图 5–46

如果在修补工具的属性栏里选中目标，则重复上述动作，拖动选区就会将选区中的图像剪切下来，松开鼠标时，选中的一块就会被粘贴到新位置处，而且边缘也是与背景融合的。

下面，以除去图 5–47 所示的图片中的小帆船为例来介绍修复工具在图像处理时的妙用。

图 5–47

1. 使用修复画笔工具

（1）执行“文件” | “打开”命令，打开一幅原图像。

（2）选择工具箱中的修复画笔工具。

（3）将鼠标移至小帆船附近部分，按住【Alt】键单击鼠标进行取样，如图 5–48 所示。

（4）移动鼠标至小帆船处进行涂抹，涂抹完毕后的图像效果如图 5–49 所示。

图 5–48

图 5–49

2. 使用“污点修复画笔工具”

（1）执行“文件” | “打开”命令，打开一幅原图像。

（2）选择工具箱中的“污点修复画笔工具”。

（3）将鼠标移至小帆船处单击，此时鼠标变为如图 5–50 所示的效果，松开鼠标后小帆船自动被涂抹掉了，效果如图 5–51 所示。

图 5–50

图 5–51

3. 使用修补工具

修补工具适用于大面积区域，其使用方法是：

（1）打开原图像。使用套索工具在图像中绘制一个修补区域，如图 5–52 所示。

图 5–52

说明： 在使用套索工具绘制选区时，可以借助工具属性栏进行羽化参数设置，设置大小不同的羽化值可以得到不同程度的融合效果。

（2）选择工具箱中的修补工具，拖动选区图像到小帆船上，如图 5–53 所示。

（3）松开鼠标，使用快捷键【Ctrl+D】取消选择，即可完成修补操作，得到的图像效果如图 5–54 所示。

图 5-53

图 5-54

5.2.9　图章工具

仿制图章工具和图案图章工具虽然都称为图章工具，但其功能截然不同。仿制图章工具用于复制图像；图案图章工具用于复制图案，使用此工具时，首先要定义图案，然后将图案复制到图像中。

下面举例介绍其使用方法。

1. 仿制图章工具

（1）选择工具箱中的仿制图章工具，在工具属性栏中进行设置，如图 5–55 所示。

图 5–55

（2）把鼠标移到想要复制的图像上（这里将鼠标移到小亭尖），按住【Alt】键并单击以完成取样，在取样时鼠标指针显示为十字指针。然后松开鼠标就可以在图像的任意位置开始复制，多次使用得到如图 5–56 所示。

第一次复制

5 次复制后的效果

图 5–56

2. 图案图章工具

（1）执行“文件” | “打开”命令，打开一幅图像，如图 5–57 所示。

图 5–57

（2）执行“编辑” | “定义图案”命令，在弹出的“图案名称”对话框中根据需要进行名称设置，如图 5–58 所示，完成设定后单击“确定”按钮确认。

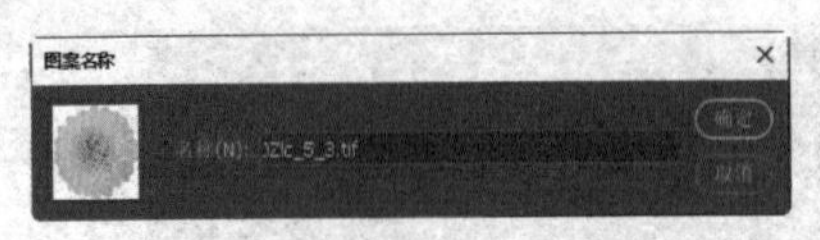

图 5-58

（3）选择工具箱中的图案图章工具，在工具属性栏中的图案选项框列表中选择刚定义的图案，如图 5-59 所示。

（4）新建一个图像文件，使用鼠标在画布上进行涂抹，效果如图 5-60 所示。

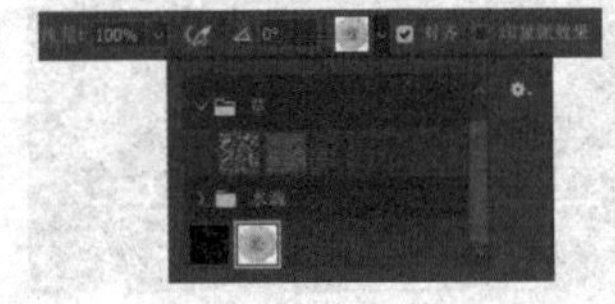

图 5-59

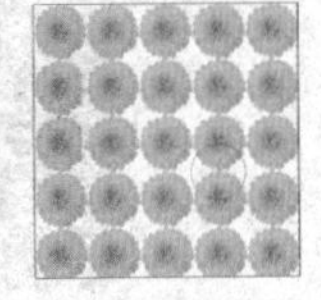

图 5-60

5.2.10 橡皮擦工具

Photoshop 2020 中的橡皮擦工具包括以下 3 种：

1. 橡皮擦工具

当作用在背景层时相当于使用背景颜色的画笔；当作用于图层时擦除后变为透明。

2. 背景橡皮擦工具

这是一种可以擦除指定颜色的擦除工具。这个指定色叫作标本色，表示为背景色。也就是说使用它可以进行选择性的擦除。

3. 魔术橡皮擦工具

在图像上需要擦除的颜色范围内单击，它会自动擦除掉颜色相近的区域。

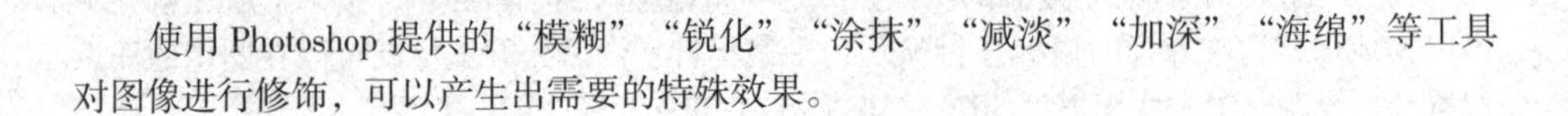

5.3 图像修饰

使用 Photoshop 提供的“模糊”“锐化”“涂抹”“减淡”“加深”“海绵”等工具对图像进行修饰，可以产生出需要的特殊效果。

5.3.1 模糊工具

使用模糊工具，可使图像变得柔和与模糊。在对两幅图像进行拼贴时，模糊工具能使参差不齐的边界柔和并产生阴影的效果。图 5-61 所示为使用模糊工具前后的两幅图像。

原图像

模糊后的图像

图 5-61

5.3.2 锐化工具

使用锐化工具，可使图像变得更清晰、色彩更亮。其属性参数中压力越大，锐化的效果就越明显。图 5-62 所示为使用锐化工具前后的两幅图像。

原图像

锐化后的图像

图 5-62

5.3.3 涂抹工具

使用涂抹工具可产生类似日常生活中用手指在未干的画纸上涂抹一样的效果。涂抹的大小、软硬程度等参数也可通过工具属性栏来设置。一般情况下，系统将光标开始处的颜色与鼠标拖动处的颜色混合进行涂抹。使用时最好沿着一个方向进行。图 5-63 所示为使用涂抹工具前后的两幅图像。

原图像

涂抹后的图像

图 5-63

5.3.4 减淡工具

减淡工具的主要作用是改变图像的曝光度。对图像中局部曝光不足的区域，使用减淡工具后，可对该局部区域的图像增加明亮度（稍微变白），使很多图像的细节可显现出来。图 5-64 为使用减淡工具前后的两幅图像。

原图像

减淡后的图像

图 5-64

5.3.5 加深工具

加深工具主要用于改变图像的曝光度。对图像中局部曝光过度的区域，使用加深工具后，可对该局部区域的图像变暗（稍微变黑）。图 5-65 为使用加深工具前后的两幅图像。

原图像

加深后的图像

图 5-65

说明：减淡与加深工具均使用相同的属性参数。其中，曝光度值越大，减淡、加深的效果就越强烈。这两种工具还可选择画笔大小及软硬程度，软笔刷子可产生微妙的效果，而硬笔刷则可产生更为强烈的效果。通常使用较小的曝光度值和较柔软的刷子。

5.3.6　海绵工具

海绵工具的主要作用是调整图像中颜色的浓度。利用海绵工具，可增加或减少局部图像的颜色浓度。需增加颜色浓度时，应在海绵属性栏中选择加色；需减少颜色浓度时，应在海绵属性栏中选择去色。图 5-66 为使用海绵工具前后的 3 幅图像。

原图像

使用海绵工具加色

使用海绵工具去色

图 5-66

5.4　历史记录画笔与历史记录艺术画笔

工具箱中的历史记录画笔工具和历史记录艺术画笔工具都属于恢复工具，它们都需要配合“历史记录”控制面板使用。但是和“历史记录”面板相比，历史画笔的使用更加方便，而且具有画笔的性质。

5.4.1　历史记录画笔案例演练

下面通过一个实例，来对历史记录画笔工具的具体用法加以说明。

（1）打开一幅图像，如图 5-67 所示。

（2）执行“滤镜”｜“模糊”｜“高斯模糊”命令，对图像进行模糊处理，得到的效果如图 5-68 所示。

（3）执行“图像”｜“调整”｜“色阶”命令，对图像进行色阶调整，调整后的图像效果如图 5-69 所示。

图 5-67

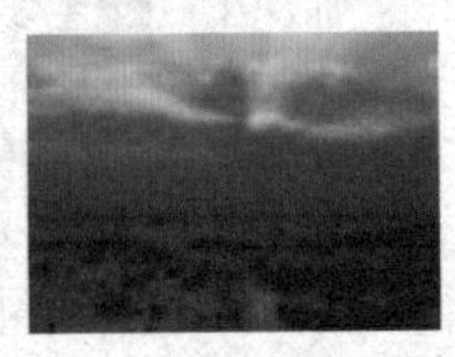
图 5-68

（4）执行“滤镜”｜“模糊画廊”｜

“场景模糊”命令，对图像进行“场景模糊”滤镜操作，得到的图像效果如图 5–70 所示。

图 5–69

图 5–70

说明：关于滤镜的操作将会在后面的章节中进行讲解。

（5）激活“历史记录”面板，单击“高斯模糊”这层历史记录左侧的小方块，这时候方块内将出现一个历史画笔图标，如图 5–71 所示。

说明：“历史记录”控制面板中的画笔图标，表示历史画笔恢复图像的数据来源，即恢复图像将以这个历史记录状态下显示的图像为来源进行图像恢复。

（6）选择工具箱中的历史记录画笔工具，设置好属性后，按住鼠标左键在图像上半部分进行连续涂抹，此时看到图像将恢复在“高斯模糊”历史记录状态中所显示的画面，效果如图 5–72 所示。

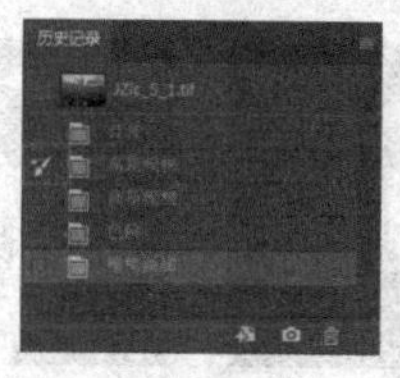

图 5–71

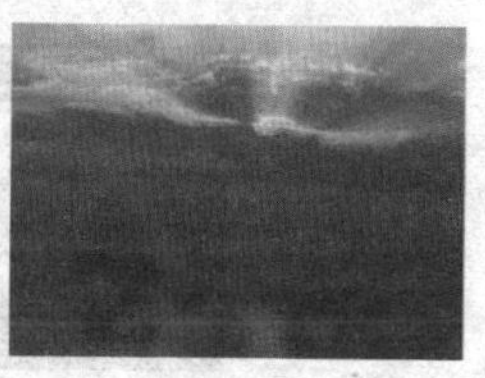

图 5–72

历史记录画笔工具的属性栏中包括“画笔”“模式”“不透明度”“流量”，其用途和使用方法与前面介绍的画笔工具相同。

5.4.2　历史记录艺术画笔

历史记录艺术画笔工具可以使用指定历史记录状态或快照中的源数据，以风格化笔触进行绘画。通过尝试使用不同的绘画样式、范围和保真度选项，可以用不同的色彩和艺术风格模拟绘画的纹理。

与历史记录画笔工具一样，历史记录艺术画笔也是用指定的历史记录状态或快照作为源数据。但是，历史画笔通过重新创建指定的源数据来绘画，而历史记录艺术画笔在使用这些数据的同时，还加入了作者为创建不同的色彩和艺术风格而设置的效果。

历史记录艺术画笔工具的使用方法与历史记录画笔工具相同。历史记录艺术画笔工具的属性栏（图 5–73）包括画笔、模式、不透明度、样式、区域、容差和角度等。

图 5–73

画笔、模式、不透明度：前面已经介绍，这里的功能和用法与前面相同，不再赘述。

样式：使用历史记录艺术画笔时的绘画风格。其中包括“绷紧短”“绷紧中”“绷紧长”“松散中等”“松散长”“轻涂”“绷紧卷曲”“绷紧卷曲长”“松散卷曲”“松散卷曲长”。为了更加直观地了解各种风格，图 5–74 展示的是用各种风格的画笔把被涂黑的白色图像还原成白色的效果图。

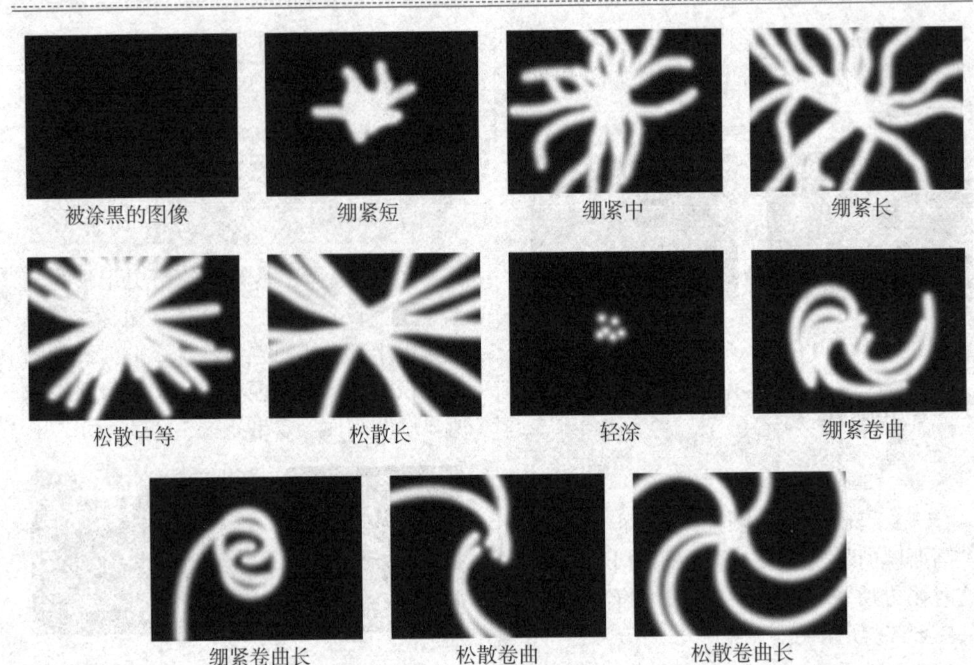

图 5-74

这些随机生成的形状不同于以前的画笔，将大大丰富图像的效果。

区域：历史记录艺术画笔的感应范围。可以直接在“区域”文本框中输入数值，单位为像素。

容差：恢复的图像和原来图像的相似程度，范围为 0~100%。数值越大，复原图像和原来图像越接近。

用历史记录艺术画笔创造的水彩效果如图 5-75 所示。

原图像

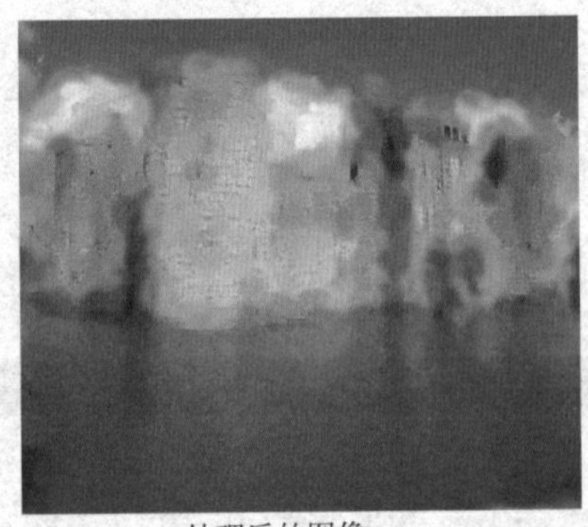

处理后的图像

图 5-75

5.5 渐变工具

5.5.1　应用渐变填充

使用渐变工具可以创造出多种渐变的效果，使用时应遵循以下步骤：

（1）如果要填充图像的一部分，首先要绘制一个填充选区。否则，渐变填充将应用于整个当前编辑图层。

（2）选择工具箱中的渐变工具▇。

（3）在渐变工具属性栏中单击颜色示例框右边的向下箭头▇以挑选预设渐变填充样式，如图 5-76 所示。在颜色示例框内单击鼠标，会弹出“渐变编辑器”对话框，如图 5-77 所示，接着就可以在“渐变编辑器”中进行渐变色设置了。当然在“渐变编辑器”对话框中也可以选择渐变填充样式。

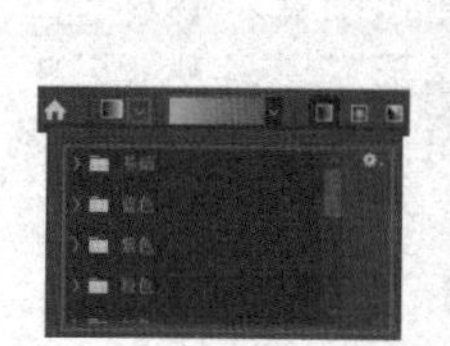

图 5-76

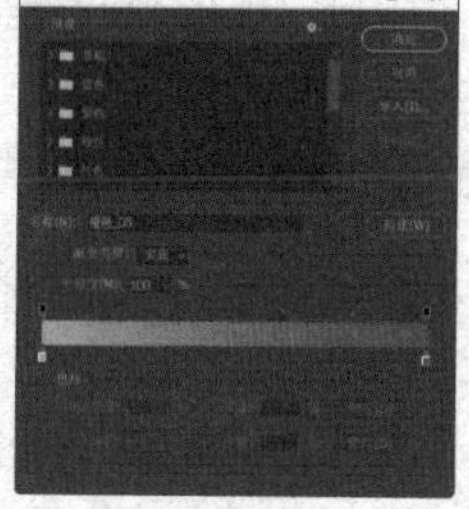

图 5-77

（4）在属性栏中选择渐变填充类型，其从左到右分别为线性渐变▇、径向渐变▇、角度渐变▇、对称渐变▇和菱形渐变▇ 5 种渐变类型：

线性渐变▇：以直线从起点渐变到终点（图 5-78）。

径向渐变▇：以圆形图案从起点渐变到终点（图 5-79）。

图 5-78

图 5-79

角度渐变▇：以逆时针扫过的方式围绕起点渐变（图 5-80）。

对称渐变▇：使用对称线性渐变在起点的两侧渐变（图 5-81）。

图 5-80

图 5-81

菱形渐变▇：以菱形图案从起点向外渐变。终点定义菱形的一个角（图 5-82）。

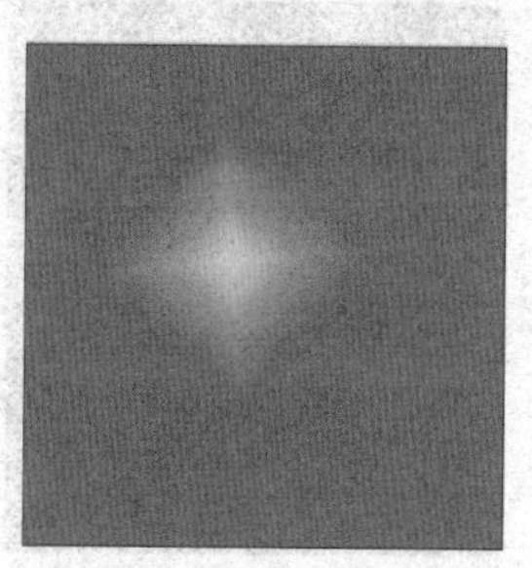

图 5-82

（5）在属性栏中设置渐变的属性。渐变工具的属性栏如图 5-83 所示，其中包括“模式”“不透明度”“反向”“仿色”“透明区域”。

图 5-83

“模式”和“不透明度”：指定填充的混合模式和不透明度。

反向：反转渐变填充中的颜色顺序。

仿色：用较小的带宽创建较平滑的混合，选择此复选框使渐变平滑。

透明区域：只有选择此复选框，不透明的设定才会生效，对渐变填充使用透明区域蒙版。

（6）当渐变色设定好后，就可以在图像中进行渐变填充了。

技巧：可以用拖拉线的长度和方向来控制渐变效果。

5.5.2 创建平滑渐变填充

“渐变编辑器”对话框可用于通过修改现有渐变的拷贝来定义新渐变。还可以向渐变添加中间色，在两种以上的颜色间创建混合。下面就通过创建平滑渐变填充来学习如何使用渐变编辑器。

创建平滑渐变的步骤如下：

（1）选择工具箱中的渐变工具。

（2）在工具属性栏中单击颜色示例框，弹出“渐变编辑器”对话框，如图 5-84 所示。

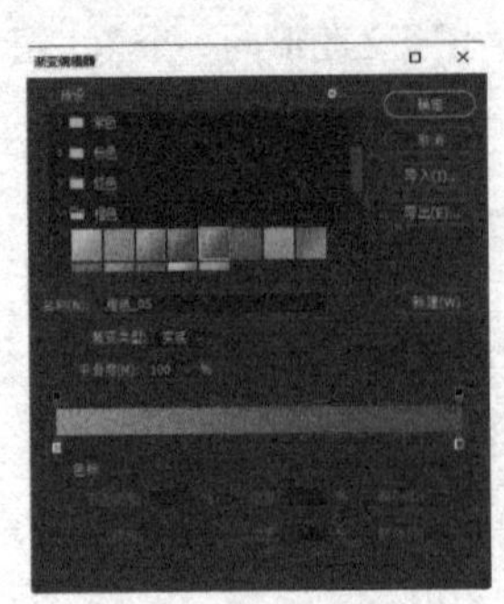

图 5-84

（3）设置“渐变编辑器”对话框中的选项。

预设：要使新渐变基于现有渐变，可以在对话框的“预设”列表栏中选择已有的渐变样式。

渐变类型：从“渐变类型”弹出式菜单中可以选取渐变类型选项，其中“实底”选项是默认的。

指定渐变颜色：单击渐变条下方的色标，该色标上方的三角形变黑，表示正在编辑色标处的颜色。可以使用以下方法来选取颜色：

①双击色标，弹出“拾色器”对话框，选取颜色。

②在对话框底部的“颜色”部分，单击颜色框，也可以弹出“拾色器”对话框选取颜色。

③在对话框底部的“颜色”部分，单击颜色框右侧的向下箭头按钮，从弹出的下拉菜单中选取选项，如图 5-85 所示。其中“前景”表示选取当前前景色，“背景”表示选取当前背景色。如果选取“用户颜色”，将指针定位在渐变条上（指针变成吸管状），单击可以采集色样，或单

击图像中的任意位置从图像中采集色样。

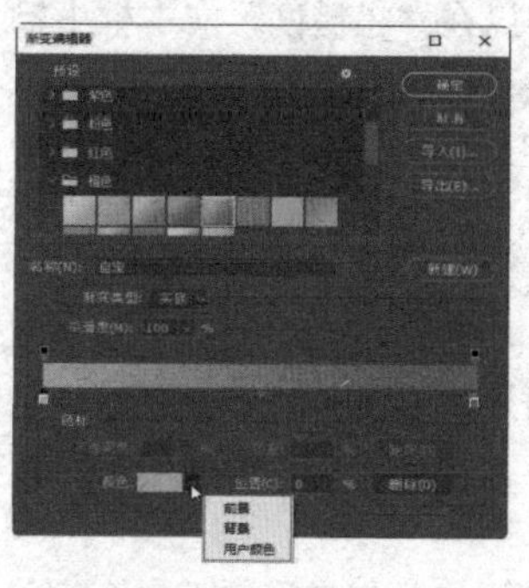

图 5-85

指定渐变透明度：单击渐变条上方的色标，色标下方的三角形变成黑色，表示正在编辑色标处的透明度。在对话框中“不透明度”文本框中输入值，或者拖移不透明度色标可以调整透明度值，如图 5-86 所示。

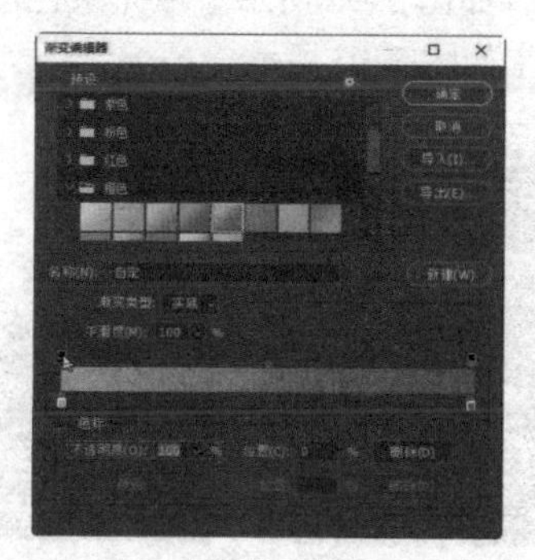

图 5-86

在渐变条里添加色标：在渐变条上面或下面单击，可出现新的色标。

删除色标：选择待删除的色标，单击“删除”按钮即可删除正在编辑的色标。

设置整个渐变的平滑度：在“平滑度”文本框中输入值，或者拖移色标。

调整色标的位置：直接拖移色标到所需位置或单击相应的色标，在对话框中的“位置”文本框中输入值。如果值是0，色标会在渐变条的最左端；如果值是100%，色标会在渐变条的最右端。

调整两色标中点的位置：可向左或向右拖移菱形滑块，或单击菱形滑块后，在“位置”文本框中输入值。

【说明】渐变条下面两个色标间的中点表示两色标颜色的均匀混合色，渐变条上面两个色标间的中点表示两色标不透明度的中间点。

存储渐变色为预设：在“名称”文本框中输入新渐变的名称，在完成渐变的设置后单击“新建”按钮就可以将设置好的渐变存储为预设。

（4）设置完成后单击“确定”按钮即可，如图 5-87 所示，填充渐变色后的效果如图 5-88 所示。

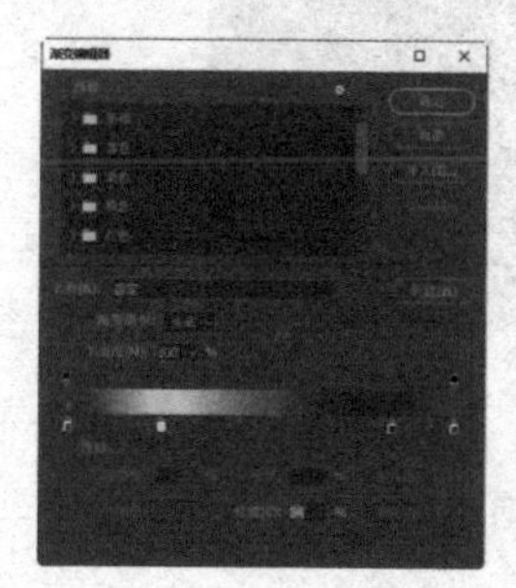

图 5-87

图 5-88

5.5.3 创建杂色渐变填充

除了创建实底渐变外，渐变编辑器对话框还允许定义新的“杂色”渐变。杂色渐变是这样的渐变：它包含了在用户所指定的颜色范围内随机分布的颜色。具有不同杂色值的渐变如图 5-89 所示，从上到下分别为 10% 粗糙度、50% 粗糙度和 100% 粗糙度。

图 5-89

创建杂色渐变的步骤如下：

（1）选择渐变工具。

（2）在工具属性栏中单击颜色示例框，弹出“渐变编辑器”对话框，如图 5-90 所示。

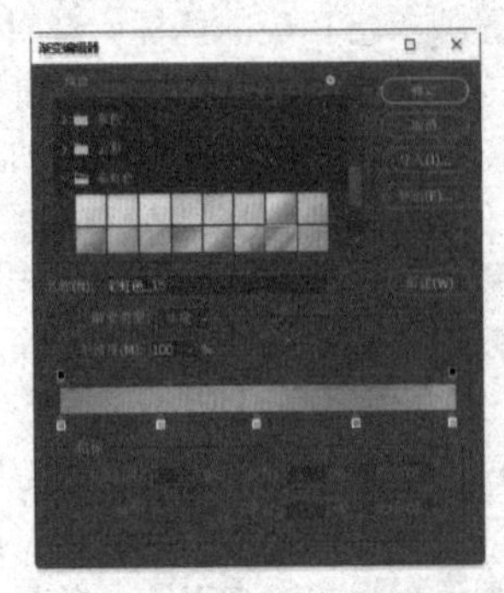

图 5-90

（3）从“渐变类型”选项框列表中选择“杂色”选项，此时对话框如图 5-91 所示。

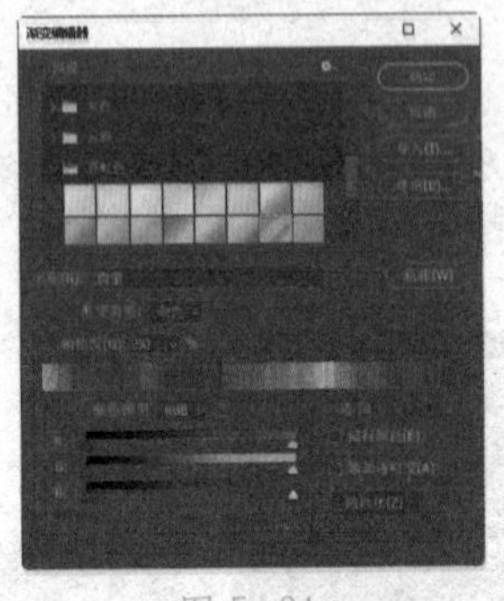

图 5-91

渐变粗糙度：要设置整个渐变的粗糙度，可以在“粗糙度”文本框中输入值，或者拖移粗糙度弹出式滑块。

定义颜色模型：要定义颜色模型，可从“颜色模型”右侧的下拉列表中选取颜色模型。

调整颜色范围：要调整颜色范围，可拖移滑块。对于所选颜色模型中的每个颜色组件，都可以拖移滑块定义可接受值的范围。

随机化：如果需要随机产生符合设置的渐变，可单击“随机化”按钮，直至找到所需设置。

创建预设渐变：要创建预设渐变，在“名称”文本框中输入名称，然后单击“新建”按钮即可。

（4）设置完成后单击“确定”按钮即可，如图 5-92 所示。填充杂色渐变后的效果如图 5-93 所示。

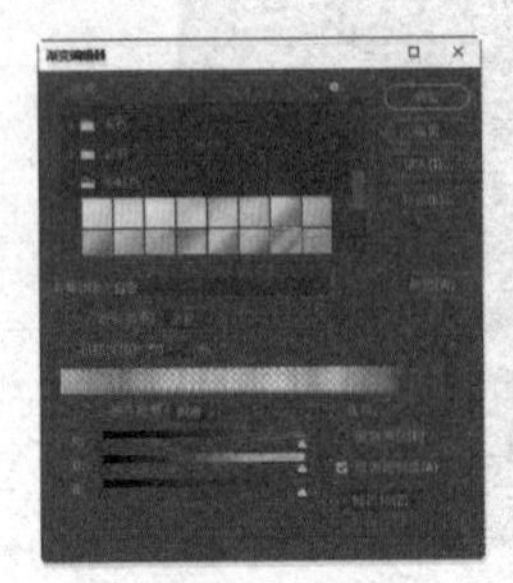

图 5-92

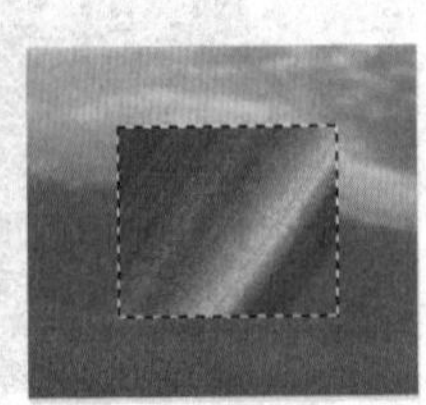

图 5-93

5.5.4 将一组预设渐变保存为库

在“渐变编辑器”对话框中单击“导出”按钮，如图 5-94 所示，弹出“另存为”对话框，如图 5-95 所示，在该对话框中选取保存的位置，并输入文件名，然后单击“保存”按钮即可。

提示：库可以存储在任何位置。但是如果将库文件放在 Photoshop 程序文件夹内的“预设 \ 渐变”文件夹中，则重新启动 Photoshop 后库名称将出现在面板菜单的底部。

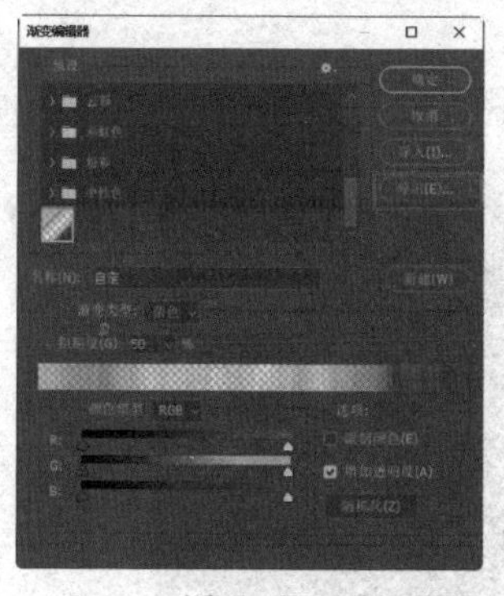

图 5-94

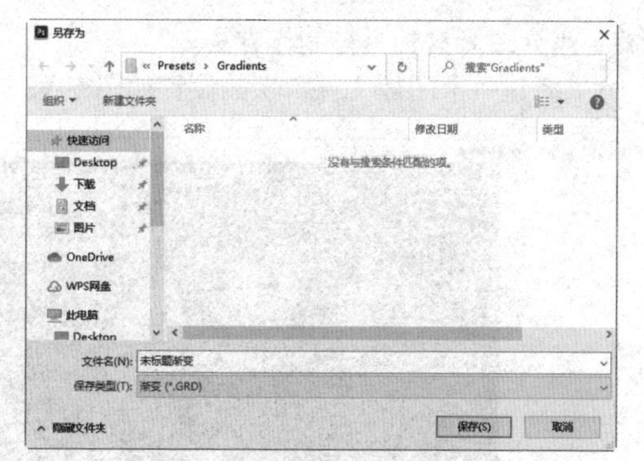

图 5-95

5.5.5　载入预设渐变库

在“渐变编辑器”对话框中单击右上侧“导入”按钮，打开“载入”对话框，如图 5-96 所示，从中选择想使用的库文件，单击“载入”按钮即可。

从“渐变编辑器”对话框中的“预设”菜单中选取“导入渐变”命令，如图 5-97 所示，同样会打开“载入”对话框。

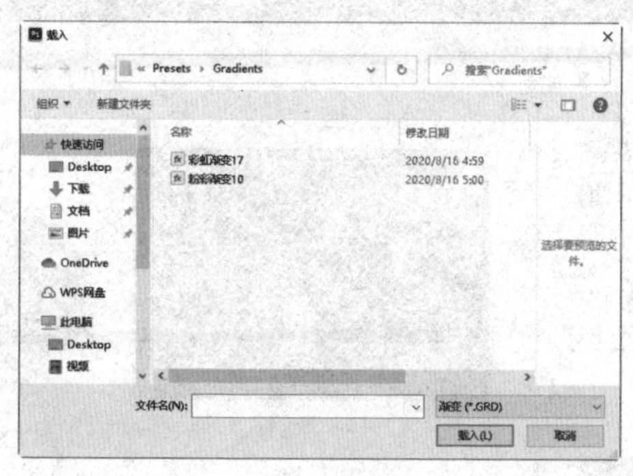

图 5-96

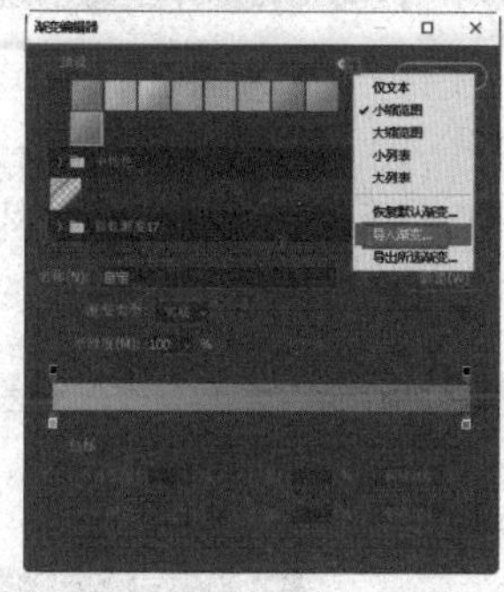

图 5-97

5.5.6　返回到默认预设渐变库

从“渐变编辑器”对话框中的“预设”菜单中选取“恢复默认渐变”，就可以替换当前列表，或者将默认库追加到当前列表中。

5.6　提高训练——制作光盘图像

本节将结合一张光盘图像的制作，进一步介绍图像编辑处理时的方法和技巧，建议读者边学边练，遇到一些概念性问题时，及时复习消化本章所学内容。

接下来介绍光盘的具体制作方法。

（1）新建一个图像文件，参数设置如图 5-98 所示。

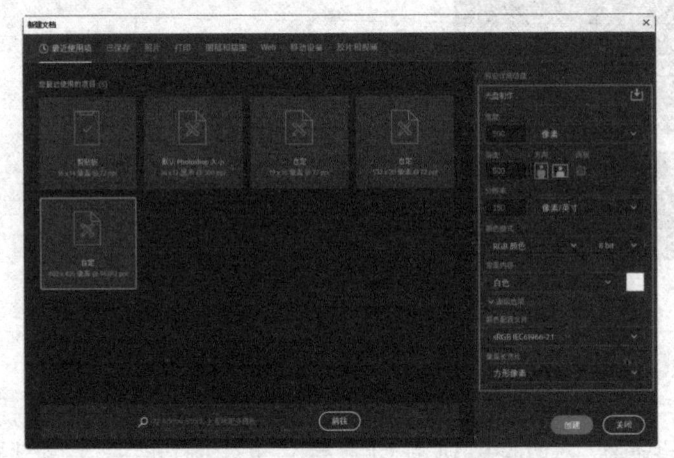

图 5-98

（2）从工具箱中选择椭圆选框工具，参数设置如图 5-99 所示。

图 5-99

（3）按住【Shift】键的同时拖动鼠标，在图像区中画出一个正圆，如图 5-100 所示。

（4）在图层面板中单击面板下方的"创建新图层"按钮，新建一个图层——"图层 1"，如图 5-101 所示。

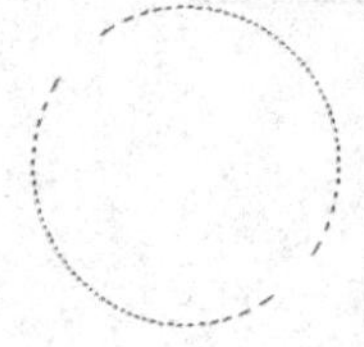

图 5-100

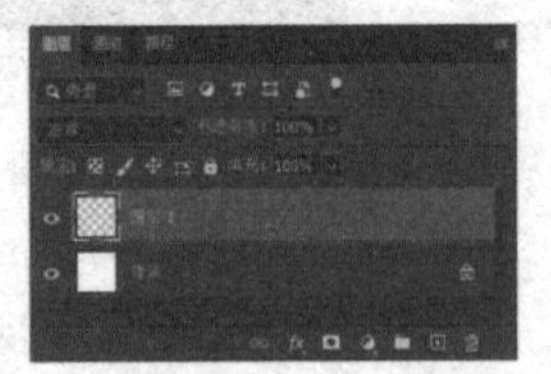

图 5-101

（5）在工具箱中单击前景色按钮，出现"拾色器"对话框，颜色设置如图 5-102 所示，然后单击"确定"按钮。

（6）按【Alt+BackSpace】键，用前景色——蓝色填充选区，效果如图 5-103 所示。

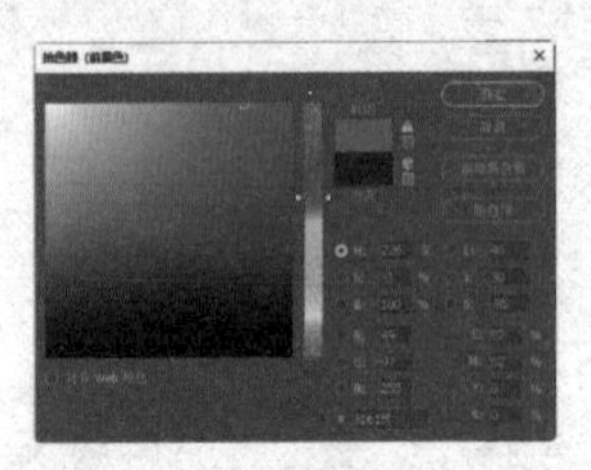

图 5-102

图 5-103

（7）在图层面板上将"图层 1"拖至面板下方的"创建新图层"按钮上，复制"图层 1"，产生一个新图层——"图层 1 拷贝"，如图 5-104 所示。

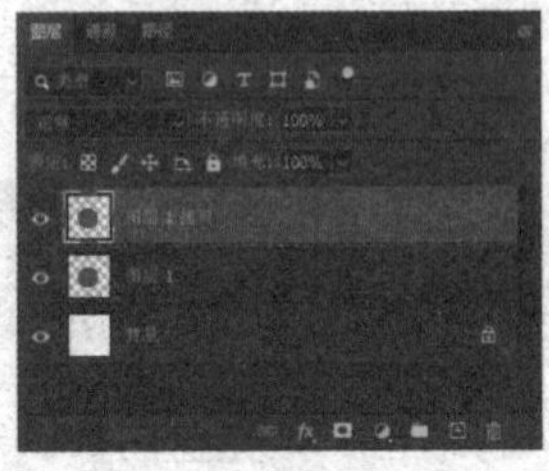

图 5-104

（8）执行“编辑”|“自由变换”命令，在工具属性栏上设置好如图 5-105 所示的参数。

图 5-105

（9）在按住【Ctrl】键的同时，用鼠标单击图层面板中的“图层 1 拷贝”，得到如图 5-106 所示的浮动选区。

（10）单击“图层 1 拷贝”前的眼睛图标，隐藏“图层 1 拷贝”的显示，然后选中“图层 1”，如图 5-107 所示。

（11）按【Delete】键删除选区内的图像，效果如图 5-108 所示。

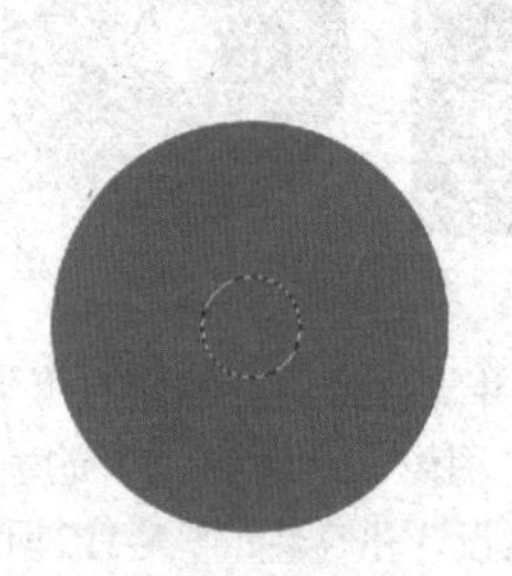

图 5-106

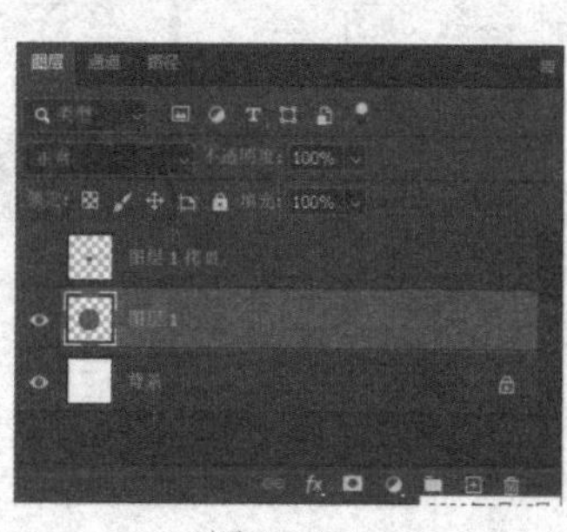

图 5-107

图 5-108

（12）将“图层 1 拷贝”拖至面板下方的删除按钮上将其删除。

（13）确认当前图层为“图层 1”，执行“滤镜”|“渲染”|“光照效果”命令，参数设置如图 5-109 所示。参数设置完成后单击“确定”按钮。

（14）新建“图层 2”，然后在按住【Ctrl】键的同时，用鼠标单击图层面板中的“图层 1”缩略图标，载入“图层 1”的选区，效果如图 5-110 所示。

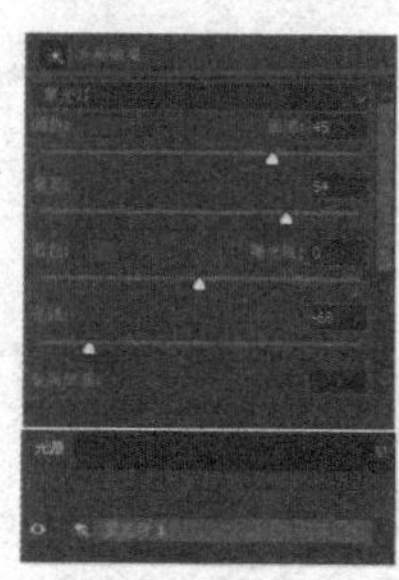

图 5-109

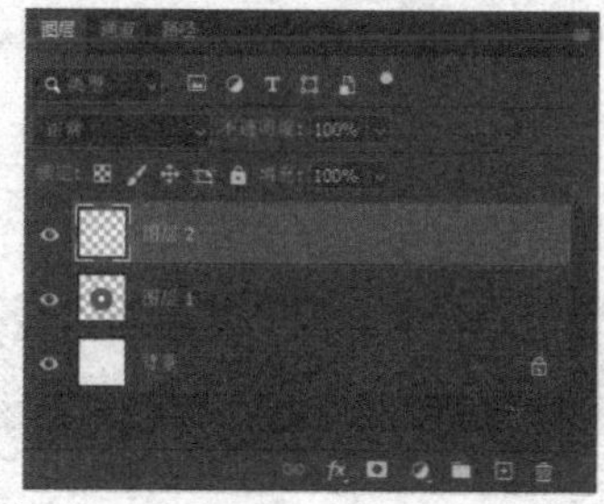

图 5-110

（15）从工具箱中选择渐变工具，参数设置如图 5-111 所示，注意选择渐变类型为“角度渐变”，并选中“仿色”项 。然后在“渐变编辑器”对话框中设置颜色为 RGB（113，111，111）到白色的渐变，如图 5-112 所示，然后单击“确定”按钮。

图 5-111

（16）从中心至右上角拖动出一条渐变线，填充效果如图 5-113 所示。

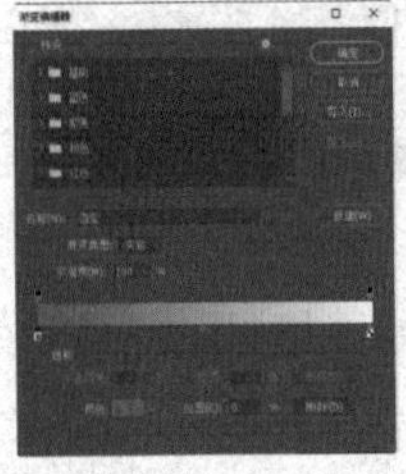

图 5-112

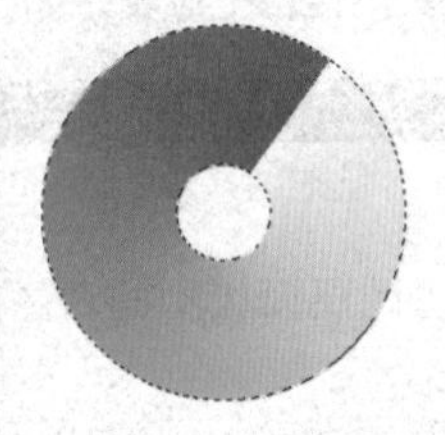

图 5-113

（17）在图层面板中改变“图层 2”的图层模式和不透明度，具体参数如图 5-114 所示，效果如图 5-115 所示。

图 5-114

图 5-115

（18）保持选区不变，再新建一个图层——“图层 3”，执行“编辑”|“描边”命令，参数设置如图 5-116 所示。

（19）单击“确定”按钮，效果如图 5-117 所示。

（20）执行“滤镜”|“模糊”|“高斯模糊”命令，参数设置和应用效果如图 5-118 所示。

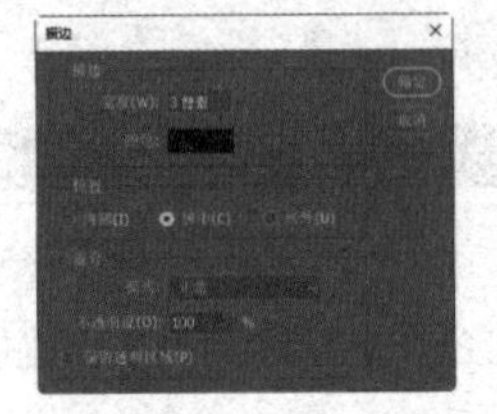

图 5-116

图 5-117

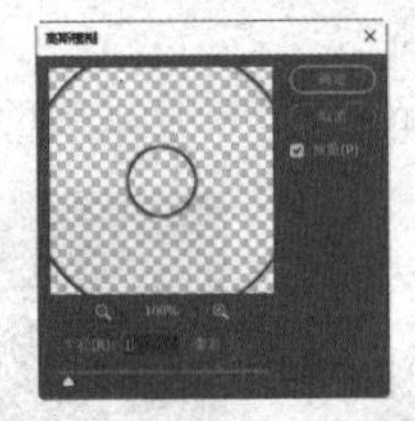

图 5-118

（21）合并除背景层外的所有可见图层，然后执行“图像”|“调整”|“亮度 / 对比度”命令，参数设置和效果如图 5-119 所示。

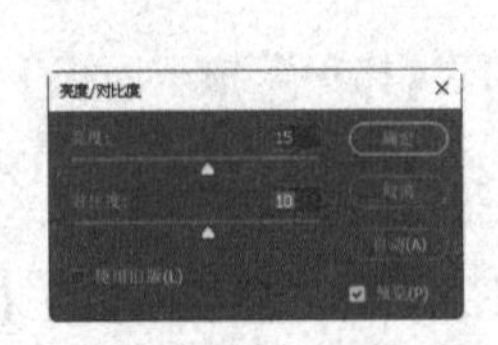

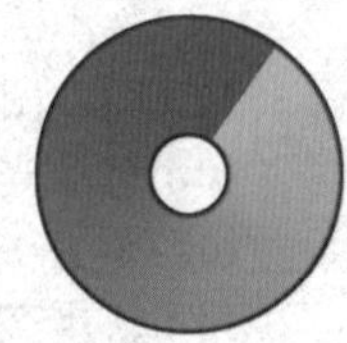

图 5-119

到此为止，光盘制作完成。记得保存图像文件。

5.7 本章回顾

本章讲解的是关于图像的操作知识。在图像的基本编辑操作中重点讲解了图像选区的操作，比如对选区进行剪切、拷贝、粘贴等操作。其中剪切是将选区中的图像剪掉并放置在剪贴板上，拷贝是将选区中的图像直接放置在剪贴板上，粘贴就是将放置在剪贴板上的图像再复制到图像中。

在图像的高级编辑操作中讲解的是针对整个图像（当然了，这些操作也可以针对局布、个别图像）进行的操作。其中讲解了图像的大小调整、旋转、变换、上色操作，其次讲解的是使用工具对图像进行的一些修复、复制、擦除和修饰操作。这些工具在实际的操作中也是经常使用的，并且可以完成具有特殊效果的作品。

第 6 章

成功的关键——制作好选区

本章主要内容与学习目的

- 创建选区
- 调整选区
- 柔化选区边缘
- 移动、拷贝和粘贴选区
- 提高训练——花边文字制作
- 本章回顾

在 Photoshop 2020 中，选区是主要的操作对象，在处理图像时，绝大多数操作都是相对于选区进行操作的。所以，掌握好选区的相关操作，是使用 Photoshop 2020 制图最重要的步骤。

6.1 创建选区

Photoshop 提供了许多选择工具，使用户能够快速准确地创建选区。其中包括选框工具组、套索工具组和魔棒工具。选框工具组中的工具可以创建各种几何形状的选区；套索工具组中的各种套索工具则提供更加自由且更加准确的快速选取功能；而魔棒工具则能够敏感地区分各区域的颜色差别，从而实现快速地对某颜色区域的选取。下面将对这些工具作详细的讲解。

6.1.1 选框工具组

选框工具组位于工具箱中的右上角，它是创建图像选区最基本的方法。它包括矩形选框工具、椭圆选框工具、单行选框工具和单列选框工具。默认情况下的选框工具是矩形。要选择其他形状的选框工具有以下方法：

（1）在选框工具按钮上单击并按住不放，弹出如图 6–1 所示的菜单。单击菜单上的选项即可选择自己需要的选框工具。

（2）右键单击选框工具按钮也可弹出图 6–1 所示的菜单，其他操作同上。

图 6–1

（3）按住【Alt】键，连续单击选框工具按钮，直到所需形状的选框工具出现。

下面分别介绍各种形状选框工具的使用方法：

矩形选框工具：它可以创建矩形和正方形选区。创建选区时，在图像上想要选择区域的左上角单击并按住不放，拖动鼠标到该区域的右下角区域后放开鼠标即可，其效果如图 6–2 所示。

图 6–2

在矩形选框工具的选项栏中可以对选框“样式”和“羽化”进行设置，如图 6–3 所示。

图 6–3

正常：此时通过拖移可以创建任意大小形状的矩形选区。

固定比例：此时通过输入长宽比的值（十进制值有效）可以设置矩形选框高度与宽度的比例。例如，若要绘制一个宽是高两倍的选框，可以在“宽度”文本框中输入 2，在“高度”文本框中输入 1。

固定大小：此时可以通过输入整数像素值指定选框的高度和宽度。宽度和高度值分别在“宽度”和“高度”文本框中输入。

羽化：通过设置羽化值可以得到平滑效果的选区。

提示： 创建 1 英寸选区所需的像素值取决于图像的分辨率。

椭圆选框工具：可以创建椭圆形和圆形选区。操作方法与矩形选框工具相同。绘制的椭圆选区如图 6–4 所示。

图 6–4

单行选框工具：选取图像中的一行。在图像中单击鼠标，并拖动到需要的位置，放开鼠标即可。绘制的单行选区如图 6–5 所示。

图 6–5

单列选框工具：选取图像中的一列。操作方法与单行选框工具相同。绘制的单列选区如图 6–6 所示。

图 6–6

技巧： 如果想绘制正方形和圆形选区，可以在拖动鼠标的同时按住【Shift】键，会自动锁定为正方形或圆形。如果在拖动时按住【Alt】键，将会以鼠标刚开始按下时的点作为正方形的中心或圆心来绘制选区。

6.1.2　套索工具组

套索工具组也是一种常用的选取工具，主要用于选择不规则的区域，它包括套索工具、多边形套索工具和磁性套索工具 3 种工具。右键单击套索工具的图标，将出现如图 6–7 所示的菜单。选取不同套索工具的方法与选框工具相同。

图 6–7

下面分别介绍如何使用这 3 种套索工具：

套索工具：可以创建不规则选区。在图像中按住鼠标左键并拖动，可以创建手绘的选区边框，这个区域可以是任意形状的。套索工具绘制的选区如图 6–8 所示。

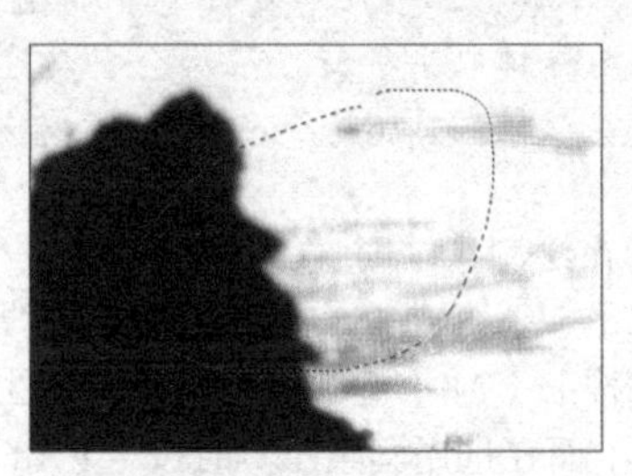

图 6–8

绘制直边选区：若要绘制直边选区边框，先按住【Alt】键，并单击线段的起点和终点即可。按住【Alt】键不放用户还可以随时在绘制手绘线段和直边线段之间进行切换。

删除绘制线段：在按住【Alt】键不放的前提下按住【Delete】键可以删除最近创建的线段。

封闭选框：若要结束选框的创建并封闭选框，只要不按【Alt】键松开鼠标即可。

> **说明：** 在选择的过程中，鼠标不能松开，一旦松开，则起始点和终止点会自动相连，形成选区。

多边形套索工具：可以创建不规则的多边形选区。创建时不必像使用套索工具那样按住鼠标不放，只需选择多边形的顶点单击就可以了。要结束封闭选区时，将鼠标移到起点，此时光标上会出现一个小圆圈，单击鼠标整个区域就被封闭了。多边形绘制的选区如图 6-9 所示。

图 6-9

> **技巧：** 如果首尾没有能够相连，那么直接双击鼠标，程序会自动连接起点和终点，成为一个封闭的选区。

在绘制选区时按下【Shift】键，则可按水平、垂直或 45° 角的方向绘制线段；如果按下【Alt】键则可以切换为磁性套索工具，而在选用套索工具时按下【Alt】键，则可以切换为多边形套索工具；使用多边形套索工具绘制选区范围时，如果按一下【Delete】键，则可删除最近创建的线段。

磁性套索工具：可以跟踪图像中物体的边缘创建选区。与其他套索工具相比，磁性套索工具有一个最大的优点就是用它描绘物体边缘时，套索线会自动地吸附在靠近物体的边缘上。这一功能对于描绘不规则物体的边缘提供了很好的帮助。图 6-10 所示为使用磁性套索工具绘制的选区。它的使用方法如下：

图 6-10

（1）在图像中单击以设置第一个紧固点。紧固点将选框固定住。

（2）将鼠标指针沿着用户要跟踪的对象边缘移动（也可以按住鼠标左键进行拖移）。刚绘制的选框线段保持为现有状态。当移动指针时，创建的线段与图像中对比度最强烈的边缘对齐，并以一定的间隔将紧固点添加到选区边框上，以固定前面的线段。

（3）如果边框没有与所需的边缘对齐，则单击以手动添加一个紧固点。

（4）若要删除刚绘制的线段，可按【Delete】键，每按一次【Delete】键就会删除一个紧固点。

（5）结束选区封闭边框时，将鼠标拖移回起点并单击即可。

在使用磁性套索工具时还可以切换到其他套索工具：

（1）若要切换到套索工具，可以按住【Alt】键并按下鼠标左键进行拖移。

（2）若要切换到多边形套索工具，可以按住【Alt】键并在线段的起点和终点处单击。

在磁性套索工具的选项栏上，还可以对 4 个参数进行设置，如图 6-11 所示。

图 6-11

羽化：通过设置不同的羽化值，可以得到不同程度的平滑选区。在套索工具组中每个工具均有此参数可供设置，其意义相同。

宽度：指磁性套索检测边缘的宽度。该工具只探测从光标开始指定距离以内的边缘。

对比度：指套索工具对图像中边缘的灵敏度。输入值为 1%~100% 之间的值。较高的值只探测与周围有强烈对比的边缘，较低的值只探测低对比度的边缘。

提示：若要更改套索光标的显示，在工具被选中但没有使用时按键盘上的【Caps Lock】键即可进行光标显示切换。

频率：所谓频率是指磁性套索以什么间隔设置节点。在选取过程中，路径上产生了很多节点，这些节点起到了定位的作用。该值的输入范围为 1~100，该值越大则产生的节点就越多。

技巧：在选取时按下【Esc】键可以取消当前套索工具操作。

6.1.3　魔棒工具

魔棒工具用于选择颜色相同或相近的区域，无须跟踪边界。选择魔棒工具后，只需用鼠标在图像中单击即可，Photoshop 将会根据单击处的颜色，选取相同和相近颜色的区域。图 6-12 和图 6-13 所示为使用魔棒工具的方法。

图 6-12

图 6-13

使用时，用户还可以通过更改选项栏中的参数来改变魔棒工具选取相似颜色的范围。图 6-14 所示为魔棒工具属性栏。

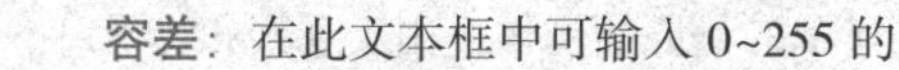

图 6-14

容差：在此文本框中可输入 0~255 的值来确定选取范围的容差。输入的值越小，则选取的颜色范围越相近，选取的范围也就越小。

对所有图层取样：该项用于有多个图层的图像。未选中它时，魔棒只对当前图层起作用；选中它时，即可选取所有层中颜色相近的区域。

连续：选中该选项时，表示只选择与鼠标单击点相邻的区域中的相同像素；如果未选，则可以选择整个图像中颜色相近的区域。默认状态下该选项总是被选中的。图 6-15 和图 6-16 所示为关于“连续”复选参数的作用对比。

图 6-15

图 6-16

利用魔棒工具创建选区，对于色彩和色调不是非常丰富或者仅包含几种单一颜色的图像是非常方便的。例如要选取图 6-17 中的物体是非常困难的。我们可以

先用魔棒工具选取背景范围，如图 6–18 所示，然后执行“选择”|“反选”命令，使选区反选，这样就可以选中物体了，如图 6–19 所示。

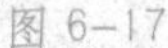
图 6–17

图 6–18

图 6–19

提示： 不能在位图模式的图像中使用魔棒工具。

6.1.4 选择特定的颜色范围

虽然“魔棒工具”在选取相同颜色的区域时显得很方便，但是它有时候不容易被随心所欲地控制，当用户对选取的范围不满意的时候，只好重新选择一次。这时可以使用 Photoshop 提供的另一种选择方法：菜单方法，即通过特定的颜色范围选取。这种方法可以一边预览一边调整，而且可以随心所欲地控制选取的范围。

执行“选择”|“色彩范围”命令，可以打开“色彩范围”对话框并进行色彩选取，如图 6–20 所示。

图 6–20

下面就详细介绍一下色彩范围对话框。

图像预览框：用于观察图像选取时形成的情况。它包括两个选项。

选择范围：选择该选项时，图像预览框中显示的是选取的范围。其中白色为选中区域，黑色为未选中区域，如图 6–21 所示。如果用户未选取，则图像预览框中为全黑色。

图 6–21

图像：选择该选项时，图像预览框中显示的是原始图像，用于观察和选择。

选择：在选项框列表中用户可以选择

一种选择颜色范围的方式，如图 6-22 所示。

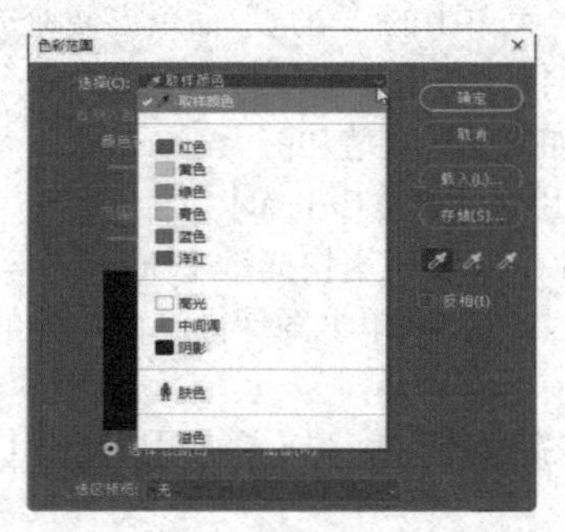

图 6-22

取样颜色：选择此项可以用吸管吸取颜色。将鼠标指针移到图像窗口或者预览框的时候，鼠标指针会变成吸管形状，单击即可选中需要的颜色，同时配合指针下方的“颜色容差”滑块操作，调整颜色选取范围，数值越大则包含的近似颜色越多，选取范围就越大。

红色、黄色、绿色、青色、蓝色和洋红：该 6 项可以选取图像中的 6 种颜色，此时“颜色容差”选项不起作用。

高光、中间调和阴影：该 3 项可以选取图像中不同亮度的区域。

溢色：选择该选项可以将一些无法印刷的颜色选出来。但只用于 RGB 模式下。

选区预览：该选项用来控制图像窗口对所创建的选区进行观察，它提供了 5 种方式：“无”“灰度”“黑色杂边”“白色杂边”“快速蒙版”。

无：不在图像窗口中显示选区预览。

灰度：表示在图像窗口中以灰色调显示未被选取的区域（图 6-23 所示为灰度预览）。

黑色杂边：表示在图像窗口中以黑色显示未被选取的区域（图 6-24 所示为黑色杂边预览）。

白色杂边：表示在图像窗口中以白色显示未被选取的区域（图 6-25 所示为白色杂边预览）。

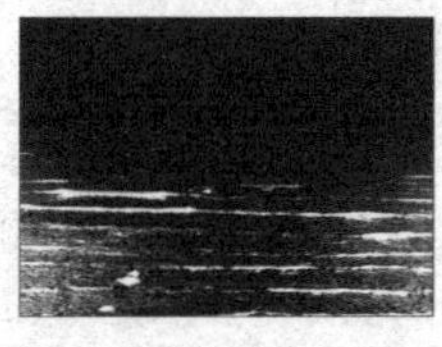

图 6-23

图 6-24

快速蒙版：表示在图像窗口中以默认的蒙版颜色显示未被选取的区域（图 6-26 所示为快速蒙版预览）。、

图 6-25

图 6-26

颜色容差：移动滑块或在文本框中输入一个数值即可调整色彩范围。数值越小，选取的色彩范围越少，反之越多。数值的设置范围为 0~200 之间。图 6-27 所示为颜色容差值为 30 时的选区，图 6-28 所示为颜色容差值为 80 时的选区。增大颜色容差将扩展选区。

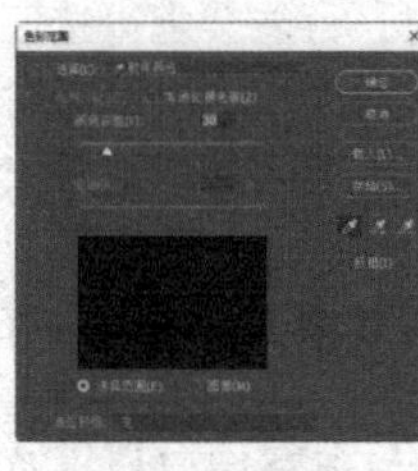

图 6-27

图 6-28

载入和存储：可以载入和存储色彩范围设置，保存的文件名后缀为 *.AXT。

吸管工具：利用色彩范围对话框中的 3 个吸管按钮，增加或者减少选取的颜色范围。当要增加时，选择带有“+”号的吸管，反之，则选用带有“-”号的吸管，然后将鼠标指针移至预览框或者图像窗口中单击即可。

6.1.5 选择菜单

有时用户需要选取整个图像，可以使用“选择”菜单中的“全选”命令方便地选取。Photoshop 的“选择”菜单还为用户提供了“取消选择”“重新选择”“反选”命令。这些都大大提高了创建选区的效率。下面就详细说明如何使用这些功能。

全选图像：执行“选择”|“全选”命令或者使用快捷键【Ctrl+A】。

取消选择区域：执行“选择”|“取消选择”命令或者使用快捷键【Ctrl+D】。如果创建选区时使用的工具是“选框工具”或“套索工具”，则单击图像内选区以外的任何地方即可取消选区。

重新选择刚创建过的选区：执行“选择”|“重新选择”命令或者使用快捷键【Shift+Ctrl+D】。

反相选区：执行“选择”|“反选”命令或者使用快捷键【Shift+Ctrl+I】。

6.2 调整选区

在创建选区后，用户可能对选区的大小、位置等不满意，这时就需要对选区进行调整，如增加、减少、旋转、移动等。下面就针对选区调整进行详细介绍。

说明： 本节介绍的是选区的调整，而不是选区内图像的调整，请读者注意区别。

6.2.1 移动和隐藏选区

在用户创建选区时，可能会觉得选区的位置不正确，但选区的大小和形状是对的，这时就可以通过移动选区的位置来实现最终的目的；或者是有其他目的需要对选区进行移动。通常移动选区的方法有两种：

（1）多数用户都习惯于用鼠标来移动选区，移动时只需要把鼠标指针移到选取的范围内，当鼠标指针变为▷形状时按住左键进行拖动即可。图 6–29 所示为选区移动前、后的对比。

（2）尽管使用鼠标移动选区方便，但移动的准确性不够，这时可以使用键盘来操作。键盘的上、下、左、右 4 个方向键，能够非常准确地移动选取范围，每按一次方向键可以移动 1 个像素的距离。先按住【Shift】键，再使用方向键，可以每次增减 10 个像素的距离。

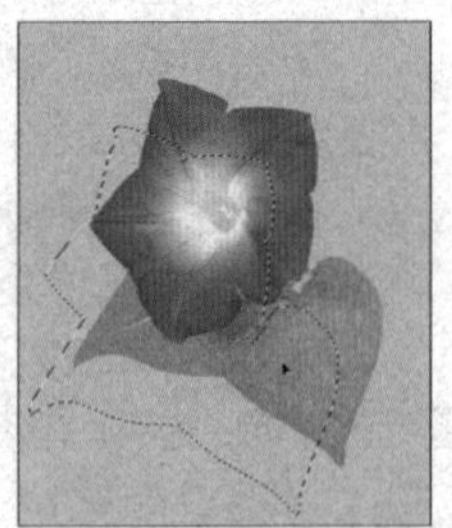
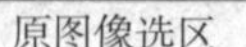
原图像选区　　移动后的选区

图 6–29

技巧： 在拖移的同时按住【Shift】键，可以将选区移动方向限制为 45° 的倍数。

在用户进行某些操作时，可能不希望看到选区，但又不想取消选区。这就要暂时将选区的边框隐藏。其方法是：执行“视图”|“显示”|“选区边缘”命令，即可隐藏选区。当再次使用该命令时选区又显示出来。

提示： 如果用户当前选取了魔棒工具，将指针放在选区边框内时，指针将不会改变为▷⬚。此时要移动选区边框可以先单击其他创建选区工具。

6.2.2　增减选区范围

提示： 在从选区中添加或减去选区之前，先将选项栏中的【羽化】或【消除锯齿】值设置为原来选区所用的值。

通常情况下，如果选区比较复杂，用户很难一次就完成选区的创建。考虑到这一点，Photoshop 允许用户在已经创建好的部分选区上进行增减，使用户更加方便地选取复杂图形。

用户可能已经注意到了，在每个选区创建工具的选项栏上都有如图 6–30 所示的 4 个工具按钮。

图 6–30

这 4 个按钮从左到右依次是：

新选区■按钮：此按钮是选中任一工具后的缺省状态，此时即可选取新的范围。

添加到选区■按钮：选中此按钮后进行选取操作时，选中的新区域跟以前的选区合成为同一个选区。

从选区减去■按钮：选中此按钮进行操作时，会有两种情况。一是新选取的范围和原来的区域没有任何重叠，此时图像将不会有任何改变；二是新选中的范围和原来的选区有重叠的部分，则重叠部分将从原来的选区中删除掉。

与选区交叉■按钮：选中此按钮进行操作时，会在新选区和原来区域的相交部分产生一个新的选区，不重叠的部分将会被删除。如果新选区和原来的区域没有重叠部分，则会弹出一个警告对话框，如图 6–31 所示，单击“确定”按钮后将取消所有选取范围。

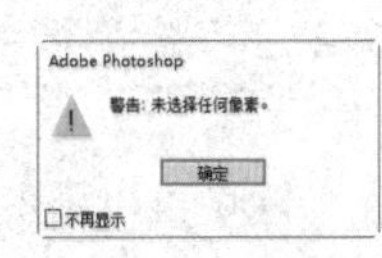

图 6–31

用户也可以使用快捷键增减选区。

添加新选区：要添加新选区，按下【Shift】键，这时候鼠标指针形状为十₊，如图 6–32 所示，然后拖动鼠标即可继续选择选区范围，如图 6–33 所示。

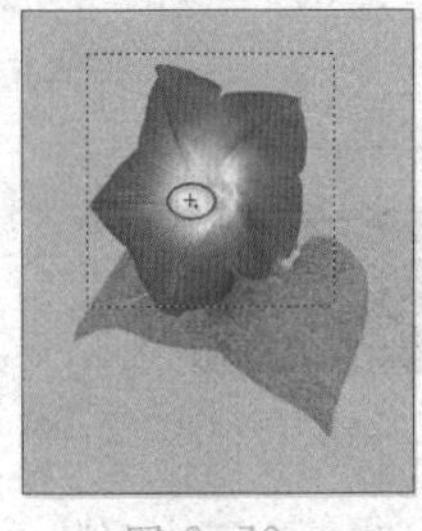

图 6–32

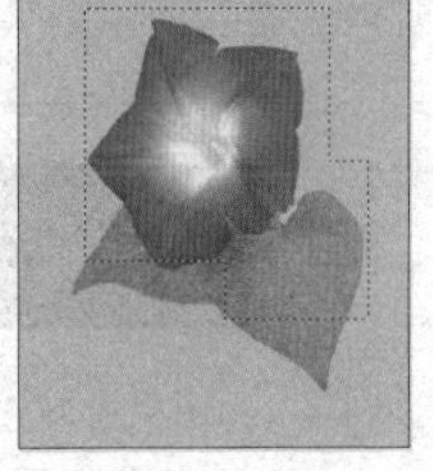

图 6–33

减去选区：要从选区中减去部分选区，按下【Alt】键，这时候鼠标指针的形状为十₋，如图 6–34 所示，然后用选取工具（包括选框、套索、魔棒）选取要减去的区域即可，如图 6–35 所示。

交叉选区：要选择与其他选区交叉的区域，同时按住【Alt+Shift】键，这时候鼠标指针的形状为十ₓ，如图 6–36 所示，然后拖动鼠标即可选择交叉区域，如图 6–37 所示。

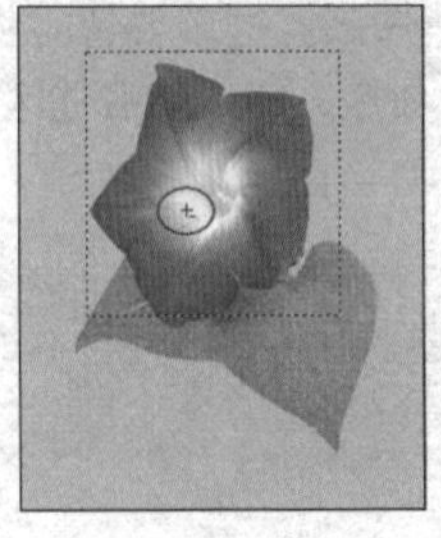
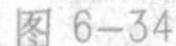
图 6-34

图 6-35

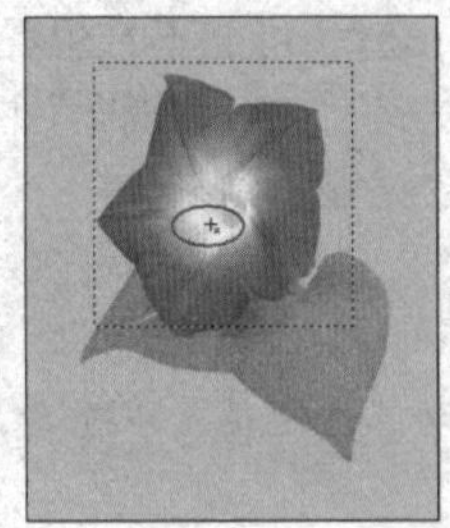
图 6-36

图 6-37

6.2.3 精确调整选区

除了可以用上面介绍的工具对选区进行修改，用户还可以使用“选择”菜单中的命令精确地增加或减少现有选区中的像素，并清除基于颜色的选区内外留下的零散像素。

1. 按指定数量的像素扩展或收缩选区

当用户要扩展选区时，其步骤如下：

（1）使用一种选取工具选择一个范围。

（2）执行“选择”|“修改”|“扩展”命令，打开“扩展选区”对话框，如图 6–38 所示。

图 6–38

（3）在文本框中输入一个 1~100 之间的像素值，然后单击“确定”按钮，这样选区边框就会按指定数量的像素扩大。前后的效果如图 6 39 和图 6–40 所示。

图 6–39

图 3–40

用户要收缩选区时，其操作与扩展选区非常类似，只需执行“选择”|“修改”|“收缩”命令，打开“收缩选区”对话框，如图 6–41 所示。

图 6–41

在文本框中输入一个 1~100 之间的像素值，单击“确定”按钮即可。

2. 扩展选区以包含具有相似颜色的区域

进行扩展选区操作时，还可以用“选择”菜单中的“扩大选取”和“选取相似”命令来实现。与“扩展”命令不同的是，这两个命令所扩展的选区是与原选区颜色相近的区域。

扩大选取：扩展选区到与原选区相邻且颜色相近的区域。

选取相似：扩展选区到整个画面内与原选区颜色相近的区域。

它们都没有使用对话框设置扩展值，而是用魔棒工具属性栏中的“容差值”来确定颜色的近似程度。

提示： 如果执行一次命令后，扩展的选区没有达到用户的要求，用户可以多次执行该命令。

图 6–42 所示为图像原始选区，图 6–43 所示的是使用“扩大选取”命令后得到的选区效果，图 6–44 所示的是在原始选区的基础上使用“选取相似”命令得到的选区效果。

图 6–42

图 6–43

图 6–44

说明： 不能在位图模式的图像上使用“扩大选取”和“选取相似”命令。

3. 清除基于颜色的选区内外留下的零散像素

使用基于颜色的选取工具创建选区时，在选区内部会有一些像素不包含在选区内，而在边缘处又会有一些零散的像素被选取。靠手动去除这些像素既困难又麻烦。使用 Photoshop 的“平滑”命令就可以很方便地完成这些工作。方法如下：

（1）执行“选择”|“修改”|“平滑”命令，弹出如图 6–45 所示的“平滑选区”对话框。

图 6–45

（2）在“取样半径”文本框中输入 1~100 之间的像素值，然后单击“确定”按钮。

之后 Photoshop 会对每个选中的像素都进行检查，查找指定范围内未选中的像素。例如，如果输入样本半径的值为 16，则程序使用每个像素作为 33×33 像素区域的中心（水平和垂直方向的半径都是 16 像素）。如果范围内的大多数像素已被选中，则将任何未选中的像素添加到选区。如果大多数像素未被选中，则将任何选中的像素从选区中移去。图 6–46 和图 6–47 所示为使用“平滑”命令前后的效果。

图 6–46

图 6–47

6.2.4　变换选区

在 Photoshop 中用户不仅可以对选区进行增减和平滑处理，还可以对选区进行翻转、旋转和自由变形的操作。本节就介绍旋转、翻转和自由变形的各种方法。要实现对选区的变换操作，其步骤如下：

（1）选取一个区域，执行“选择”|“变换选区”命令。

（2）这时选区进入默认的“自由变换”状态，用户可以看到出现的一个方形区域上有 8 个控制点，用户可以任意地改变选区的大小、位置和角度，如图 6–48 所示。

（3）移动选区：将鼠标指针移到选区中拖动即可，如图 6–49 所示。

图 6–48

图 6–49

（4）自由改变选区大小：将鼠标指针移到选区的角控制点上，当鼠标指针变成箭头的形状后拖动即可，如图 6–50 所示。

（5）自由旋转选区：将鼠标指针移动到选区外侧，当鼠标指针变成弧形时，顺时针或者逆时针拖动鼠标即可，如图 6–51 所示。

图 6–50

图 6–51

（6）当使用了“变换选区”命令，还可以通过执行“编辑”|“变换”命令，从其弹出的级联菜单中选择相应的命令对选区进行变换操作，变换级联菜单如图 6–52 所示。

图 6–52

提示：在图像区域单击鼠标右键也可以弹出与“变换”级联菜单类似的菜单选项。

其中有 10 个命令用于变形，分别是：

缩放：用于对选区按比例进行大小变换。选择此命令后其他的变换则变得不可用，如旋转等。

旋转：用于对选择区域进行旋转变换，选择此命令后只有旋转和移动的变换可用，其他则不可用。

斜切：用于对选区进行斜切变换，此时只需用鼠标拖动角点就可以实现斜切变换，如图 6–53 所示。

图 6–53

扭曲：扭曲的效果其实可以用多个斜切来完成，斜切时控制点只能沿着一个方向，即水平或垂直移动，而扭曲时控制点则可以沿任意的方向移动，如图 6–54 所示。

透视：透视的使用和一般图像绘制中对透视效果的使用是一样的。如果用户要制作一种远处观察的效果，或要制作一种阴影的效果时，就可以使用透视命令。它的使用同样是用鼠标拖动控制点来完成的。但可以发现，拖动一个角点时，其他角点也在跟着动，这是为了达到 种透视的效果，如图 6–55 所示。

图 6–54

图 6–55

变形：执行该命令以后，选区边缘将出现 12 个控制点，可以单击选取任意一个点进行任意方向的拖曳拉伸或收缩变形，如图 6–56 所示。

图 6–56

水平拆分变形、垂直拆分变形、交叉拆分变形、移去拆分变形：可在向变形网格中添加更多控制网格线的时候使用。

还有 5 个命令可以对选区进行旋转和翻转：

旋转 180°：将当前选区旋转 180°。

顺时针旋转 90°：将当前选区顺时针旋转 90°。

逆时针旋转 90°：将当前选区逆时针旋转 90°。

水平翻转：将当前选区水平翻转。

垂直翻转：将当前选区垂直翻转。

说明： 使用“变换”菜单中的命令后，选区已经不处于自由变换状态了，执行“编辑”|“自由变换”或使用快捷键【Ctrl+T】可切换到自由变换状态。

提示： 创建选区后直接执行“编辑”|“自由变换”或执行“编辑”|“变换”命令是对选区内的图像作变换而不是选区边框。要变换选区边框必须先执行“选择”|“变换选区”命令。

6.3 柔化选区边缘

当使用选框、套索等工具时，在它们的工具栏上都有一个共同的区域，如图 6-57 所示。其中包括“羽化”和“消除锯齿”，它们用于处理选区的边界。下面分别介绍。

图 6-57

6.3.1　消除锯齿

Photoshop 中的图像是由像素组合而成，而像素实际上是正方形的色块，因此在图像中有斜线或圆弧的部分就容易产生锯齿状的边缘，分辨率越低锯齿就越明显。消除锯齿是通过软化每个像素与背景像素间的颜色过渡，使选区的锯齿状边缘变得比较平滑。由于只改变边缘像素，不会丢失细节，因此在剪切、拷贝和粘贴选区创建复合图像时，消除锯齿非常有用。要使用消除锯齿功能，只需在工具属性栏上选择“消除锯齿”选项即可。

6.3.2　羽化

羽化是通过创建选区与其周边像素的过渡边界，使边缘模糊，产生渐变、柔和效果。这种模糊会造成选区边缘上一些细节的丢失。要使用羽化功能，在工具属性栏的“羽化”文本框中输入一个数值即可，这个值可以是 1~250，其单位为像素。

说明： 无论是设置消除锯齿，还是设置羽化数值，都必须在选取之前设定它们，否则这两项功能不能实现。其中消除锯齿仅在椭圆选框工具中可用，而在其他选框工具中不可用。

6.3.3 定义现有选区的羽化边缘

如果已经选好一个区域，想重新设定羽化边缘，只需执行“选择”|“修改”|“羽化”命令，打开如图 6-58 所示的“羽化选区”对话框，在该对话框中输入“羽化半径”值，之后单击“确定”即可。

如果选区小而羽化半径大，则小选区可能会变得非常模糊，以至于看不到并因此不可选，同时会弹出如图 6-59 所示的提示对话框，应减小羽化半径或增大选区大小，或单击“确定”按钮确认，接受蒙版当前的设置并创建看不到边缘的选区。

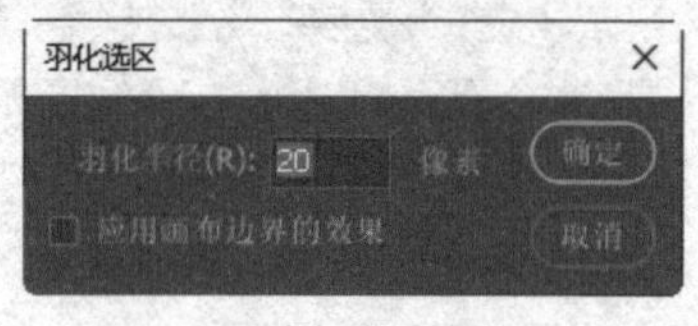

图 6-58

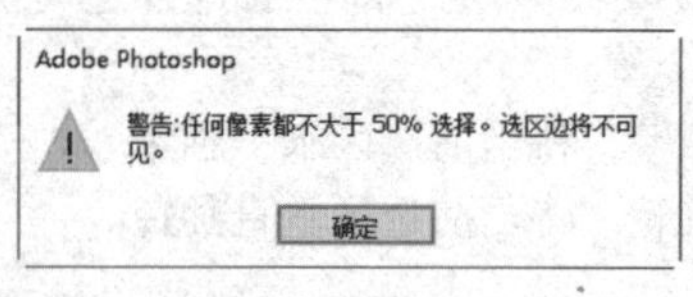

图 6-59

6.4 移动、拷贝和粘贴选区

提示：本节介绍的是对选区内图像的处理，而不是选区边框的调整，请读者注意区别。

6.4.1 移动选区

移动工具可以将选区中的图像移动到任何位置。在“信息”面板打开的情况下，可以查看移动的确切位置。使用方法如下：

（1）在图像中创建一个选区，如图 6-60 所示。

（2）选择移动工具，在选区内单击并拖动，如图 6-61 所示，将选区和选区中的图像拖动到新位置。如果绘制了多个选区，则在拖动时将移动所有的选区和选区中的图像。

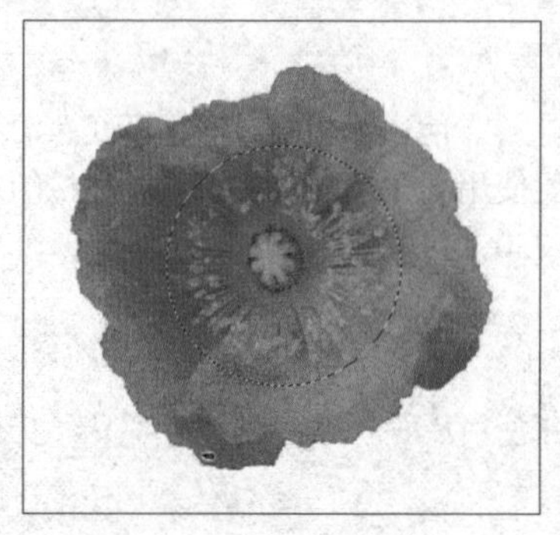

图 6-60

图 6-61

6.4.2　拷贝和粘贴选区

在图像内或图像间拖曳选区时用户可以使用移动工具拷贝选区，或者使用“拷贝”“合并拷贝”“剪切”“粘贴”“选择性粘贴”命令拷贝和移动选区。但使用移动工具拖移可节省内存，这是因为没有使用剪贴板，而拷贝、合并拷贝、剪切和粘贴命令使用了剪贴板。这些命令可以在“编辑”菜单中找到。

拷贝：拷贝当前编辑图层上选区中的图像。

合并拷贝：拷贝所有图层上包括在选区内的图像。

剪切：将当前编辑图层上选区中的图像剪切掉。

粘贴：将剪切或拷贝的选区图像粘贴到图像的另一个部分，或将其作为新图层粘贴到另一个图像。

选择性粘贴：其下拉菜单有粘贴且不使用任何格式、原位粘贴、贴入和外部粘贴 5 个子菜单命令。

这些操作的具体步骤与在 Windows 中是相同的，这里不再赘述。

6.5　提高训练——花边文字制作

本节将制作一个花边文字实例，以加深本章前面所学的有关选区方面的知识。

操作步骤如下：

（1）执行“文件”|“新建”命令，打开“新建”对话框，参数设置如图 6-62 所示。参数设置完成后单击“确定”按钮。

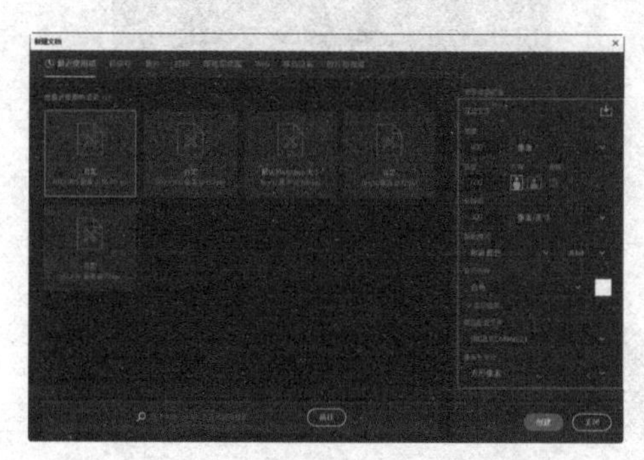

图 6-62

（2）设置前景色为黑色。选择横排文字工具 T，在工具属性栏中选择字体为“华文行楷”，字号为“45 点”，然后在窗口中输入“彩边文字”，如图 6-63 所示。

彩边文字

图 6-63

（3）在“图层”面板中单击“创建新图层”按钮，新建“图层 1”，如图 6-64 所示。

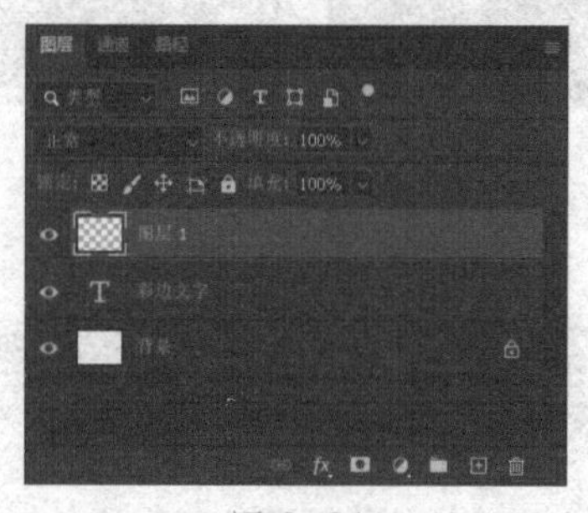

图 6-64

（4）按下【Ctrl】键，单击文字图层的缩略图“T”，载入文字选区。再执行“选择”|“修改”|“扩展”命令，扩展量为 4 像素，然后单击“确定”按钮，如图 6-65 所示。选区效果如图 6-66 所示。

图 6-65

图 6-66

（5）选择渐变填充工具，在工具属性栏中单击“点按可编辑渐变”右侧的向下箭头按钮，在弹出的面板中选择一种渐变示例，并选择“线性渐变”，如图 6–67 所示。然后在文字选区中从上到下拖动鼠标，渐变填充效果如图 6–68 所示。

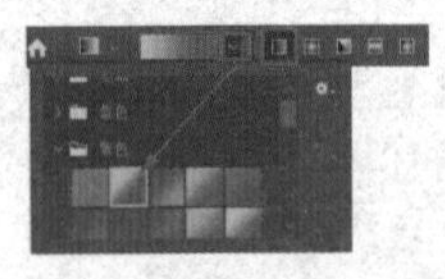
图 6–67

图 6–68

（6）按【Ctrl+D】取消选区。在“图层”面板中将“图层 1”拖动到文字图层的下方，如图 6–69 所示。

（7）在“图层”面板中单击选中文字图层，再单击“创建新图层”图标按钮，新建“图层 2”，如图 6–70 所示。

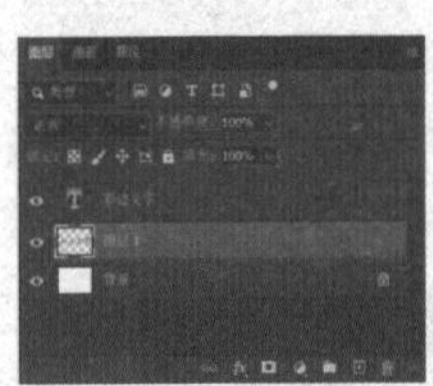
图 6–69

图 6–70

（8）按住【Ctrl】键单击文字图层的缩览图“T”，在“图层 2”中载入文字选区。设置前景色为红色，背景色为黑色，选择渐变填充工具，在工具属性栏中单击“点按可编辑渐变”右侧的向下箭头按钮，在弹出的面板中选择“前景到背景”的渐变，并选择“线性渐变”，如图 6–71 所示。然后在文字选区中从上向下拖动鼠标进行渐变填充，效果如图 6–72 所示。

图 6–71

图 6–72

（9）按【Ctrl+D】取消选区。在“图层”面板中选中“背景”图层，再选择渐变填充工具，然后在窗口中从上向下拖动鼠标进行渐变填充。到此彩边文字就制作完成了，效果如图 6–73 所示。

图 6–73

6.6 本章回顾

本章讲解的是关于选区操作的知识。既然是针对选区的操作，那么首先要讲解的应该是选区的创建。创建选区的方法很多，在这里着重介绍了两种方法：使用工具和命令。当选区创建后，接下来就是对选区的操作了，比如对选区的移动、隐藏、增减、变换和柔化等操作。比如要求对选区进行精确操作时，那就要借助菜单命令来完成，因为它可以根据需要进行参数设置。当然在操作中也许会遇到其他的问题，这时就要根据具体情况来综合应用。

第 7 章
学好用好图层

本章主要内容与学习目的

- 图层的基本概念
- 图层面板和图层菜单
- 创建图层和图层组
- 编辑图层和图层组
- 图层样式
- 提高训练——金属烙印文字制作
- 本章回顾

在 Photoshop 2020 中，使用图层可以在不影响图像中其他元素的情况下处理某一图像元素。可以将图层想象成一张张叠起来的醋酸纸。透过图层的透明区域看到下面的图层。通过更改图层的顺序和属性，可以改变图像的合成。另外，调整图层、填充图层和图层样式这样的特殊功能可用于创建复杂效果。

使用图层组可以帮助用户组织和管理图层。可以使用组来按逻辑顺序排列图层，并减轻“图层”面板中的杂乱情况。可以将组嵌套在其他组内。还可以使用组将属性和蒙版同时应用到多个图层。

本章内容将详细讲解有关图层的操作。

7.1 图层的基本概念

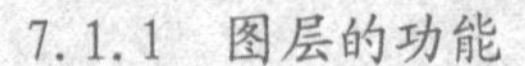

7.1.1 图层的功能

Photoshop 中的图层和图像编辑有着密切的关系。它的作用就是把图像中的各个对象放在不同的图层中，利用图层把各个图像对象分割开，在对某个图层中的对象进行编辑操作时不会影响到其他图层中的对象。图层和图层之间可以合并、组合和调整叠放次序。

此外，利用图层色彩混合模式和透明度，可以将各层中的图像融合在一起，从而产生出许多特殊效果，这些特效是手工绘图无法表现出来的。

例如，在图 7–1 所示的图像中，看上去是一幅独立的图像，其实它是由 3 个图层混合而成的，如图 7–2 所示。该 3 个图层之间又是完全独立的。所以，当选择其中一个图层进行编辑时，不会影响到其他图层，可以非常方便地对其进行修改，这也正是图层功能最大的优点。

图 7–1

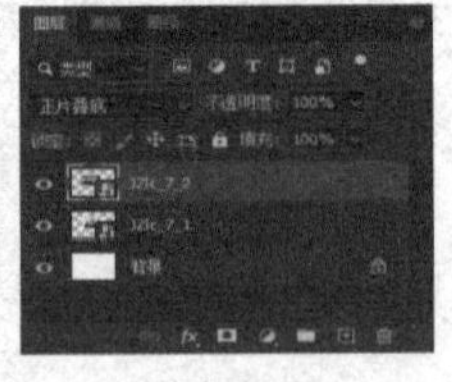

图 7–2

图层不仅可以独立存在而且易于修改，同时还可以控制透明度、色彩混合模式，从而能够产生出很多特殊效果，如阴影、发光、浮雕等。

7.1.2 图层的分类

Photoshop 2020 中有多种类型的图层，包括“文字图层”“调整图层”“背景图层”“形状图层”“填充图层”“视频图层”。不同的图层其特点和功能都有所差别，操作及使用方法也各不相同。

文字图层：专门用来放置图像中的文字，在图像中创建文字时，自动将文字放在文字图层上。在文字处理章节中将会详细介绍它的用法。

调整图层：用来放置图像的各种调整效果。

背景图层：用来放置图像的背景，且一幅图像中只允许有一个背景图层，当然也可以没有。

形状图层：用来放置矢量图形。

填充图层：用来放置图层的填充效果。下面将详细讲述这些图层的功能与用法。

视频图层：可以像在 Photoshop 中变换其他任何图层一样变换视频图层。但是，必须在变换之前，将视频图层转换为“智能对象”。

7.2 图层面板和图层菜单

图层面板和图层菜单是进行图层操作时必不可少的工具，所有的图层操作都要通过它们来实现。所以，要想使用好图层，首先必须熟悉图层面板和图层菜单。

7.2.1 图层面板

要显示“图层”面板，执行“窗口”|“图层”命令或者按下【F7】键均可调出“图层”面板，如图 7–3 所示。从图 7–3 中可以看出，各个图层在面板中依次自下而上排列，并在图像窗口中也是按照该顺序叠放，即在面板最底层的“背景层”中的图像，也就是在图像窗口中显示在最下面的图像，而在面板中最顶层的图像，也就是在图像窗口中被叠放在最上面的图像。最顶层图层不会被任何层遮挡，而下面层中的图像都要被上面的图层所遮挡。下面对“图层”面板的组成做详细的介绍。

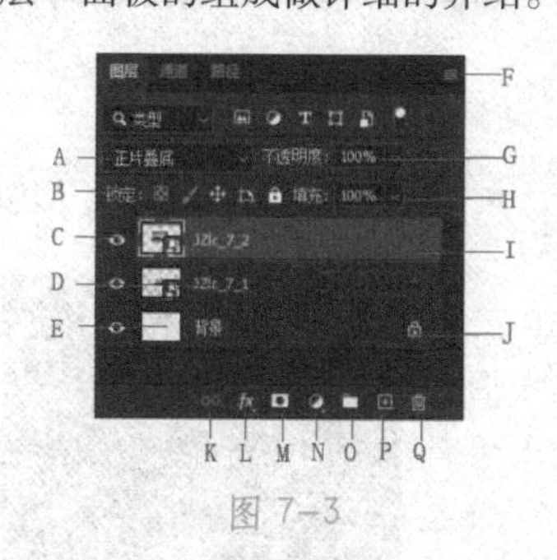

图 7–3

“图层”面板中的各个组件的名称和功能如下：

A：用鼠标单击此处可弹出菜单，用来设定图层之间的混合模式。

B：图层锁定选项。当用鼠标单击时图标凹下，表示选中此选项，再次单击时图标弹起，表示取消选择。从左至右分别为：

锁定透明区域：表示图层的透明区域能否被编辑。当选择本选项后图层的透明区域被锁定，不能对图层的透明区域编辑。

锁定图像：当前图层被锁定，除了可以移动图层上的图像外，不能对图层进行任何编辑。

锁定位置：当前图层不能被移动，但可对图层进行编辑。

锁定全部：表示当前图层被锁定，不能对图层进行任何编辑。

C：眼睛图标。用于显示或者隐藏图层，当不显示眼睛图标时表示这一层中的图像被隐藏，反之表示显示这个图层中的图像。

D：图层名称。每一个图层都可以定义不同的名称便于区分，如果在新建图层时没有设定图层的名称，Photoshop 会自动依次命名为：“图层 1”“图层 2”……。

E：图像缩览图。其中显示的是当前图层图像的缩览图。

F：单击此按钮，可弹出一个关于图层操作的下拉菜单。

G：单击“不透明度”右侧的向下箭头按钮，将弹出一个滑条，拖动滑条上的三角滑块可调整当前图层的不透明度，也可直接输入数字。

H：单击“填充”右侧的向下箭头

按钮，将弹出一个滑条，拖动滑条上的三角滑块可调整当前图层的填充百分比，也可直接输入数字。

I：表示当前选中的图层。

J：锁定图层图标。表示当前图层不可移动。

K：链接按钮。当选中多个图层后，单击该按钮可以将选中的图层建立链接关系。

L：单击此按钮可以添加相应的图层样式。

M：单击此按钮可给当前图层添加图层蒙版。

N：单击此按钮可在弹出菜单中选择新调整图层或填充图层。

O：单击此按钮可创建图层组。

P：单击此按钮可创建新图层。

Q：垃圾桶，用来执行删除操作。

7.2.2 图层菜单

使用“图层”菜单可以完成有关图层的所有操作，对图层操作时，用户会习惯使用“图层”菜单中的命令来完成。虽然在“图层”面板菜单中也可以完成图层操作，但是该菜单只能完成一些较为常用的功能，如新建、复制和删除图层等。图 7–4 所示的分别为“图层”菜单和“图层”面板菜单。

“图层”菜单

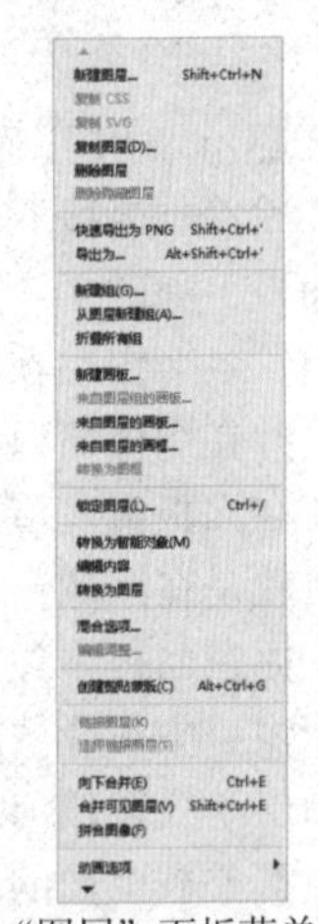

“图层”面板菜单

图 7–4

7.2.3 调整预览缩图尺寸

为了更加容易识别预览缩图中的内容，可以放大预览缩图，方法如下：

（1）单击“图层”面板右上方的按钮，在弹出的面板菜单中选择“面板选项”命令，打开如图 7–5 所示的对话框。

（2）在“缩览图大小”选项栏中选择一种预览缩图。如果选择“无”选项，则在“图层”面板中不显示预览缩图，只显示图层名称，如图 7–6 所示。如果选择最大的缩略图尺寸，效果如图 7–7 所示。

（3）完成设定后单击“确定”按钮确认。

图 7–5

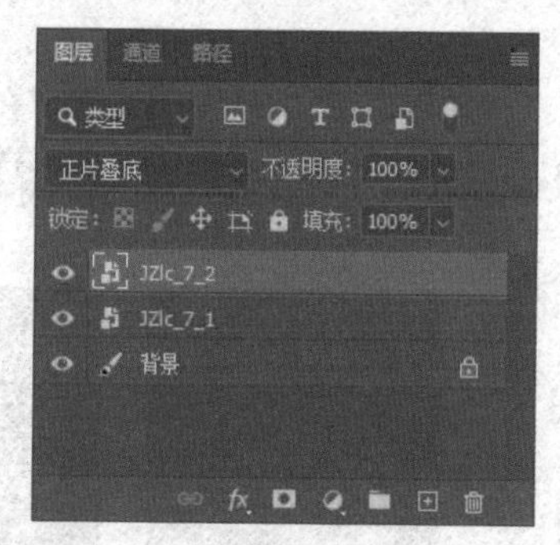

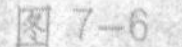
图 7-6

图 7-7

7.3 创建图层和图层组

7.3.1　背景图层

“背景”图层是一个不透明的图层，它的底色是以背景色显示的。执行“文件”|“新建”菜单命令，打开“新建”对话框，在“背景内容”选项框列表中选择“白色”或者“背景色”后，新建的图像都是含有背景图层的，如图 7-8 所示。但是如果选择“透明”选项则新建的图像中不含有背景图层，而是透明的。背景图层具有以下一些性质：

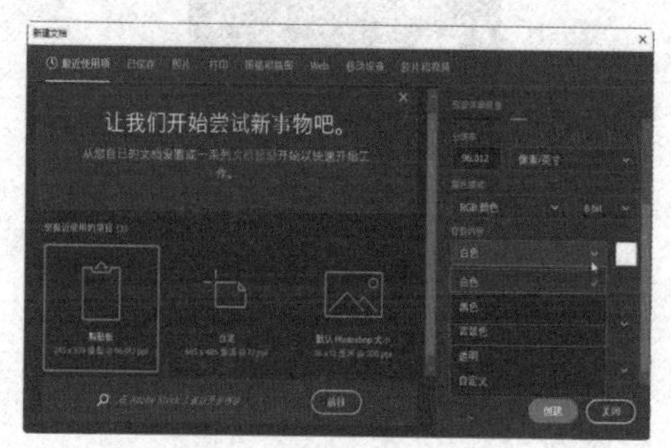

图 7-8

背景图层是一个不透明的图层，它以白色或者当前背景色为底色。

背景图层不能进行图层“不透明度”和“颜色模式”的设定。

背景图层的图层名称始终是“背景”，始终在“图层”面板的最低层。

用户无法移动背景图层的叠放次序，无法对背景图层进行锁定操作。

如果用户一定要更改背景图层的不透明度和色彩混合模式，可以先将背景图层转换成普通图层。将背景图层转换为普通图层的方法如下：

（1）在“图层”面板中双击“背景”图层，或者执行“图层”|“新建”|“背景图层”命令，打开如图 7-9 所示的“新建图层”对话框。

图 7-9

（2）在“名称”文本框中输入建立的普通图层名称，默认是“图层 0”。

（3）在“颜色”选项框列表中选择图层的颜色，此颜色仅仅用来标识图层。

（4）在“模式”选项框列表中选择图层的色彩混合模式，在“不透明度”文本框中设定图层不透明度。

（5）完成设定后单击“确定”按钮，背景图层即可转变为普通图层，如图 7–10 所示，“背景”图层变成“图层 0”，也就是说，此时的图层已经具有透明的性质，同时可以对该图层图像设置不透明度和色彩混合模式。

（6）在一个没有背景图层的图像中可以将指定的某个普通图层转换为背景图层，方法是在“图层”面板中选择要转换的普通图层，执行“图层”｜“新建”｜“图层背景”菜单命令，如图 7–11 所示。新建立的背景图层将出现在“图层”面板的最底部，并且使用当前选择的背景色作为背景图层的底色。

图 7–10

图 7–11

7.3.2 创建普通图层

普通图层是指使用一般方法建立的图层，这种图层是透明无色的，好像是一张透明纸，可以在上面任意绘制和擦除。建立一个普通图层的方法有两种：

1. 使用图层面板

在“图层”面板中单击“创建新图层”按钮，就可以新建一个普通图层，如图 7–12 所示。

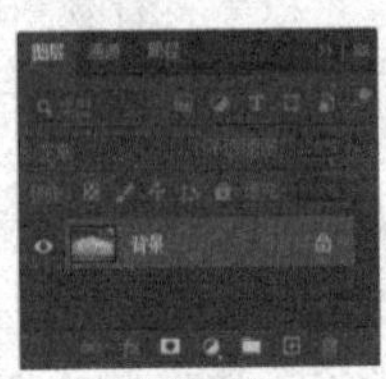

新建图层前

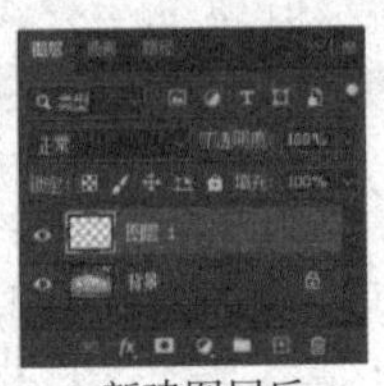

新建图层后

图 7–12

2. 使用图层菜单

操作详解：

（1）执行“图层”｜“新建”｜“图层…”命令，弹出如图 7–13 所示的“新建图层”对话框。

图 7–13

（2）在“新建图层”对话框中的“名称”文本框中设置图层名称。如果不设置，系统默认的图层名称是“图层 1”“图层 2”……其中 1，2，…表示的是建立图层的次序。

（3）如果选中复选框“使用前一图层创建剪贴蒙版”，则建立的新图层将和其下面的图层成组，如图 7–14 所示。

图 7–14

（4）在“颜色”选项框列表中选择新建图层的颜色，可以设置的颜色有红、橙、黄、绿、兰、紫和灰色，选择“无”选项时为设置无色。

（5）在“模式”选项框列表中设置该图层的色彩混合模式。

（6）在“不透明度”文本框中输入不透明度值或者单击右侧向下箭头按钮，在弹出的滑条中拖动滑块来设置不透明度。

（7）用中性色填充新图层：某些滤镜不能应用于没有像素的图层。在“新建图层”对话框中选择填充模式为中性色可以解决这个问题，也就是选中对话框最下面的复选框。中性色是根据图层的混合模式指定的，并且是无法看到的。如果不应用效果，用中性色填充对其图层没有任何影响。

（8）完成设定后单击“确定”按钮，一个普通图层就建立好了。

3. 将选区转换为普通图层

使用选区建立普通图层的步骤如下：

（1）在图像中绘制一个选区，如图 7–15 所示。

（2）执行“图层”｜“新建”｜“通过拷贝的图层”命令，将选区中的图像拷贝到新图层中，如图 7–16 所示。或者执行“图层”｜“新建”｜“通过剪切的图层”，将选区中的图像剪切到新图层中，如图 7–17 所示。

图 7–15

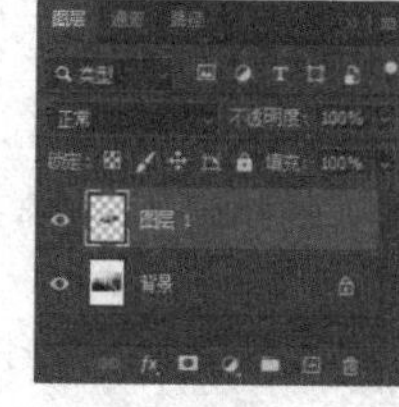

图 7–16

图 7–17

7.3.3　创建图层组

需要对不同类型的图层进行分类，以便于修改和查找。为此，Photoshop 专门提供了分类图层的工具，即图层组。使用图层组，就好比使用 Windows 的文件夹一样，可以在“图层”面板中创建图层组，以便存放图层。

图层组可以帮助用户组织和管理图层，利用图层组可以减少图层面板中的混乱。使用图层组可以很容易地将图层作为一组移动。建立图层组有如下方法：

1. 使用图层面板

在“图层”面板中单击“创建新组”按钮，就可以新建一个图层组，如图 7–18 所示。

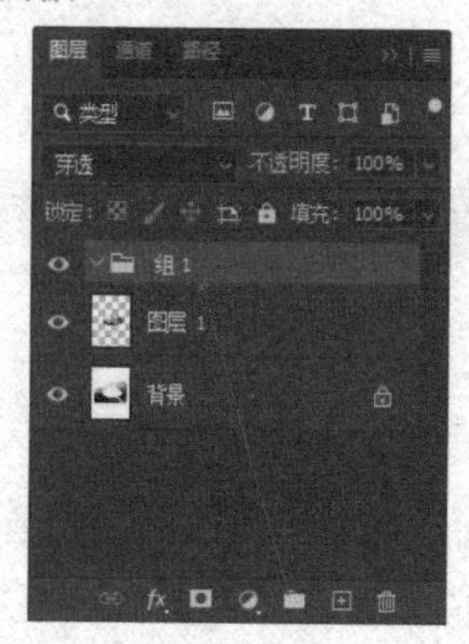

图 7–18

2. 使用图层菜单

使用“图层“菜单命令新建图层组的步骤如下：

（1）执行“图层”｜“新建”｜“组”命令，如图 7–19 所示，随后弹出如图 7–20 所示的“新建组”对话框。

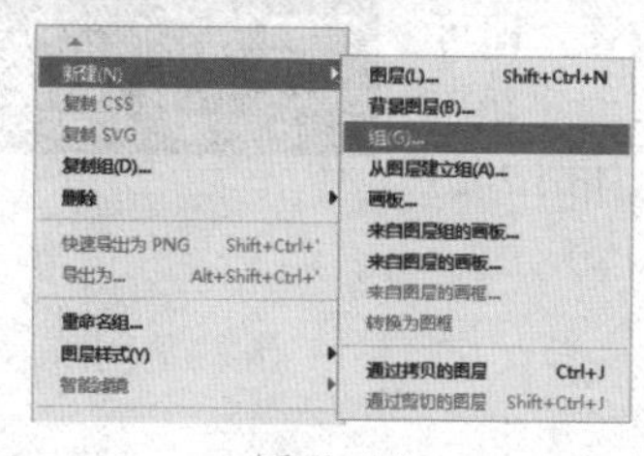

图 7–19

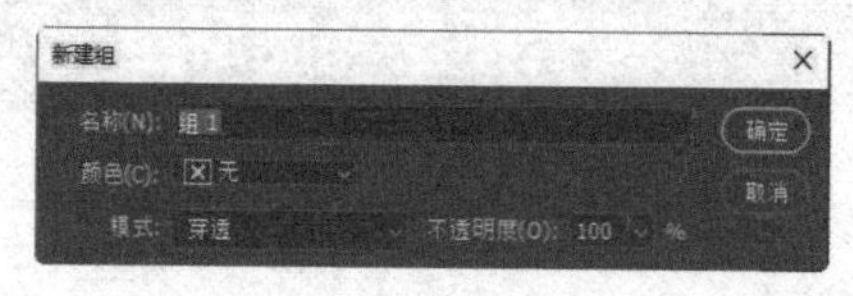

图 7–20

（2）在“新建组”对话框中的“名称”文本框中设置图层组名称。如果不设置，系统默认的图层名称是“组 1”“组 2”……，其中 1，2，…是建立图层组的次序。

（3）在“颜色”选项框列表中选择新建图层组的颜色，可以设置的颜色有红、橙、黄、绿、蓝、紫和灰色，选择“无”时为无色。

（4）在“模式”选项框列表中设置该图层组的色彩混合模式，

（5）在“不透明度”文本框中输入不透明度值或者单击右侧向下箭头按钮，在弹出的滑条中拖动滑块设置不透明度。

（6）完成设定后单击“确定”按钮，新图层组建立完成。

3. 从图层创建新图层组

（1）在“图层”面板中选择一个图层，如图 7–21 所示。

（2）执行“图层”｜“新建”｜“从图层建立组”命令。弹出如图 7–22 所示的“从图层新建组”对话框，其参数设置方法和前面讲解的相同，不再赘述。

（3）完成设定后单击“确定”按钮，即可从图层创建新图层组，如图 7–23 所示。

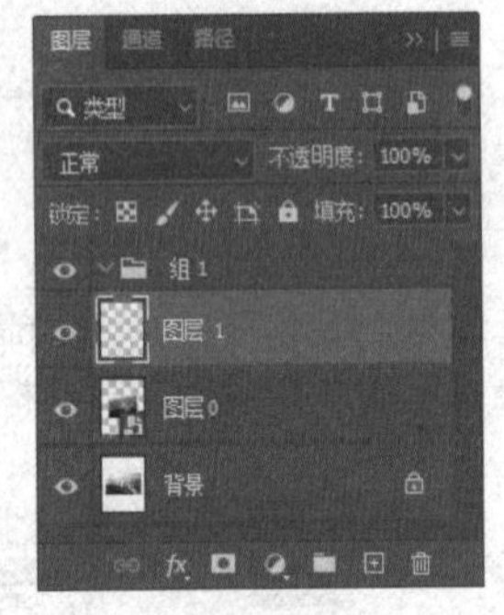

图 7–21

图 7–22　图 7–23

4. 从链接图层创建新图层组

（1）选取与当前图层链接的图层，如图 7–24 所示。

（2）执行“图层”｜“新建”｜“从图层建立组”命令。

（3）新建立的图层组如图 7–25 所示。图 7–26 所示为图层组展开的显示效果。

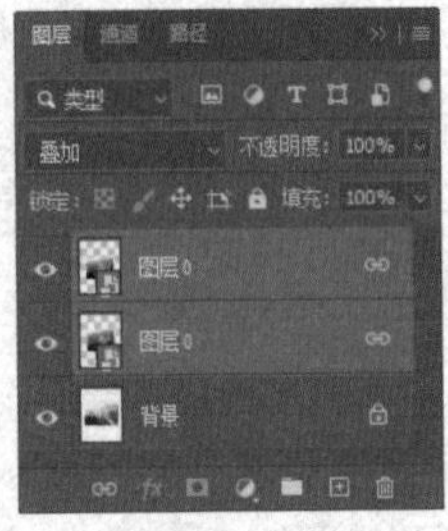

图 7–24

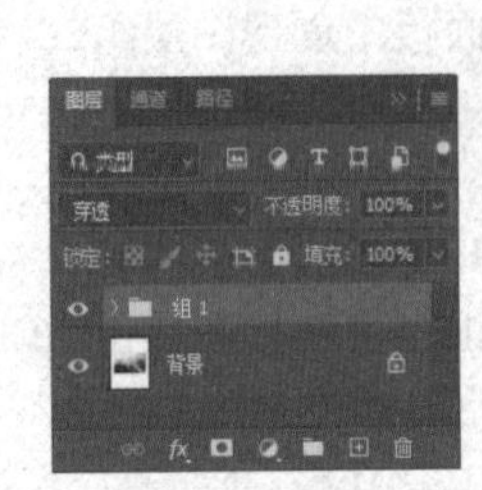

图 7–25

图 7–26

7.4 编辑图层和图层组

7.4.1 移动、复制和删除图层

1. 复制图层

复制图层的一个最简单的方法是选择要复制的图层，并将其拖动到“图层”面板底部的“创建新图层”按钮上，通过这种方法创建的新图层采用的是系统默认的图层名称，如图 7–27 所示。

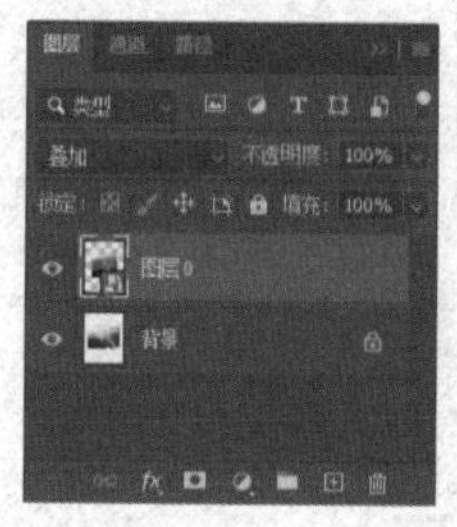
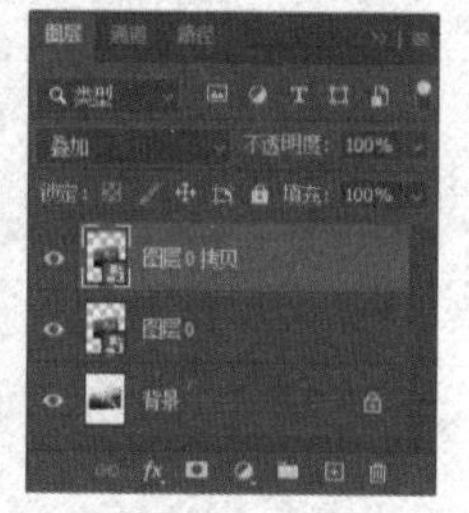

图 7-27

复制图层也可以使用命令，方法如下：

（1）在“图层”面板中选择要复制的图层。

（2）执行“图层”|“复制图层”命令，弹出如图 7-28 所示的“复制图层”对话框。

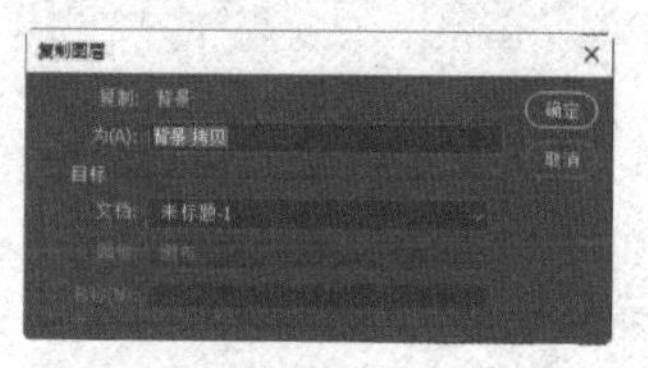

图 7-28

（3）在“为”文本框中输入复制新图层的名称，默认的名称是在原来图层名称后加“拷贝”“拷贝 1”……

（4）在“目标”选项栏中的“文档”选项框列表中选择复制后图层的位置，如图 7-29 所示。如果选择的是当前要复制的图层所在的图像文件名，则复制后的图层在原图像中。如果选择“新建”选项，则会将复制的图层作为新的图像打开，并且可以在“名称”中定义该新图像的名字，如图 7-30 所示。

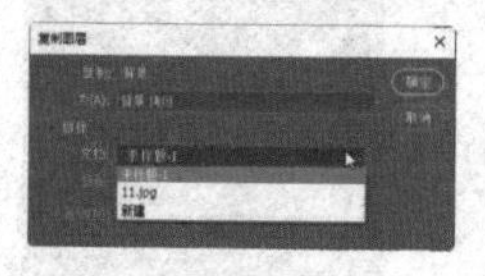

图 7-29

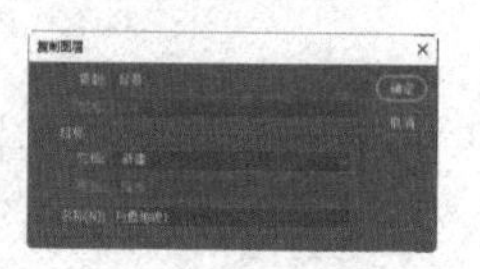

图 7-30

（5）完成设定后单击“确定”按钮，图层复制完成。图 7-31 所示为选择原文件名复制得到的图层所在图像窗口；图 7-32 所示为选择“新建”选项复制得到的图层所在图像窗口。

图 7-31

图 7-32

另外，在“图层”面板中，选中要复制的图层，单击鼠标右键，可以弹出如图 7-33 所示的快捷菜单，选择“复制图层”命令也可以复制图层。

图 7-33

2. 删除图层

删除图像中某个图层的方法如下：

（1）在“图层”面板中选择要删除的图层，单击“图层”面板底部的“删除图层”按钮，如图 7-34 所示，接着会弹出如图 7-35 所示的删除图层提示框。

图 7-34

（2）单击“是”按钮即可将选择的图层删除掉。或者可以将图层直接拖到

“删除图层”按钮上，也可以删除该图层，此时不会弹出提示对话框，而是直接删除图层。

（3）命令删除法。选择要删除的图层，执行“图层”|“删除”|“图层”命令菜单（图7–36）也可以删除选择的图层。

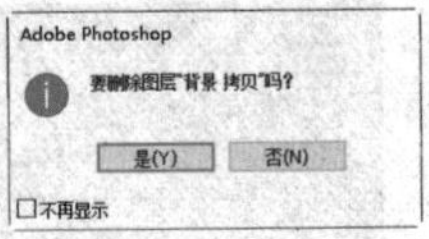

图 7–35

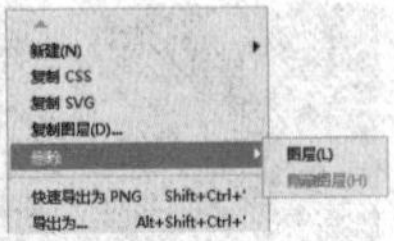

图 7–36

7.4.2 调整图层的顺序

在“图层”面板中，不同的图层顺序排列对图像最终的效果会产生很大的影响。因为上面图层的不透明区域会遮挡住下面图层的显示内容。

图7–37所示是更改了图层排放顺序的图像效果和图层面板，从中可以清楚地看到图层在图层面板中的排列顺序对图像最终的合成效果有多么重要的影响。

图 7–37

更改一个图层排列次序的最简单的方法是在“图层”面板中选中待调整的图层，拖动它到想要放置的位置，松开鼠标即可。

另外，要把某个图层移到特定位置时，可以使用“排列”菜单命令。方法如下：

（1）在“图层”面板中选择要排列的图层，这是排列图层的第一步。

（2）执行“图层”|“排列”命令，弹出如图7–38所示的子菜单。该菜单中包含5个选项：

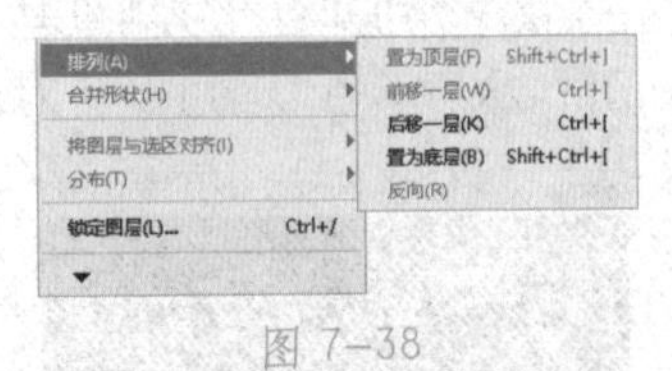

图 7–38

“置为顶层”：使用该命令后，可以将选择的图层移到整个图像的顶层。

“前移一层”：使用该命令后，可以将选择的图层向上移动一层。

“后移一层”：使用该命令后，可以将所选择的图层向下移动一层。

“置为底层”：使用该命令后，可以将所选择的图层移到最底层，但是在背景层之上，在其他任何层之下。

“反向”：选择该命令后，可以将选择的两个或两个以上的图层顺序进行调换，图7–39所示为使用相反命令前后的效果。

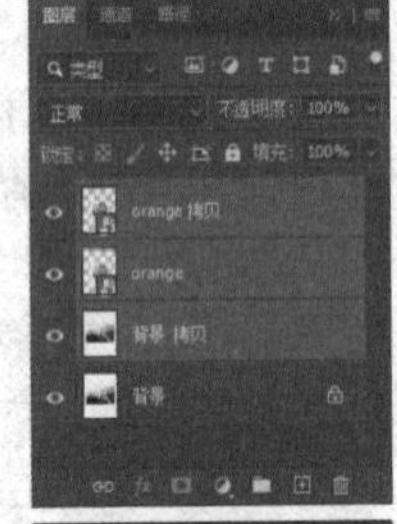

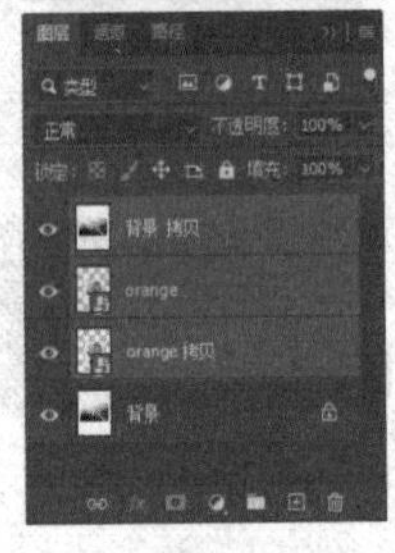

图 7–39

7.4.3 合并图层

合并图层不但可以节约空间、提高程序的运行速度，而且可以整体地修改这几个合并后的图层。

打开“图层”菜单，可以看到 Photoshop 所提供的几种合并图层的方式，如图 7–40 所示，下面分别介绍各种合并方式。

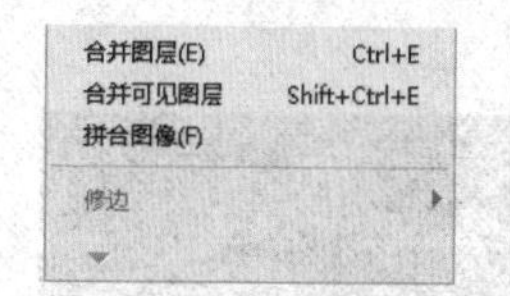

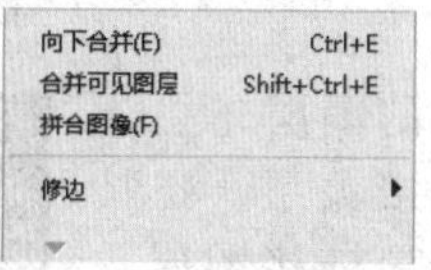

图 7–40

1. 合并图层

在图像中要合并多个图层时可以使用该命令。（其中包括选择的链接层），如图 7–41 所示。如果图像中存在链接的图层，但这些链接图层并没有选上，此时“合并图层”命令不可用。

图 7–41

2. 合并可见图层

可将所有选择的可见的图层合并在一起，使用该命令时，首先确保当前图层是可见的，可见的图层其图层最左侧有眼睛图标 。将不需要合并的图层暂时隐藏。执行“图层” | “合并可见图层”命令即可以将所有可见的图层全部合并到当前图层中，如图 7–42 所示。

图 7–42

注意：如果不是将相邻的图层合并，合并后图像的效果可能会发生改变。

3. 拼合图像

使用该命令可以将当前图像中包含的所有图层、图层样式、图层组完全拼合成一张背景图层，如图 7–43 所示。“拼合图像”命令与“合并可见图层”命令的主要区别是：使用“拼合图像”命令会删除隐藏的图层，只留一张背景图层，而使用合并可见图层命令则可以保留隐藏图层。

图 7–43

执行“图层” | “拼合图像”命令，会弹出如图 7–44 所示的提示对话框，提示用户使用该命令将删除隐藏的图层，单击“确定”按钮即可执行操作。

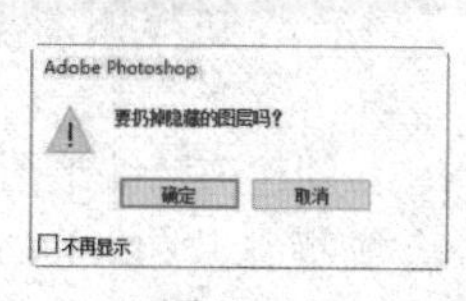

图 7–44

4. 向下合并

可将当前图层和下面紧邻的一个图层合并，如图 7–45 所示。要合并两个图层时可以使用该命令，首先确保这两个图层可见，在图层面板中选择两者中较上面的一个图层作为当前层，然后执行“图层” | “向下合并”命令即可合并这两个图层。

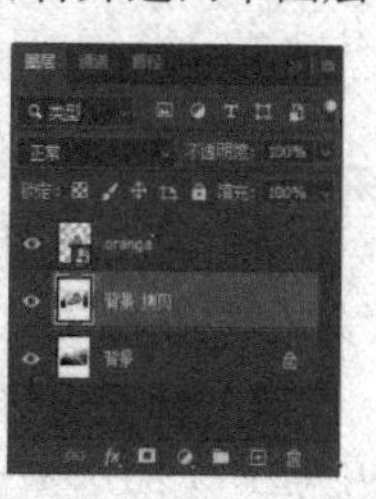

图 7–45

提示：以上介绍的关于“合并图层”的命令，均可以在“图层”面板菜单中找到。

7.4.4 链接图层

其实，在前面的讲解中，已经多次提到图层的链接。之所以要将两个或更多的图层或图层组链接起来，是因为那样它们的内容就可以一起移动了。对链接的图层，用户还可以进行复制、对齐、合并、应用变换和创建剪贴组等操作。

链接在一起的图层在图层名称右边有一个链接标志，如图 7–46 所示。

创建链接图层的方法是首先将需要建立链接的图层选中，然后单击“图层”面板中的“链接图层”按钮，或者执行“图层”|“链接图层”菜单命令即可将选择的图层建立链接关系。要取消链接图层，只需确认链接的图层处于选择状态，再次单击“图层”面板中的“链接图层”按钮，或者执行“图层”|“取消图层链接”命令，即可取消图层的链接。

图 7–46

7.4.5 创建图层剪贴编组

创建剪贴编组图层可以在图层之间组合成特殊效果。Photoshop 提供了对两个或者多个图层进行剪贴编组的功能。当两个图层组成一个剪贴编组后，可以看到，图层之间的构图内容发生了很大变化。在剪贴组中，最下面的图层（或基底图层）充当整个组的蒙版。例如，一个图层上可能有某个形状，上层图层上可能有纹理，而最上面的图层上可能有一些文本。如果将 3 个图层都定义为剪贴组，则纹理和文本只通过基底图层上的形状显示，并具有基底图层的不透明度。创建一个剪贴编组的方法如下：

（1）打开如图 7–47 所示的图像，确认文字层处于最上方，如图 7–48 所示。

图 7–47

（2）在“图层”面板中选择“图层 1”，按下【Alt】键，移动鼠标到图层上方边缘线处，当鼠标变成时单击，如图 7–49 所示。

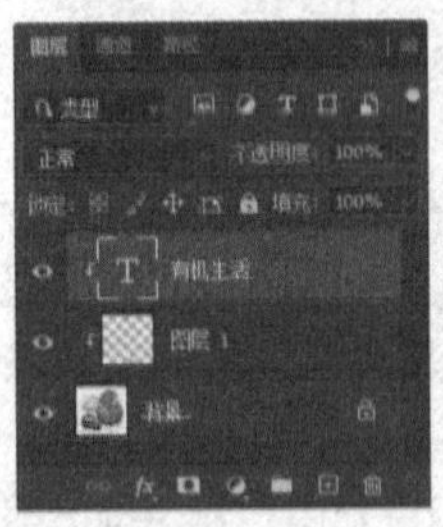
图 7–48

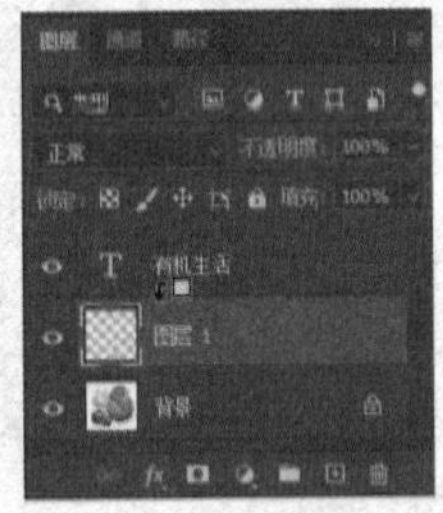
图 7–49

（3）此时，两个图层之间出现了一条表示剪贴组的白线，最底层图层的图层名称上出现一条下划线，这就表明，这两个图层之间已经建立了剪贴编组关系，如图 7–50 所示。

（4）在这个已经建立的剪贴组中，可以再继续进行图层编组，这样可以对多个图层进行剪贴编组，如图 7–51 所示。

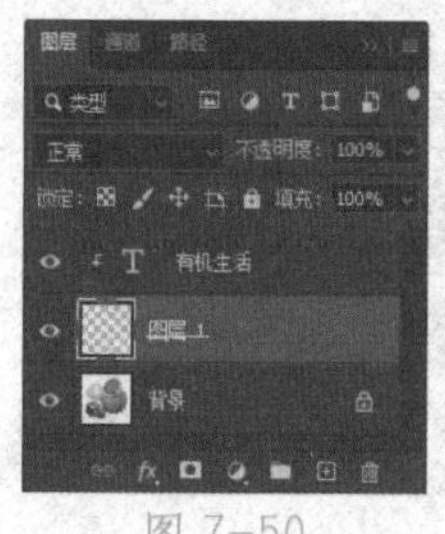
图 7-50

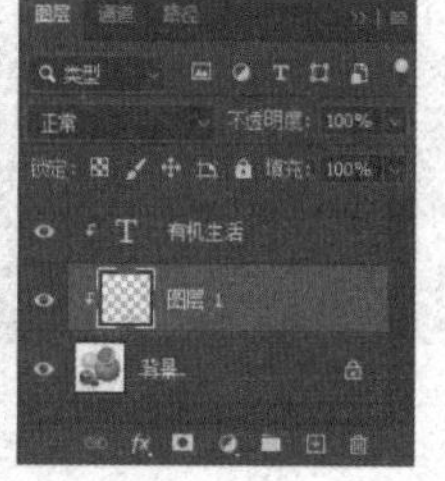
图 7-51

（5）要取消剪贴编组，按下【Alt】键，在剪贴组的两个图层之间单击即可。要取消编组中所有的图层，按下【Alt】键，在图层面板中选择剪贴编组的最底层后单击编组虚线即可取消所有图层的编组。

7.4.6　对齐和分布图层

Photoshop 提供的对齐图层命令可以将选中的图层的内容与当前图层或者选择区域边框对齐。而分布图层命令可以平均间隔排列图层中的内容。

1. 对齐图层

这里举例来说明几种排列与分布图层的方法及其效果。

图 7-52

（1）打开一幅图像，如图 7-52 所示，其“图层”面板显示如图 7-53 所示。

（2）在“图层”面板中选择一个基准图层，即“图层 4”，然后将所有图层链接起来（不包含背景层），如图 7-54 所示。

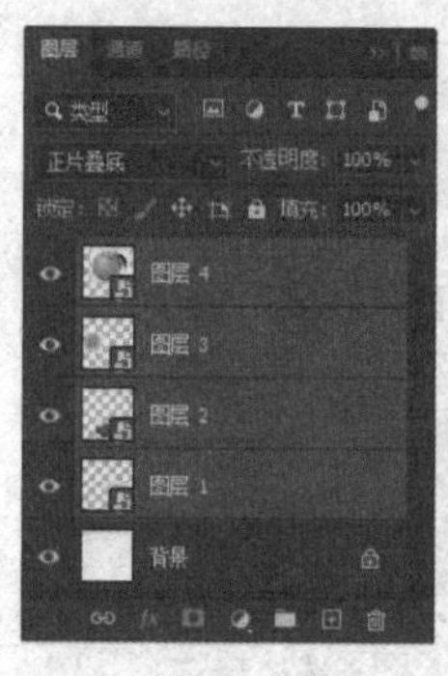
图 7-53

图 7-54

（3）执行“图层” | “对齐”，弹出如图 7-55 所示的子菜单。在此菜单中，各子菜单命令的意义如下：

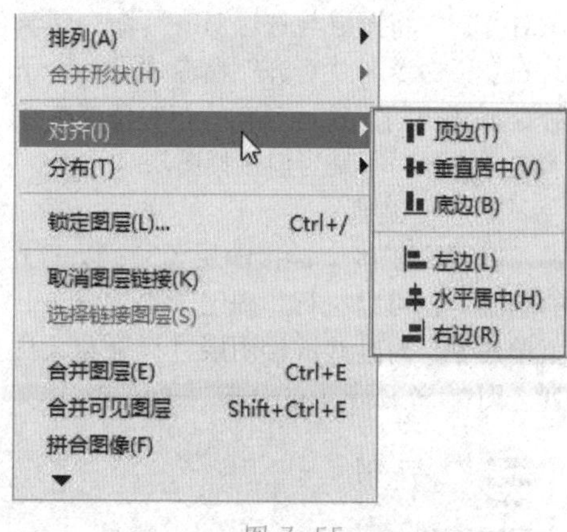

图 7-55

顶边：使链接图层的最顶端与当前图层的最顶端对齐。

垂直居中：使链接图层的垂直方向的中心点与当前选择图层的垂直方向的中心点对齐。

底边：使所有链接图层按当前图层的最大底端边界对齐。

左边：使链接图层最左端的像素与当前图层最左端像素对齐。

水平居中：使链接图层的水平方向的中心点与当前图层的水平方向的中心点对齐。

右边：使链接图层最右端的像素与当前图像最右端的像素对齐。

（4）执行“图层” | “对齐”命令子菜单中的任何一个命令，完成对齐链接图层。各种对齐方式的效果如图 7-56 所示。

“顶边”对齐　“垂直居中”对齐　“底边”对齐　“左边”对齐　“水平居中”对齐　“右边”对齐

图 7–56

可以使图层与选区边框对齐。在图像中绘制一个选区，执行“图层” | “将图层与选区对齐”命令可以使当前图层与选区对齐，“将图层与选区对齐”命令包含的 6 个子命令与“对齐”命令中的 6 个子命令意义相同，只是对齐的相对位置变成了选区边界而不是当前选择图层。

2. 分布图层

在建立了多个链接图层（3 个以上）的基础上，可以执行“图层” | “分布”菜单命令，对这些链接图层进行分布式排列。图 7–57 所示为“分布”子菜单。

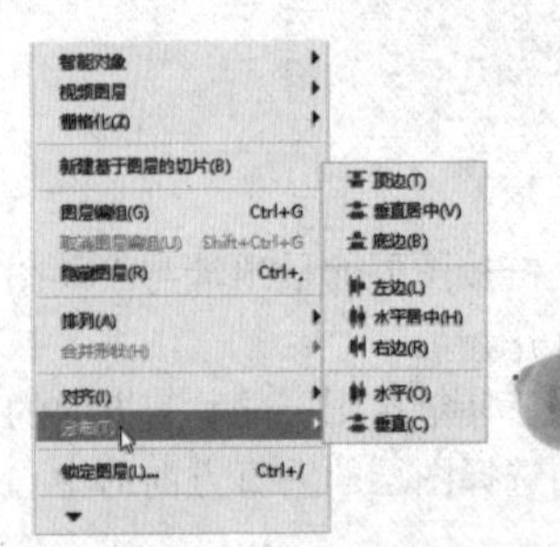

图 7–57 　　图 7–58

“分布”命令的 8 个子菜单命令意义如下：

顶边：使得链接图层的顶端间隔相同的距离。也就是说，以上部顶端边界为标准，均匀分布各个链接层的位置。

垂直居中：使链接图层的垂直中心线间隔相同的距离，从而均匀分布图层。

底边：使链接图层最下边界的像素间隔同样的距离，从而均匀分布各个图层。

左边：使得链接图层最左端的像素间隔相同的距离。

水平居中：使链接图层水平方向的中心线间隔相同的距离，从而均匀分布各个链接图层。

右边：使得链接图层最右端的像素间隔相同的距离。

水平：在图层之间均匀分布水平间距。

垂直：在图层之间均匀分布垂直间距。

“分布”命令的应用：

图 7–59 为图 7–58 所示原始图像的 6 种分布排列效果。

“顶边”分布　“垂直居中”分布　“底边”分布　“左边”分布

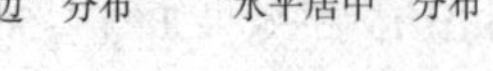
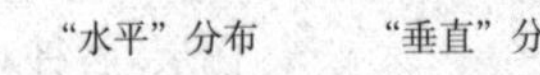

“右边”分布　“水平居中”分布　“水平”分布　“垂直”分布

图 7–59

技巧：“对齐”和“分布”子菜单中的命令与工具箱中移动工具的工具属性栏参数选项中的按钮功能相同，如图 7–60 所示。左边的一组是对齐图层按钮，右边的一组是分布图层按钮。

图 7-60

7.4.7　图层内容变换

执行“编辑”|“自由变换”命令或者执行“编辑”|“变换”子菜单中的各个子命令，均可以对图层内的图像进行各种变换。下面讲解关于图层内容变换的操作。

具体操作步骤如下：

（1）打开一幅图像，如图 7-61 所示，其“图层”面板显示如图 7-62 所示。

图 7-61

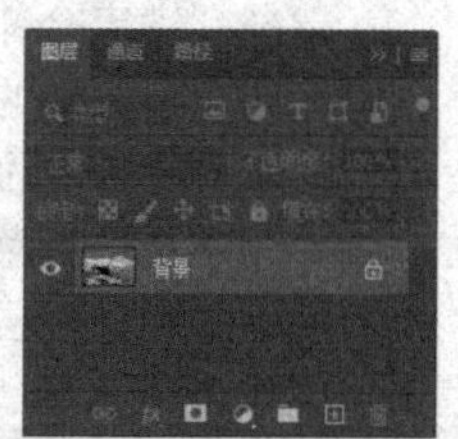

图 7-62

（2）将“背景”层转换为“普通”层（方法是执行“图层”|“新建”|“背景图层”命令），如图 7-63 所示。

图 7-63

说明：“自由变换”命令或“变换”命令不能针对“背景”图层或“锁定”图层操作。

（3）执行“编辑”|“自由变换”命令，此时图像处于转换状态，如图 7-64 所示。在此状态下，可以通过角控制点对图像进行自由变换操作，如图 7-65 所示。

图 7-64

图 7-65

（4）变换完成后，按下【Enter】键或者单击工具属性栏右侧的✓按钮，确定所做的变换。

7.4.8　锁定图层内容

Photoshop 提供了锁定图层的功能，可以锁定某一个图层或图层组，使它在编辑图像时不受影响，从而可以给编辑图像带来方便。

前面在介绍“图层”面板时就提到了关于图层的锁定选项操作，下面就针对 4 种不同的锁定状态来逐一进行讲解：

锁定透明像素▩：选中该按钮会将透明区域保护起来。因此在使用绘图工具绘图时（以及填充和描边），只对不透明的部分（即有颜色的像素）起作用。图 7-66 所示为没有选中该按钮时用画笔工具绘制的图形效果，可以在透明区域着色；而图 7-67 所示的是选择了该按钮后绘制的图形效果，在绘制图形时，可以看到在透明区域画笔工具无法着色。

图 7-66

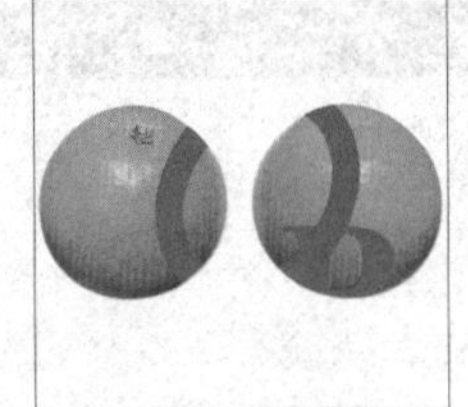

图 7-67

说明：在“编辑”菜单中的“填充”和“描边”命令对话框中，有一个“保留透明区域”复选框，其功能和“图层”面板中的“锁定透明像素”按钮是相同的，也是用来保护透明区域的，以免在填充和描边时透明区域受影响。

锁定图像像素：选中该按钮可以将当前图层保护起来，不受任何填充、描边及其他绘图操作的影响。所以，此时在这一图层上无法使用绘图工具，绘图工具在图像窗口中显示为不可用的图标。

锁定位置：选中该按钮后不能够对选定的图层进行移动、旋转、翻转和自由变换等操作。但是可以对图层进行填充、描边和其他绘图操作。

注意：用户即使选中“锁定透明像素”按钮、“锁定透明像素和锁定位置”按钮、“锁定图像像素”按钮、“锁定图像像素和锁定位置”按钮或“锁定位置”按钮，仍然可以调整当前图层的不透明度和色彩混合模式。

防止画板和画框内外有自动嵌套：Photoshop 中的画板是一个大文件夹，它包裹着涂层及组。所以当图层或组移出画板边缘时，图层或组会在组层视图中移除画板。所以为了防止这种事情发生，可以在图层视图中开启“防止画板和画框内外有自动嵌套”，即开启。

锁定全部：选择该按钮将完全锁定这一图层，此时任何绘图操作、编辑操作（包括删除图层、色彩混合模式、不透明度、滤镜功能和色彩、色调调节等功能）都不能在当前图层中使用。而只能在“图层”面板中调整这一层的排列顺序。

选择“锁定全部”按钮，在当前图层右侧出现一个锁定的图标。如果锁定图层组，则该图层组中的全部图层都被锁定。

使用“图层”菜单中的“锁定图层”命令也可以锁定图层。

操作步骤如下：

（1）将要锁定的两个图层或两个以上的图层选中。

（2）执行“图层” | “锁定图层”命令，弹出如图 7-68 所示的对话框。

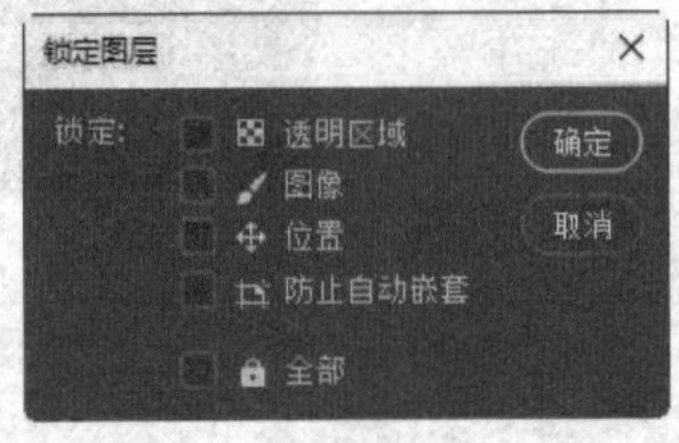

图 7-68

（3）在对话框中选择要锁定的选项。

（4）单击“确定”按钮即可。

7.4.9 栅格化图层

对于包含矢量数据（如文字图层、形状图层和矢量蒙版）和生成的数据（如填充图层）图层，不能使用绘画工具或滤镜命令。但是，用户可以栅格化这些图层，将其内容转换为平面的光栅图像，并使图层变为普通图层，之后就可以使用了。

栅格化图层的步骤如下：

（1）选择要栅格化的图层。

（2）执行“图层”|“栅格化”命令，接着可以从弹出的子菜单中选取选项，如图7-69所示。子菜单中各项命令的意义如下：

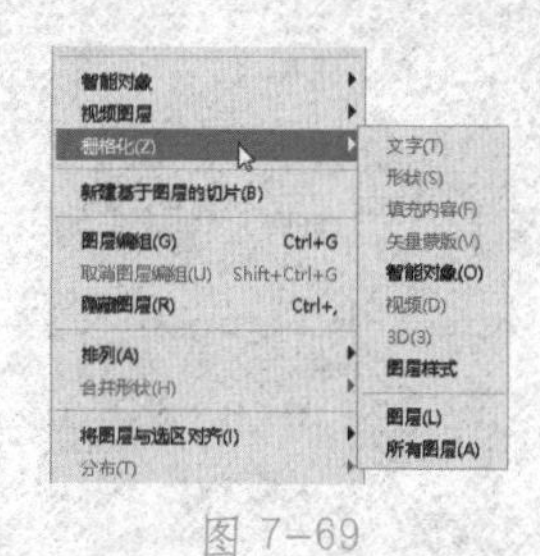

图 7-69

文字：栅格化文字图层。

形状：栅格化形状图层。

填充内容：栅格化填充图层。

矢量蒙版：栅格化矢量蒙版。

智能对象：栅格化智能对象。

视频：栅格化视频图层。

3D：栅格化3D对象。

图层样式：栅格化图层样式。

图层：栅格化当前编辑的图层。

所有图层：栅格化包含矢量数据和生成数据的所有图层。

栅格化智能对象前后的效果如图7-70所示。

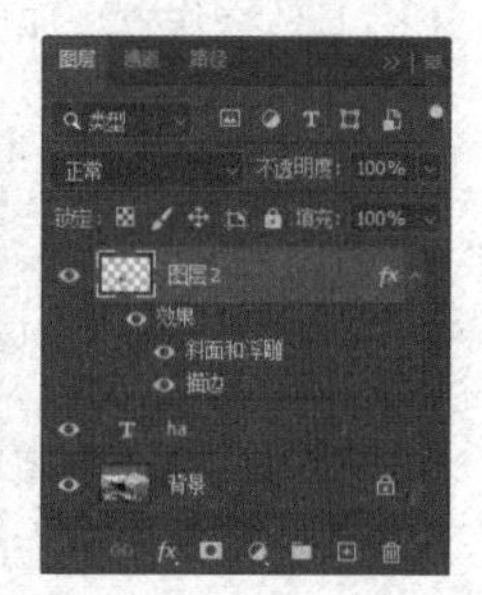

图 7-70

7.4.10　使用图层组

创建图层组后，可以将已有的图层移到图层组中，或者在当前图层组中创建新图层。要移动图层到图层组，只要在图层上按下鼠标，并拖动至图层组的名称或文件夹图标上松开鼠标即可，如图7-71所示。如果要在当前图层组中创建新图层，则先选中图层组，再按照前面介绍的创建图层的方法创建各种类型的图层。

若要将图层脱离当前图层组，则可以再次选择拖入的图层并将其拖动至图层组之外的图层上即可，如图7-72所示。

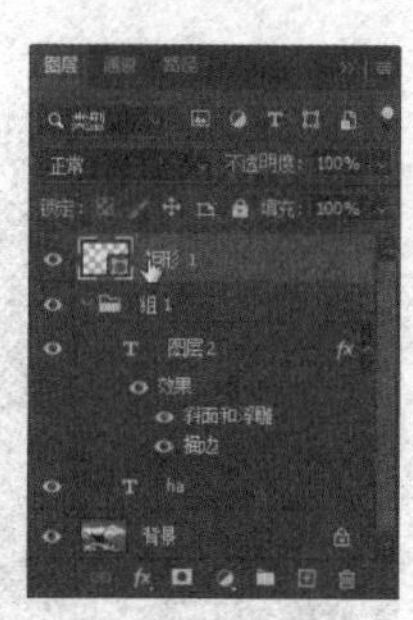

图 7-71

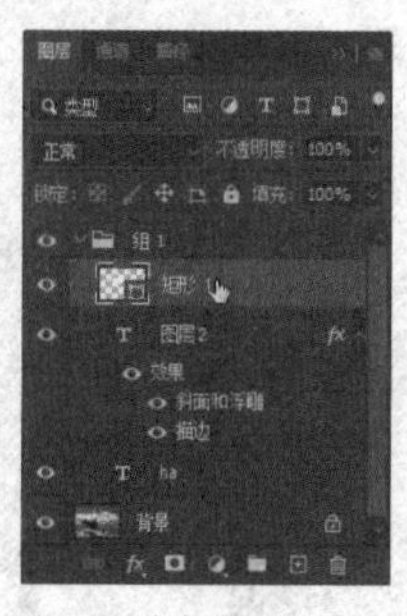

图 7-72

当图层组中拥有多个图层时，可以展开或折叠当前组中的图层（其方法是只要单击图层组中的三角形即可），以方便滚动浏览图层面板中的图层。

图层组中的图层就像文件夹中的文件一样，一旦文件夹被删除了，其文件夹中的文件也一并删除；当删除图层组时，同样也会将图层组中的所有图层删除。因此删除图层组时要注意，将不想删除的图层先移出图层组。

删除图层组的方法和删除图层是相同的，只要将图层组拖到“图层”面板底部的“删除图层”按钮上即可。不过在Photoshop中删除图层组的方法还有其他两种：即使用菜单命令和面板菜单命令。使用该两种删除方法时会弹出如图7-73所示的提示框，该提示框将会提示用户是“组和内容”还是“仅组”，如果选择的是“组和内容”，则将图层组和其内容一并删除，如果选择的是“仅组”，则将只删除当前的图层组，而图层组的内容将不会被删除。从而也就解决了前面所担心的问题（遇到具体问题具体处理）。

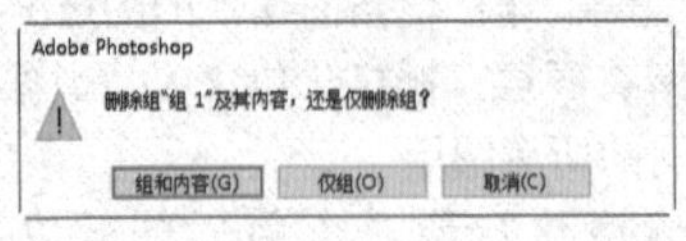

图 7–73

具体操作方法如下：

（1）菜单命令。执行“图层”｜“删除”｜“组”命令。

（2）面板菜单命令。选择要删除的图层组，单击鼠标右键，在弹出的快捷菜单中选择“删除组”命令。

单击取消显示图层左侧的眼睛图标，将隐藏当前图层组中的所有图层内容。同样如果复制图层组，也会将该图层组中所有内容都复制。双击图层组名称，图层组名称变为可修改的状态，可以输入新的名称后按 Enter 键修改图层组的名称，如图 7–74 所示。

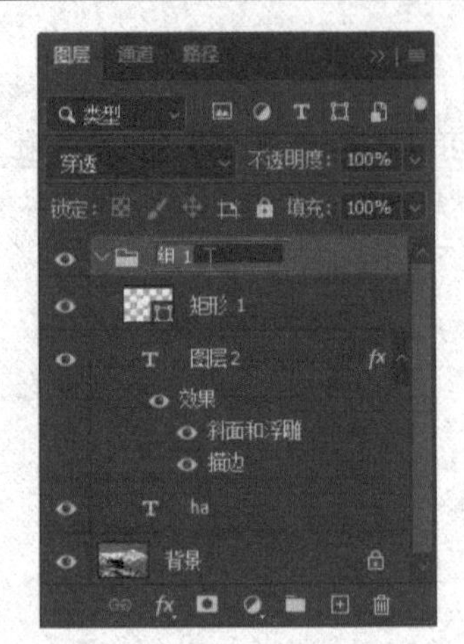

图 7–74

技巧： 快速选中图像中的某个图层的方法：在图像窗口中单击鼠标右键，此时会弹出一个快捷菜单，该快捷菜单中显示的各个命令就是当前图像中所含有的图层，在其中选择要编辑的图层即可。

7.5 图层样式

图层样式是 Photoshop 最具魅力的功能，它能够产生很多特殊的效果，包括阴影、发光、斜面和浮雕等。Photoshop 2020 提供了许多图层样式，使用界面也相当友好，可视化操作强，对图层样式做的修改，均会实时显示在图像窗口中。灵活地使用图层样式，可以为艺术创作提供更加广阔的空间。

7.5.1 使用图层样式

图层样式的使用非常简单，其操作步骤如下：

（1）打开一幅图像，如图 7–75 所示。

（2）在“图层”面板中选择要应用图层样式的图层，例如要给文字图层添加图层样式，那么这里就要选择文字图层，如图 7–76 所示。

图 7–75

图 7–76

说明：图层样式不能应用到背景图层和图层组中。

（3）执行“图层”|“图层样式”命令，在弹出的子菜单中选择任何一种图层样式，如图 7–77 所示。例如，选择“投影”命令。

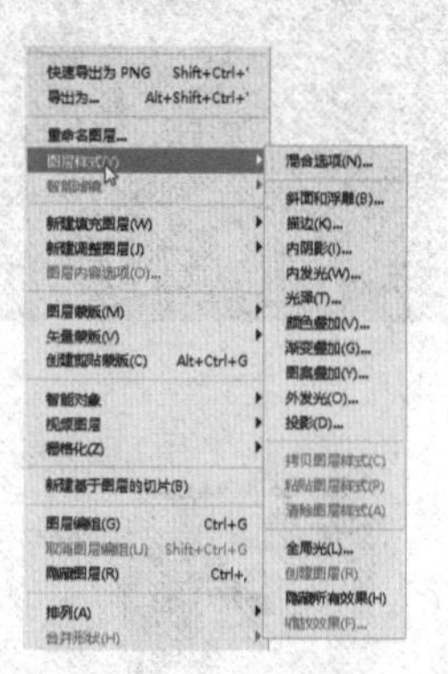

图 7–77

（4）接着会弹出“图层样式”对话框，如图 7–78 所示，在此对话框中就可以设置投影的相关参数，这里使用默认参数。

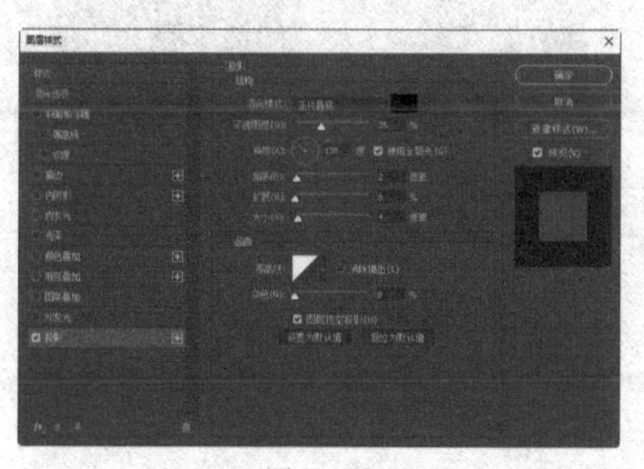
图 7–78

（5）完成各项参数设置后，单击“确定”按钮确认。

说明：当给一个图层添加了图层样式后，在“图层”面板中将显示代表图层效果的名称。图层样式与一般图层一样具有可以修改的特点，因此使用起来非常方便，可以反复修改图层样式，只要双击图层样式图标，就可以打开“图层样式”对话框重新编辑图层样式。

（6）如果要在同一图层中应用多个图层效果，则可以在打开“图层样式”对话框后，在对话框左侧的列表中选择要应用的效果，选中某个效果时，在对话框右侧将显示与其图层效果相关的选项设置。

（7）设置完毕后，单击“确定”按钮确认。

技巧：在打开“图层样式”对话框时，如果按下【Alt】键，则“取消”按钮会变成“复位”按钮，单击此按钮可以将图层样式恢复至修改前的设置。

图层样式在制作特效文字和各种形状的按钮时非常有用。方法是首先建立一个文字图层或者形状图层，然后添加图层样式即可。

7.5.2　投影和阴影效果

无论是文字、按钮、边框还是一个物体，如果加上一个阴影，都会产生立体感，并且制作阴影效果的步骤简单而快速。因此，阴影在制作过程中的使用非常频繁，不管是在图书封面上还是报刊上，经常会看到带有阴影的文字。

在 Photoshop 中制作阴影效果，可以使用图层样式来完成。它提供了两种阴影效果的制作，分别是“投影”和“内阴影”。这两种阴影效果的区别在于，“投影”是在图层对象背后产生阴影，从而产生投影的视觉；而“内阴影”则是内投影，即在图层边缘以内区域产生一个图像阴影。这两种图层效果只是产生的图像效果不同，而参数选项是基本一样的，如图 7–79 和图 7–80 所示。

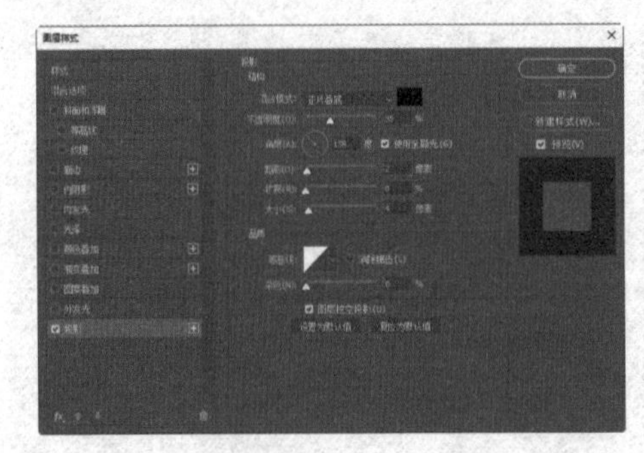

图 7-79

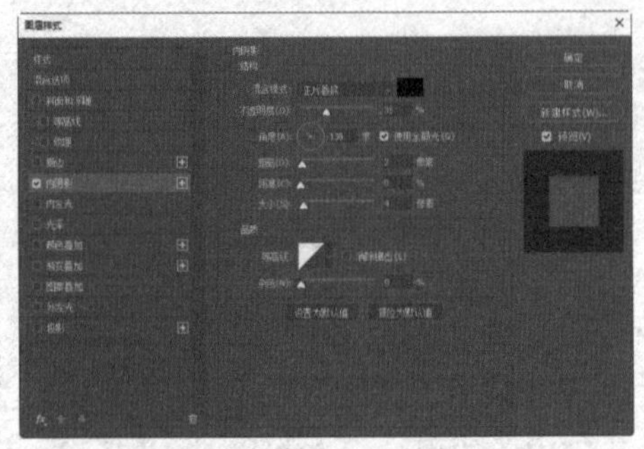

图 7-80

各选项意义如下：

混合模式：选择投影的色彩混合模式，在“混合模式”选项右侧有一个颜色框，单击它可以打开“拾色器”对话框，用以设置阴影颜色。

不透明度：设置阴影的不透明度，值越大阴影颜色越深。

角度：用于设置光线照明角度，即阴影的方向会随着角度的变化而发生变化。图 7-81 所示的分别是“角度”值为 0 和 90 时的投影效果。

图 7-81

使用全局光：可以为同一图像中的所有图层效果设置相同的光线照明角度。

距离：设置阴影距离，变化范围是 0~30000，值越大阴影距离越远。图 7-82 所示的分别是“距离”值为 20 和 60 时的投影效果。

扩展：模糊之前扩大边缘范围，变化值是 0~100%，值越大投影效果越强烈。图 7-83 所示的分别是“扩展”值为 0 和 100 时的效果。

图 7-82

图 7-83

阻塞：调整内阴影边界的清晰度。图 7-84 所示的分别是“阻塞”值为 0 和 100 时的效果。

> **说明：** 在“投影效果”参数设置中没有“阻塞”选项，而在“内阴影效果”中才有该参数选项。

图 7-84

大小：指定模糊的数量或暗调大小，变化范围是 0~250，值越大柔化程度越大。

图 7-85 所示的分别是“大小”值为 0 和 100 时的效果。

图 7-85

品质：在此选项栏中，可以通过设置“等高线”和“杂色”选项来改变阴影质量。

等高线：在“等高线”选项中可以选择一个已有的轮廓应用于阴影，或者编辑一个轮廓。要选择一个已有轮廓，单击“等高线”右边的向下箭头按钮，打开如图 7-86 所示的选项框列表，在其中选择即可。如果要编辑一个轮廓，则可以单击“等高线”的轮廓图案，打开“等高线编辑器”对话框，在其中编辑一个轮廓，如图 7-87 所示。如果选中“消除锯齿”复选框，则可以使得轮廓更加平顺，不会产生锯齿。图 7-88 所示是不同投影轮廓时的效果。

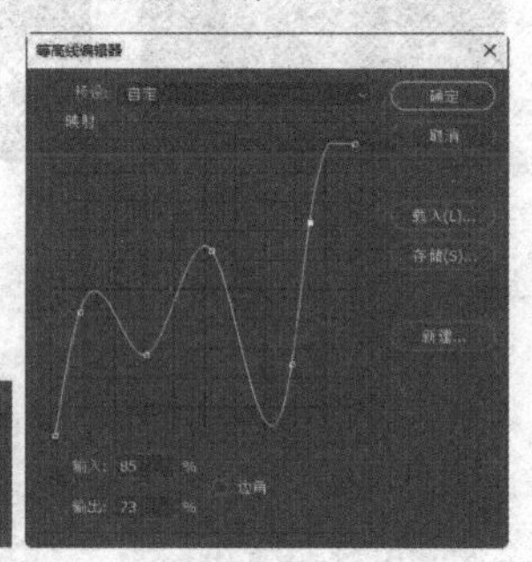

图 7-86　　图 7-87

图 7-88

说明：编辑轮廓曲线的操作与在“曲线”对话框中编辑曲线的方法相同。

杂色：通过调整杂色百分比，可以向投影中添加杂色。图 7-89 所示的分别是“杂色”值为 0 和 100 时的效果。

图 7-89

说明：在使用“图层样式”对话框做投影效果和内阴影效果时，阴影颜色、混合模式、不透明度、角度和距离的设置是否合理，将对产生的图像效果起着决定性的影响。所以，虽然 Photoshop 提供了方便的功能，怎样用好它，还需要读者多加练习。

7.5.3　外发光和内发光效果

执行“图层”|“图层样式”|“外发光”或者“图层”|“图层样式”|“内发光”菜单命令，可以为当前图层中的图像添加一种类似于发光的亮边效果。其中“外发光”产生图像边缘外部的发光效果；而“内发光”产生图像边缘内部的发光效果。图 7-90 所示（从左到右）分别是原始图像、外发光效果、内发光效果。

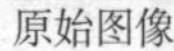

原始图像

外发光效果

内发光效果

图 7-90

执行“图层”|“图层样式”|“外发光”命令，弹出如图 7-91 所示的对话框，在其中设置发光效果的各项参数。

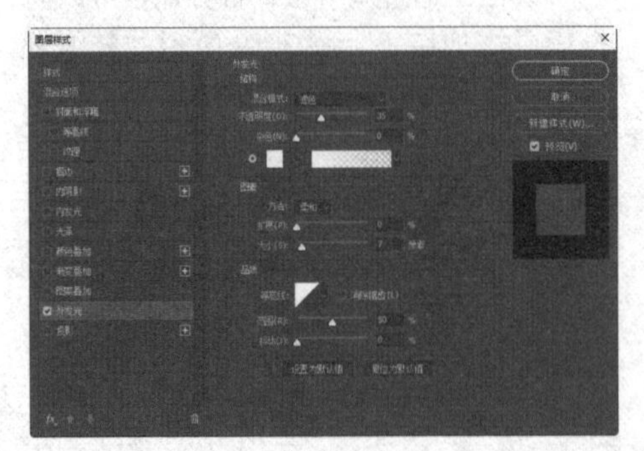

图 7-91

各选项参数意义如下：

结构：设置“混合模式”“不透明度”“杂色”和发光颜色。

图素：设置发光元素的属性，包括“方法”“扩展”“大小”。图 7-92 所示为“扩展”值分别为 0 和 50 时的效果，图 7-93 所示为“大小”值分别为 100 和 200 时的效果。

图 7-92

方法：设置发光方式，其包括“柔和”和“精确”两种方式。“柔和”方式应用模糊效果，它可用于所有类型的边缘，不论是柔边还是硬边。“精确”方式使用距离测量技术创造发光效果，主要用于消除锯齿形状（如文字）。图 7-94 所示为“柔和”方式的效果，图 7-95 所示为“精确”方式的效果。

图 7-93

图 7-94 　　图 7-95

品质：设置“等高线”“范围”“抖动”。

抖动：在使用渐变颜色时，使发光颗粒化。图 7-96 所示为“抖动”值分别为 0 和 40 时的效果。

图 7-96

“内发光”和“外发光”的选项设置基本相同，图 7-97 所示是“内发光”参数设置面板。从中可以看出只是“内发光”多了两个单选按钮：“居中”和“边缘”。

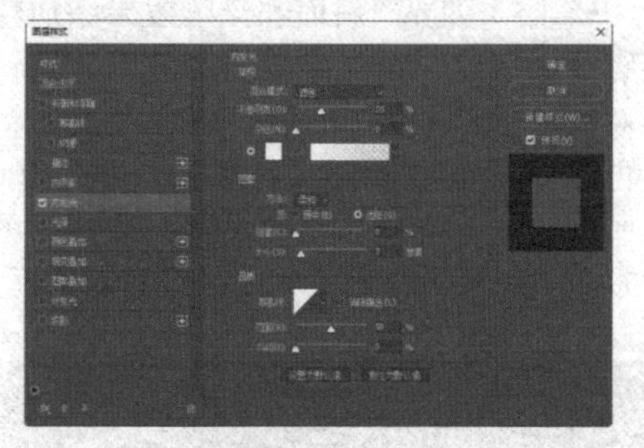
图 7-97

居中：从当前图层图像的中心位置向外发光，如图 7-98 所示。

边缘：从当前图层图像的边缘向里发光，如图 7-99 所示。

图 7-98

图 7-99

7.5.4　斜面和浮雕效果

斜面和浮雕效果可以制作出立体感的图像，它们在图像处理中使用相当频繁。执行“图层”｜“图层样式”｜“斜面和浮雕”命令，弹出如图 7-100 所示的参数设置对话框，可以按照下面的步骤进行设置。

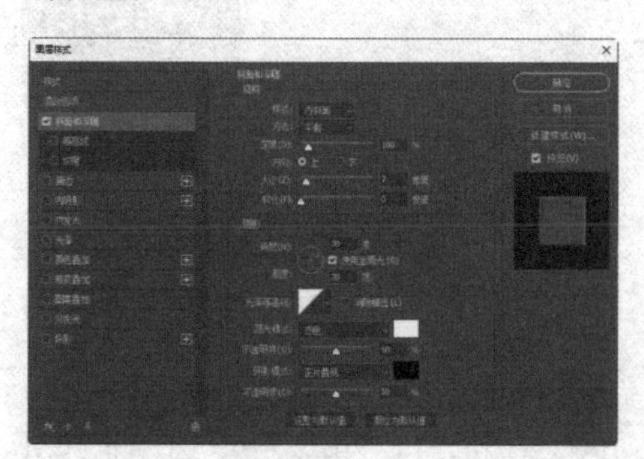
图 7-100

（1）在“图层样式”对话框左侧选中“斜面和浮雕”选项，接着在右侧“结构”选项栏中的“样式”下拉列表框中选择一种图层样式。“样式”列表中包含的选项有以下几种：

外斜面：可以在图像外部边缘产生一种斜面的光线照明效果。此效果类似于投影效果，只不过在图像两侧都有光线照明效果，如图 7-101 所示。

内斜面：可以在图像内部边缘产生一种斜面的光线照明效果。此效果和内部阴影效果相似，如图 7-102 所示。

图 7-101

图 7-102

浮雕效果：创建当前图像相对它下面图像凸出的效果，如图 7-103 所示。

图 7-103

枕状浮雕：创建当前图像的边缘陷入相对它下面图像的效果，如图 7-104 所示。

描边浮雕：类似浮雕效果，但只是对图像边缘产生效果，如图 7-105 所示。

图 7-104

图 7-105

（2）在“方法”选项框列表中选择一种斜面方式。

平滑：光滑斜面。

雕刻清晰：产生比较生硬的平面。

雕刻柔和：产生比较柔和的平面。

（3）设置斜面的“深度”“大小”“软化”以及斜面的亮部是在图层上方还是图层下方，默认选择是“上方”。

（4）在“阴影”选项栏中设置阴影的“角度”“高度”“光泽等高线”以及斜面的亮部和暗部的不透明度和混合模式。

（5）如要给斜面和浮雕效果添加轮廓或者底纹，以产生更多的效果，则在对话框左侧选中“等高线”和“纹理”，再在对话框右侧设置其参数。图7-106所示为“等高线”参数设置对话框，图7-107所示为“底纹”参数设置对话框。

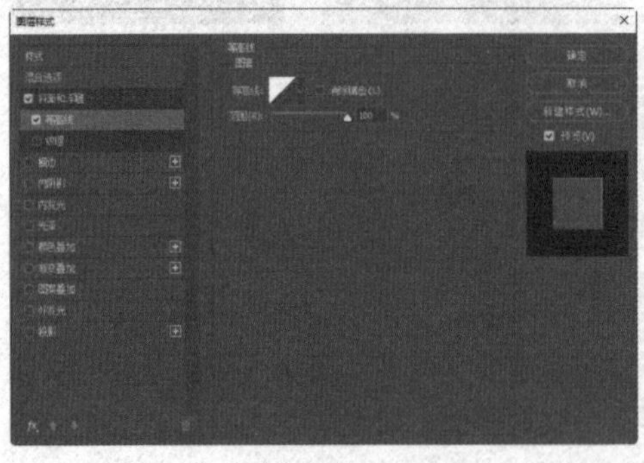

图 7-106

图 7-107

（6）完成参数设置后，单击“确定”按钮确认，应用斜面和浮雕效果后得到的图像效果如图7-108所示。

图 7-108

7.5.5 编辑图层样式

当对制作出来的图层样式效果不满意或想对其进行其他操作时，就可以对其进行各种编辑操作，这些编辑操作主要包括删除、隐藏、拷贝、粘贴、分离、设置图层样式强度和给各个图层样式设置统一的光线照明角度等。这些命令都在“图层样式”子菜单中可以找到，如图7-109所示。这些命令还可以通过在“图层”面板中右击图层效果名称，在弹出的快捷菜单中找到。

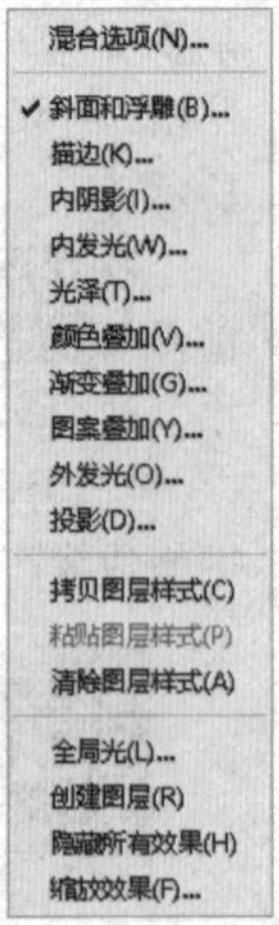

混合选项(N)...
✔斜面和浮雕(B)...
描边(K)...
内阴影(I)...
内发光(W)...
光泽(T)...
颜色叠加(V)...
渐变叠加(G)...
图案叠加(Y)...
外发光(O)...
投影(D)...
拷贝图层样式(C)
粘贴图层样式(P)
清除图层样式(A)
全局光(L)...
创建图层(R)
隐藏所有效果(H)
缩放效果(F)...

图 7-109

1. 删除和隐藏图层样式

图层样式的删除方法有两种：第一是删除图层样式中的某一个效果，方法是在“图层”面板中选择要删除的图层效果，将其拖动到“图层”面板底部的“删除图层”按钮上，松开鼠标即可。第二是删除整个图层样式，方法是在选择了效果后，执行“图层”|“图层样式”|“清除图层样式”命令，即可将整个图层删除掉。

当不想让图层样式在图像中显示的时候，可以将其隐藏。图层样式的隐藏方法有两种。第一是单击图层样式左侧的眼睛图标即可，第二是执行“图层”|“图层样式”|“隐藏所有效果”命令。

2. 复制和粘贴图层样式

可以将在某一个图层中设置的图层样式复制到另一个图层中，以便加快编辑速度，复制和粘贴图层样式的方法如下：

（1）首先在“图层”面板中应用图层样式的图层下面的样式上单击鼠标右键，在弹出的快捷菜单中选择“拷贝图层样式”命令，如图7–110所示。也可以选中应用图层样式的图层，执行“图层”|“图层样式”|“拷贝图层样式”命令。

（2）选中要粘贴图层样式的目标图层，可以是本图像中的另一个图层，也可以是另一个图像中的图层，执行“图层”|“图层样式”|“粘贴图层样式”命令，或者在该图层快捷菜单中选择“粘贴图层样式”命令，如图7–111所示。

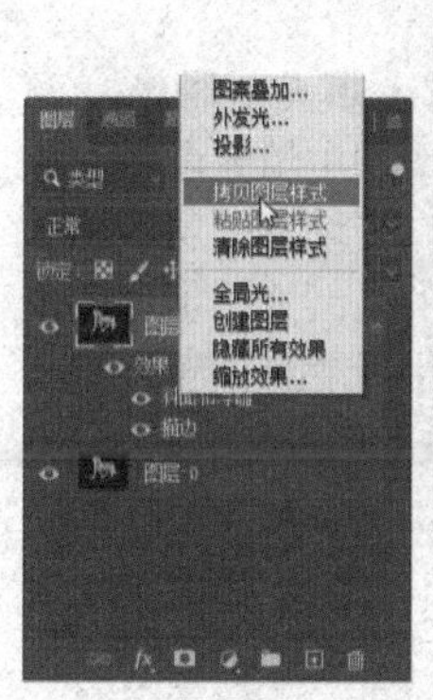

图7–110

图7–111

（3）如果要将图层样式粘贴到多个图层中，可以先选择多个图层，接着执行“图层”|“图层样式”|“粘贴图层样式”命令，即可为当前选中的图层添加相同的图层样式。

3. 分离图层样式

下面举例说明分离图层样式的方法。

（1）打开一幅带有图层样式的图像，其“图层”面板显示如图7–112所示。

（2）在“图层”面板中选择应用图层样式的图层，执行“图层”|“图层样式”|“创建图层”命令，此时“图层”面板变为如图7–113所示。其中的“效果”图层已经没有了，而是被分离成了单独的图层。如果将分离的效果图层隐藏，图像就会恢复到原始效果。

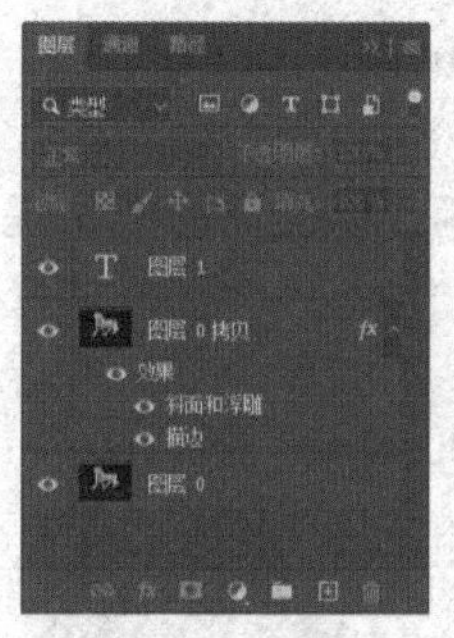
图7–112

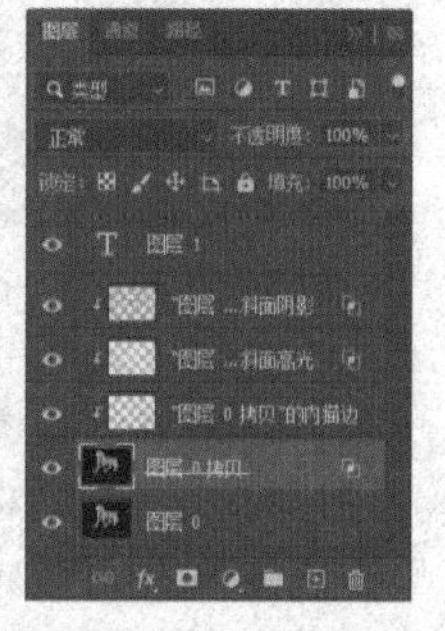
图7–113

4. 设置图层样式强度

选中应用图层样式的图层，执行“图层”|“图层样式”|“缩放效果”命令，弹出如图7–114所示的“缩放图层效果”对话框，从中可以设置图层效果的强度，可以直接在“缩放”文本框中输入数值，范围是1~1000，也可以单击右侧的向下箭头按钮，在弹出的滑块中拖动滑块来设置，如图7–115所示。图7–116所示是调整前后的效果。

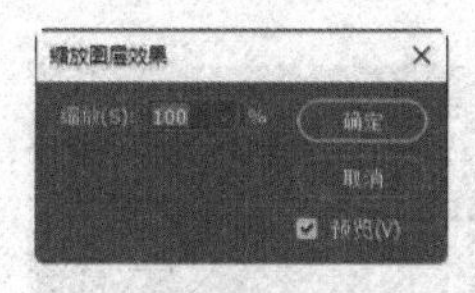

图7–114

图7–115

图7–116

5. 设置统一光线照明角度

执行“图层”|“图层样式”|“全局光”命令，弹出如图7–117所示的“全局光”对话框。在该对话框中可以设置光线的“角度”和“高度”，设置参数时可以在“角度”和“高度”文本框中直接输入数值，也可以用鼠标拖拉转轴来调整角度和高度。完成设置后单击“确定”按钮即可。

图7–117

7.5.6 特殊图层效果

阴影、发光、斜面以及浮雕效果是 Photoshop 中最基本的图层效果，除此之外，Photoshop 还提供了一些特殊的图层效果，这些特效也在“图层样式”对话框里，使用方法与基本的图层效果相同。下面具体介绍各种特效的功能。

图 7-118

打开一幅图像，如图 7-118 所示。

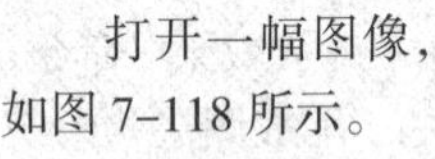

1. 光泽效果

可以在图层图像上产生一种光泽的效果，其参数设置与前面介绍的基本图层效果相同。图 7-119 所示是光泽参数设置和得到的效果，其中颜色为（R:221，G:238，B:231）。

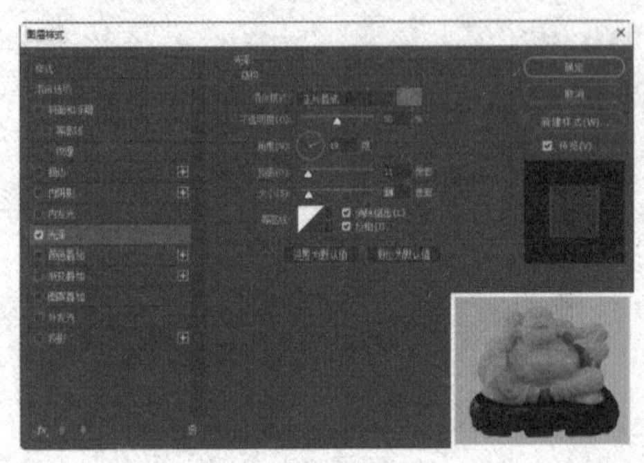

图 7-119

2. 颜色叠加

可以在图层图像中填充一种纯色。此图层效果与使用“填充”命令填充前景色的功能相同，与建立一个纯色的填充图层相似，只是“颜色叠加”图层效果比上述两种方法更加方便，可以随意改变已经填充的颜色。图 7-120 所示是颜色叠加参数设置和得到的效果，其中颜色为（R:225，G:228，B:243）。

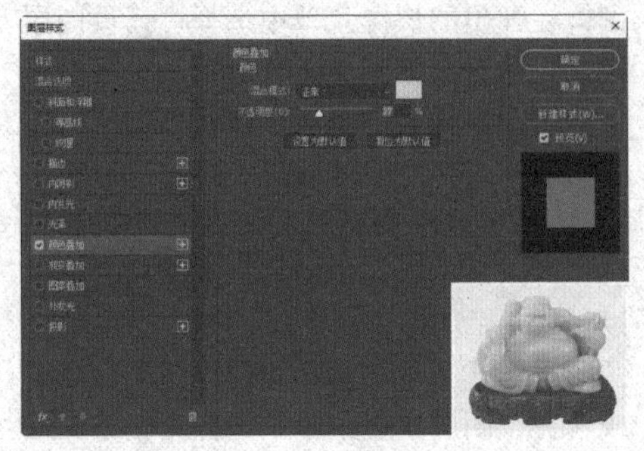

图 7-120

3. 渐变叠加

可以在图层图像上填充一种渐变颜色。此图层效果与在图层中填充渐变颜色的功能相同，与创建渐变填充图层的功能相似。图 7-121 所示的是渐变叠加参数设置和得到的效果，其中渐变色设置从左到右分别为（R:60，G:34，B:130）、（R:236，G:239，B:0）和（R:60，G:20，B:123）。

应用“渐变叠加”图层效果时，关键要选择适当的渐变类型和好看的渐变颜色。

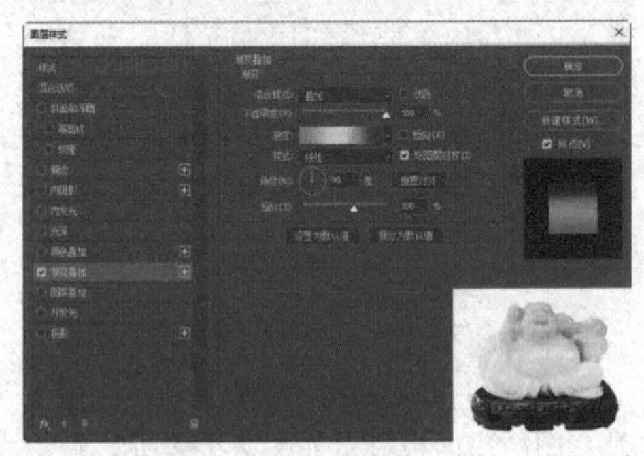

图 7-121

4. 图案叠加

可以在图层图像上填充一种图案。此效果和图案填充的功能相同，与创建图案填充图层功能相似。图 7-122 所示是图案叠加参数设置和得到的效果。

图 7-122

说明：以上几种图层效果只对图层中的图像起作用，产生一种填充效果，而对图层中的透明部分不起作用，其仍然是透明的。

5. 描边

在图层图像的边缘产生一种描边的效果。图 7-123 所示是描边参数设置和得到的效果，其中颜色为（R:0，G:77，B:41）。设置该图层效果参数时，可以在“结构”选项栏中设置描边线条的“大小”“位置”“混合模式”“不透明度”；在“填充类型”选项框列表中选择描边线的填充类型并在该选项栏中设置与填充类型相关的参数，在“颜色”选框中可以设置填充的颜色。图 7-124 所示是渐变类型描边参数设置和得到的效果，其中渐变色为当前预设的“橙色 _05”。

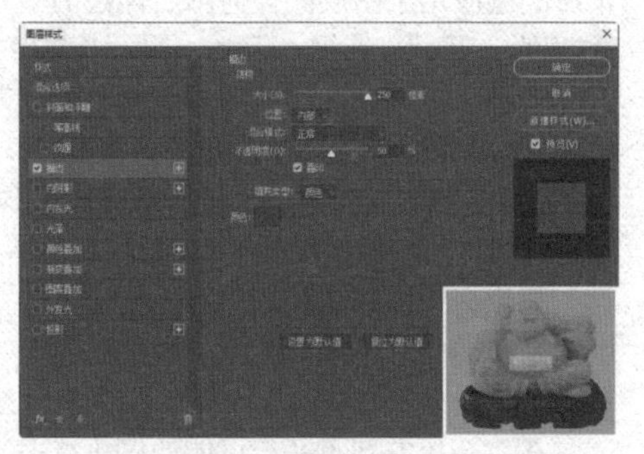

图 7-123

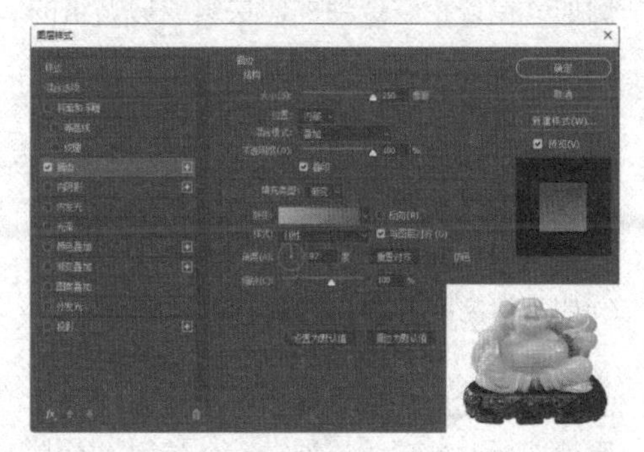

图 7-124

7.5.7　设置不透明度和混合选项

图层的不透明度和混合选项决定了其像素与其他图层中的像素相互作用的方式。

执行“图层”｜“图层样式”｜“混合选项”命令，打开“图层样式”对话框，其中显示的是关于“混合选项”参数设置项，如图 7-125 所示。

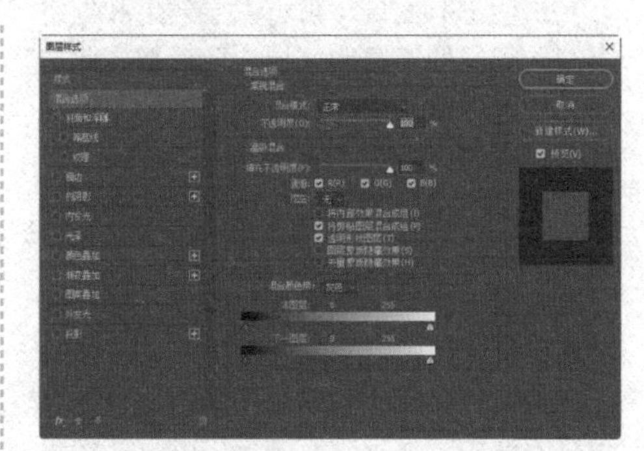

图 7-125

在“混合选项”栏中可以设置以下选项：

混合模式：图层的混合模式决定其像素如何与图像中的下层像素进行混合。使用混合模式可以创建各种特殊效果。有关各种混合模式的说明前面已经介绍过，这里不再赘述。

说明：默认情况下，图层的混合模式是“正常”，表示图层没有自己的混合属性。

不透明度：图层的不透明度决定它遮蔽或显示其下层图层的程度。

填充不透明度：填充不透明度只影响图层中绘制的像素或图层上绘制的形状，不影响已应用于图层的任何图层样式的不透明度。

通道：在混合图层或图层组时，可以将混合效果限制在指定的通道内。默认情况下，混合图层或图层组时包括所有通道。通道选择因所编辑的图像类型而异。

挖空：挖空选项使用户可以指定哪些图层是穿透的，以使其他图层中的内容显示出来。

浅：会挖空到第一个可能的停止点，例如，包含挖空选项的图层组或剪贴组的底部。

深：会挖空到背景。如果没有背景，则会挖空到透明区域。

将内部效果混合成组：将图层的混合模式应用于修改不透明像素的图层效果，例如，内发光、颜色叠加和渐变叠加。

将剪贴图层混合成组：可将基底图层的混合模式应用于剪贴组中的所有图层。取消选择此选项（该选项默认情况下总是选中的）可保持原有混合模式和组中每个图层的外观。

透明形状图层：可将图层效果和挖空限制在图层的不透明区域。取消选择此选项（该选项默认情况下总是选中的）可在整个图层内应用这些效果。

图层蒙版隐藏效果：可将图层样式限制在图层蒙版所定义的区域。

矢量蒙版隐藏效果：可将图层样式限制在矢量蒙版所定义的区域。

混合颜色带：对话框中的滑块可控制最终图像中将显示现有图层中的哪些像素以及下面的可视图层中的哪些像素。例如，用户可以去除现有图层中的暗像素，或强制下层图层中的亮像素显示出来。还可以定义部分混合像素的范围，在混合区域和非混合区域之间产生一种平滑的过渡。

在“混合颜色带”中选择“灰色”选项：指定所有通道的混合范围。

在“混合颜色带”中选择单个颜色通道（如 RGB 图像中的红色、绿色或蓝色）：指定该通道内的混合。

使用“本图层”和“下一图层”滑块设置混合像素的亮度范围：度量范围从 0（黑）到 255（白）。拖移白色滑块设置范围的高值。拖移黑色滑块设置范围的低值。

下面通过一个实例具体应用以上所讲的内容。

（1）打开一幅图像，如图 7-126 所示，其“图层”面板显示如图 7-127 所示。

图 7-126　　图 7-127

（2）调整图层。将要创建挖空的图层放置在要穿透的图层之上，并使要显示出来的图层“图层 0”成为背景，如图 7-128 所示。

（3）确认“文字”层添加“渐变叠加”效果，“图层 1”层添加“投影”效果。

（4）选择最上面的图层“大海”，如图 7-129 所示，该图层将创建挖空效果。

图 7-128

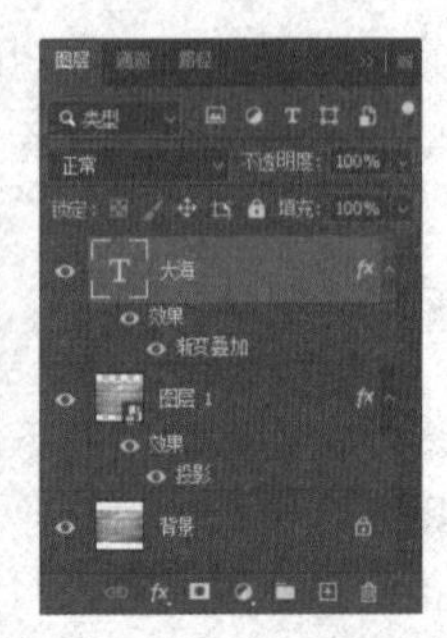

图 7-129

（5）执行“图层” | “图层样式” | “混合选项”命令或从图层面板菜单中选择“混合选项”命令，打开“混合选项”对话框，接着进行参数设置，如图 7-130 所示。

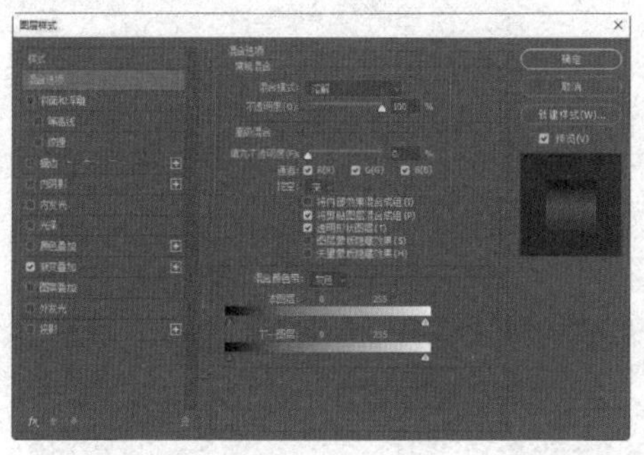

图 7-130

（6）完成设置后单击“确定”按钮，得到的图像效果如图 7-131 所示。

图 7-131

（7）返回步骤 5，在“混合选项”对话框中进行如图 7-132 所示的设置，完成设置后单击“确定”按钮确认，此时得到的图像效果如图 7-133 所示。

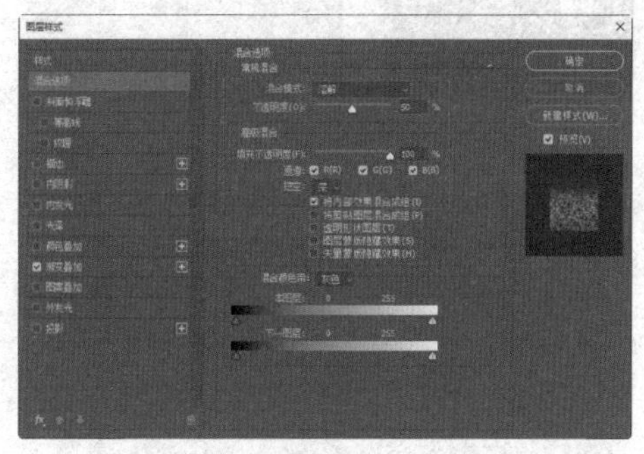

图 7-132

图 7-133

7.5.8　样式预设

Photoshop 2020 中的样式预设为应用图层样式提供了一种捷径。利用样式预设可以将一个或者多个图层样式以及它们的混合选项参数定义成一个样式，然后应用到各个图层中。

1. “样式”面板

“样式”面板是 Photoshop 专门用来显示样式预设的面板，执行“窗口” | “样式”命令，即可打开“样式”面板，如图 7-134 所示。下面介绍该面板的使用方法。具体操作步骤如下：

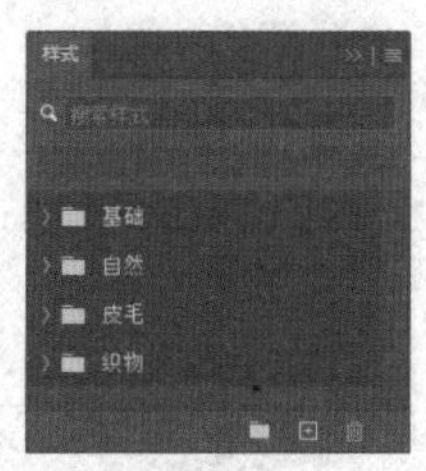

图 7-134

（1）打开一幅图像，如图 7-135 所示。执行“图层” | “新建” | “背景图层”命令，将背景层转换为普通层，如图 7-136 所示。

（2）移动鼠标到“样式”面板中单击需要应用的样式，得到的图像效果如图 7-137 所示。也可以在“样式”面板中按住某个样式缩图，然后拖动缩图到图像窗口或者“图层”面板中的某个图层上，同样可以将选择的样式应用到图层中。

图 7-135

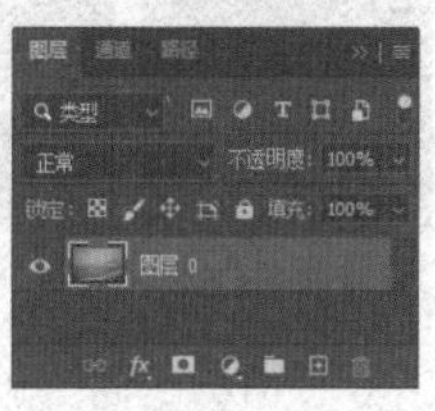

图 7-136

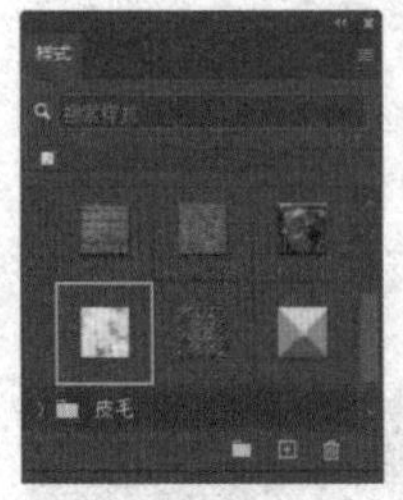
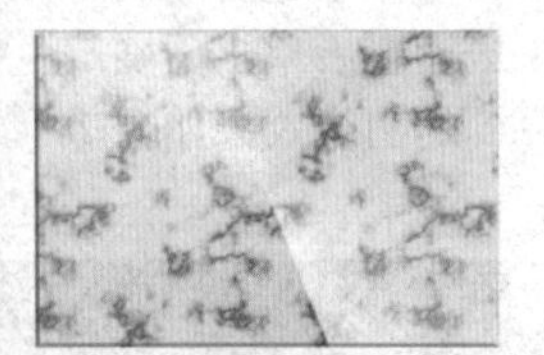
图 7-137

注意：如果对已经存在图层样式效果的图层再次应用样式，新样式的效果将覆盖原来样式效果。而如果按下【Shift】键将新样式拖动到已经应用样式的图层中，则可以在保留原来图层样式效果下，增加新的样式效果。

2. 新建图层样式预设

Photoshop 2020 自带的图层样式预设效果相比以前版本，其效果非常丰富。但有时如果用户需要制作特殊的效果，那么也可以通过创建新的图层样式预设来实现。

创建新的图层样式预设的方法为给选定的图层设置图层样式和混合选项，具体操作可参见前面几节的介绍。

选中已经设置好图层样式的图层，然后单击“样式”面板底部的“创建新样式”按钮，如图 7-138 所示；也可以在“样式”面板菜单中选择“新建样式预设”命令，如图 7-139 所示。

图 7-138

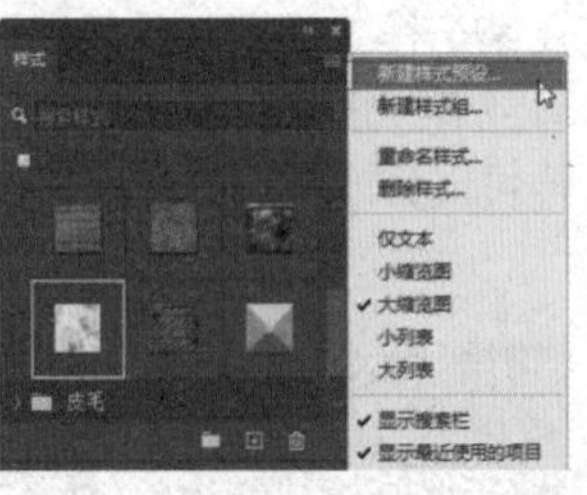
图 7-139

此时弹出如图 7-140 所示的“新样式”对话框，其参数意义如下：

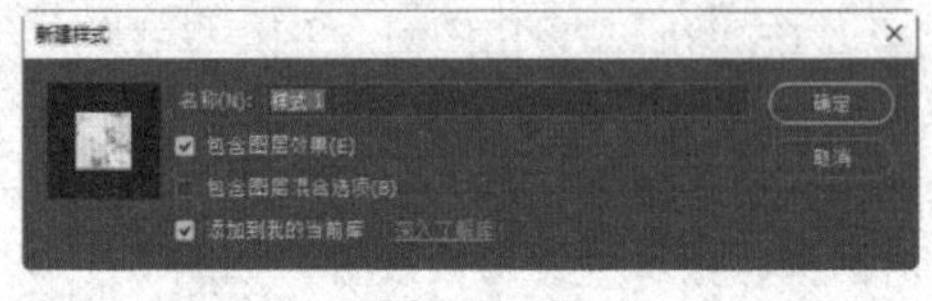

图 7-140

名称：新建样式的名称。

包含图层效果：选中该复选框，新建的样式包含图层样式效果的内容。

包含图层混合选项：选中该复选框，新建的样式包含图层混合选项。

添加到我的当前库：选中该复选框，新建的样式就自动添加到“样式”面板的样式列表的最后位置。

完成设置后，单击“确定”按钮，新建样式预设就完成了。

3. 样式预设管理

一个漂亮、美观的图层样式制作是很不容易的，所以在制作出好的图层样式后，可以将它定义为一个样式，以备以后使用。但是如果重新安装 Photoshop，新建的样式就会被丢失。为了在重新安装 Photoshop 后还可以使用定义过的样式，应该将样式保存为文件。

保存样式的方法是：在“样式”面板菜单中选择“导出所选样式”命令，打开如图 7-141 所示的“另存为”对话框，在该对话框中设置完保存参数后，单击“保存”按钮确认。保存文件的扩展名是“.ASL”。

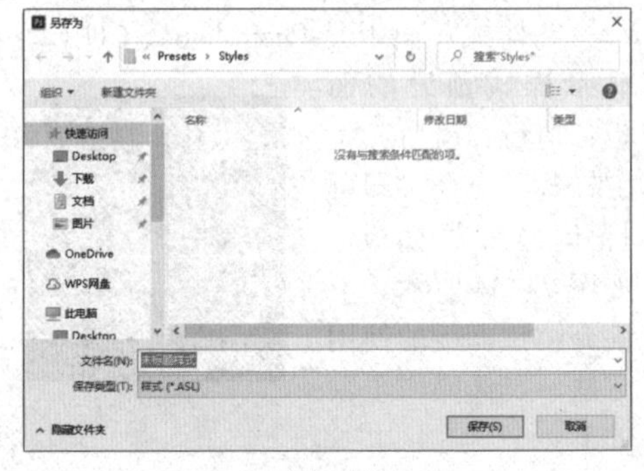

图 7-141

再次使用保存过的样式时，可以载入样式文件。方法是在“样式”面板菜单中选择“导入样式”命令，打开“载入”对话框，找到需要载入的样式文件，单击“载入”按钮即可，如图 7-142 所示。

要删除某个不需要的样式，可以在“样式”面板中将该样式缩图拖到面板底部的“删除样式”按钮上即可；也可以在要删除的样式缩图上单击鼠标右键，在弹出的快捷菜单中选择“删除样式”命令。

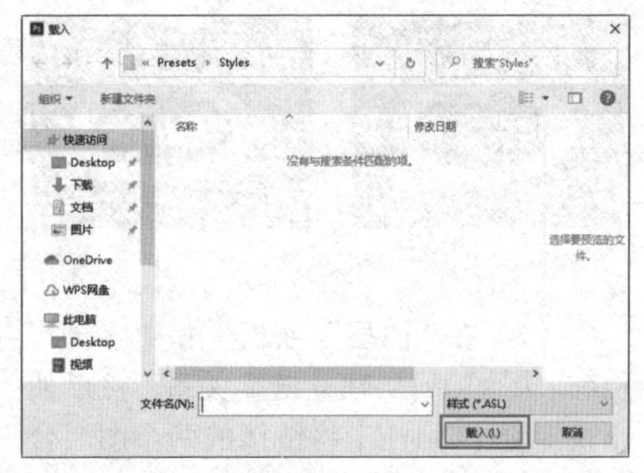

图 7-142

7.6 提高训练——金属烙印文字制作

本例制作的是金属烙印文字效果，讲解本例的目的是为了让读者能更深刻地掌握好“图层样式”的应用。其效果如图 7-143 所示。

图 7-143

操作步骤如下：

（1）启动 Photoshop 2020，新建一幅图像文件。执行“文件”|“打开”命令，打开一幅图像文件，打开后的图像如图 7-144 所示。

（2）选择工具箱中的椭圆选框工具，在图像中拖动鼠标绘制一个大小合适的椭圆选区，如图 7-145 所示。

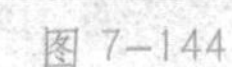

图 7-144

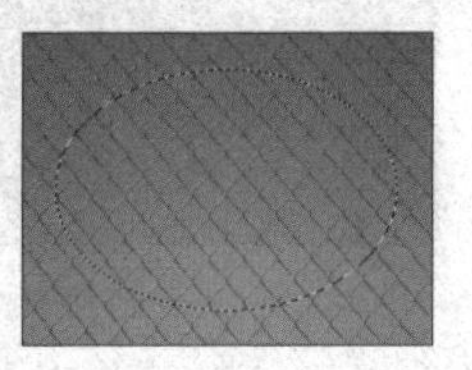

图 7-145

（3）激活“图层”面板，单击“创建新图层”按钮，新建一个图层“图层 1”。然后设置选区的填充色为白色，填充颜色后的图像效果如图 7-146 所示。

（4）确认选择的工具仍是椭圆选框工具，在选区内单击鼠标右键，在弹出的快捷菜单中选择“变换选区”命令，待选区四周出现 8 个控制点后同时按下【Shift】和【Alt】键拖动角控制点对选区进行等比例缩放操作，其效果如图 7-147 所示。

图 7-146

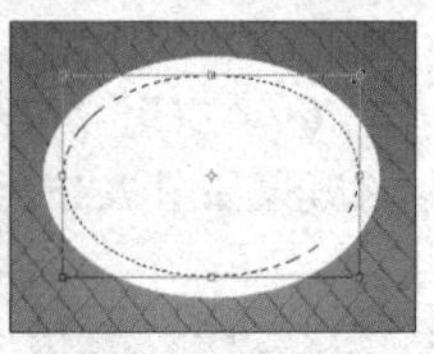

图 7-147

（5）按【Enter】键确认缩放操作，然后按下【Delete】键将选区中的图像删除掉，其图像效果如图 7-148 所示。

（6）选择工具箱中的横排文字工具，在其工具属性栏设置其属性，如所示。然后在图像中单击并输入字母“Vision”，输入字母后的图像效果如图 7-149 所示。

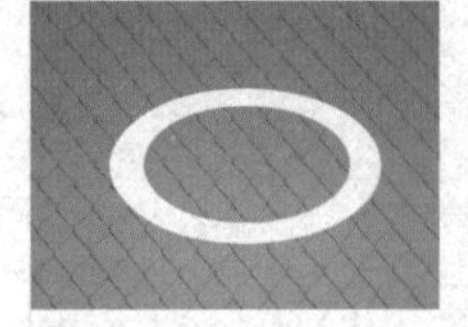
图 7-148

图 7-149

（7）在“图层”面板中将“字母”层和“图层 1”层建立链接关系，然后使用快捷键【Ctrl+E】将链接的两个图层合并在一起，即得到“图层 1”。

（8）在“图层 1”上双击鼠标左键，在弹出的“图层样式”对话框中选择“斜面和浮雕”选项，然后进行如图 7-150 所示的参数设置。其中“光泽高等线”右边的选项框中的设置如图 7-151 所示。

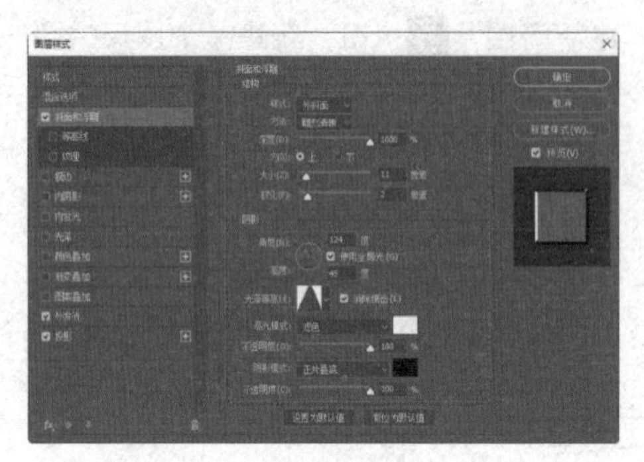
图 7-150

（9）应用“斜面和浮雕”样式后的图像效果如图 7-152 所示。

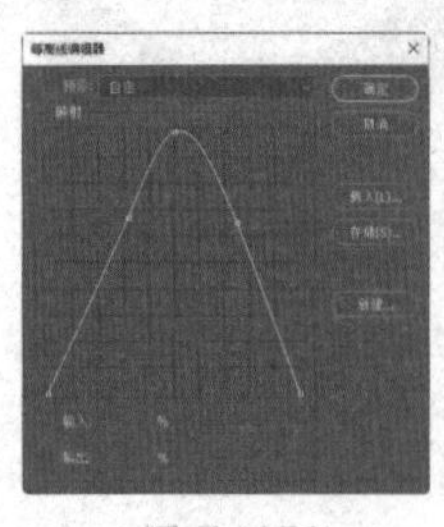
图 7-151

图 7-152

（10）在“图层样式”对话框中选择“描边”选项，然后设置参数，如图 7-153 所示，其颜色为（R:255，G:206，B:60），此时的图像效果如图 7-154 所示。

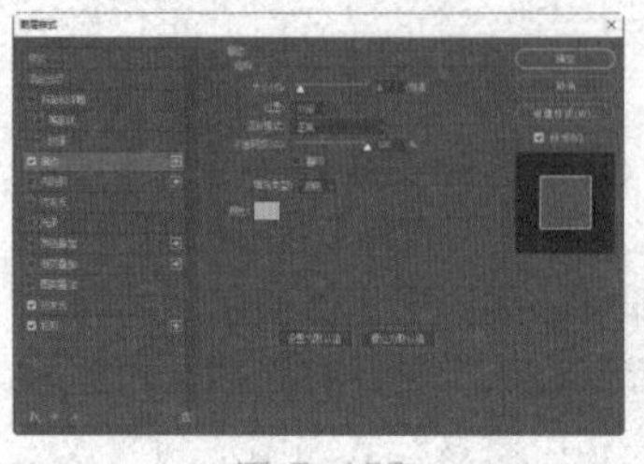
图 7-153

图 7-154

（11）在“图层样式”对话框中选择“图案叠加”选项，然后设置参数，如图 7-155 所示，其“缩放”值为 150%，同时勾选“与图层链接”选项框。图案设置如图 7-156 所示。此时的图像效果如图 7-157 所示。

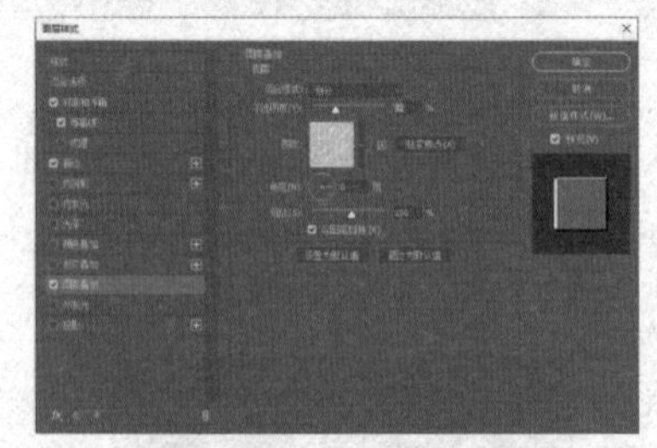
图 7-155

图 7-156

图 7-157

（12）在“图层样式”对话框中选择“光泽”选项，然后设置参数，其颜色为白色，如图 7-158 所示，此时的图像效果如图 7-159 所示。

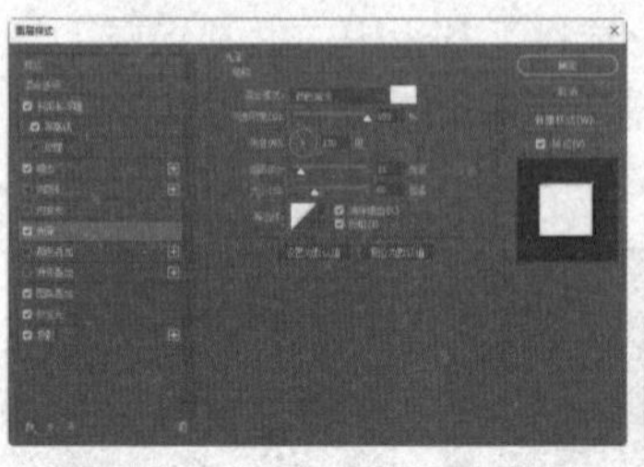
图 7-158

图 7-159

（13）在“图层样式”对话框中选择

"颜色叠加"选项，然后设置参数，如图7–160所示，其颜色为（R:255，G:194，B:28），此时的图像效果如图7–161所示。

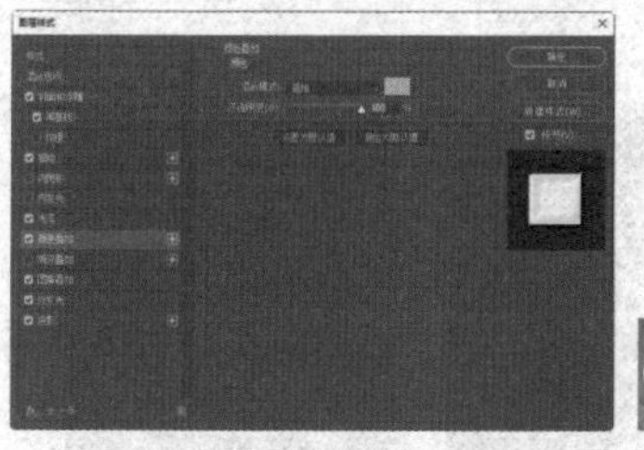

图7–160　　图7–161

（14）在"图层样式"对话框中选择"渐变叠加"选项，然后设置参数，如图7–162所示，其中的渐变色设置如图7–163所示。

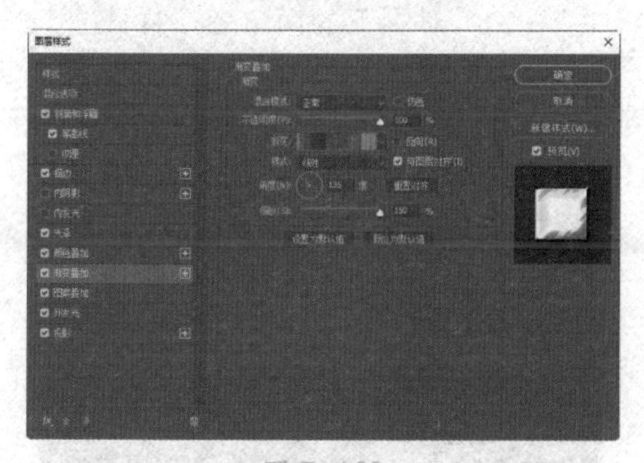

图7–162

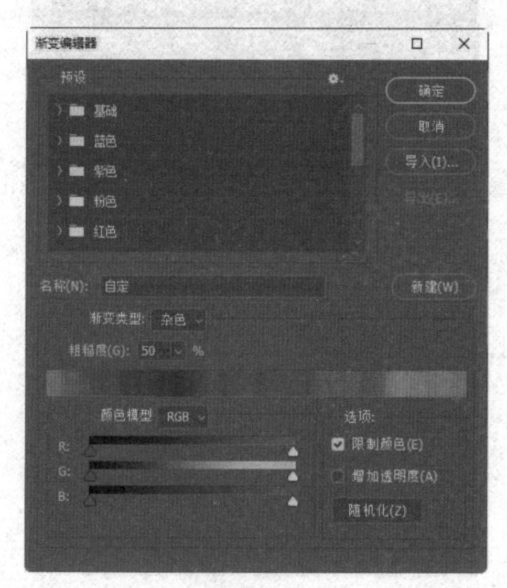

图7–163

（15）添加"渐变叠加"样式后的图像效果如图7–164所示。

图7–164

（16）在"图层样式"对话框中选择"内发光"选项，然后设置参数，其颜色为（R:193，G:65，B:205），如图7–165所示（添加"内发光"样式的目的是为了增加图像表面的质感，由于变化的效果不大，所以这里不展示其效果图）。

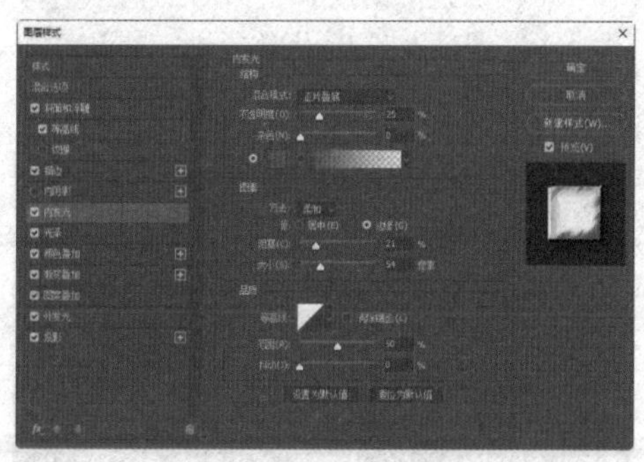

图7–165

（17）在"图层样式"对话框中选择"外发光"选项，然后设置参数，其颜色为（R:201，G:10，B:201），如图7–166所示。

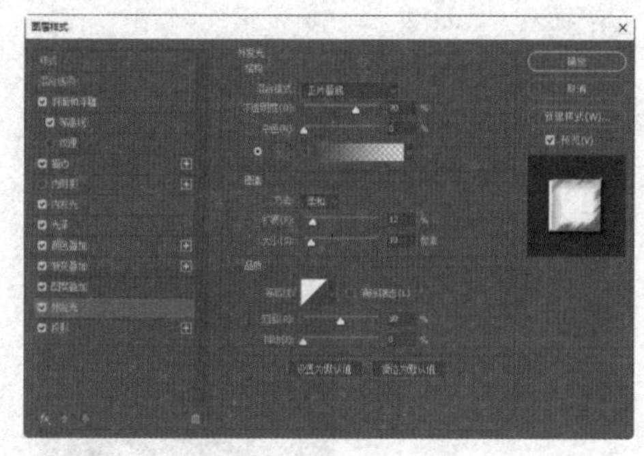

图7–166

（18）在"图层样式"对话框中选择"内阴影"选项，然后设置参数，其颜色为黑色，如图7–167所示。

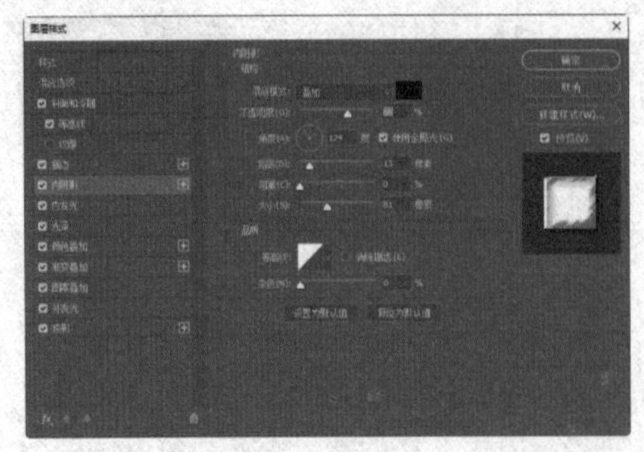

图 7-167

（19）在“图层样式”对话框中选择“投影”选项，然后设置参数，其颜色为黑色，如图 7-168 所示。

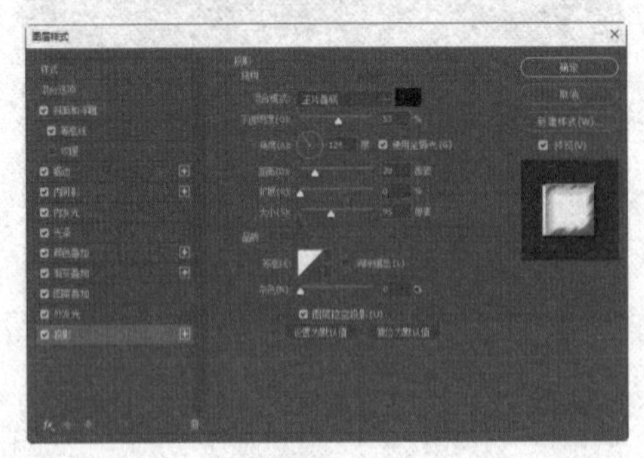

图 7-168

（20）“图层样式”参数设置完成后单击“确定”按钮确认，应用图层样式后的图像效果如图 7-169 所示。

（21）在“图层”面板中将“图层 1”拖到“创建新图层”按钮上，松开鼠标，如图 7-170 所示，进行图层拷贝复制，即可得到“图层 1 拷贝”。

图 7-169

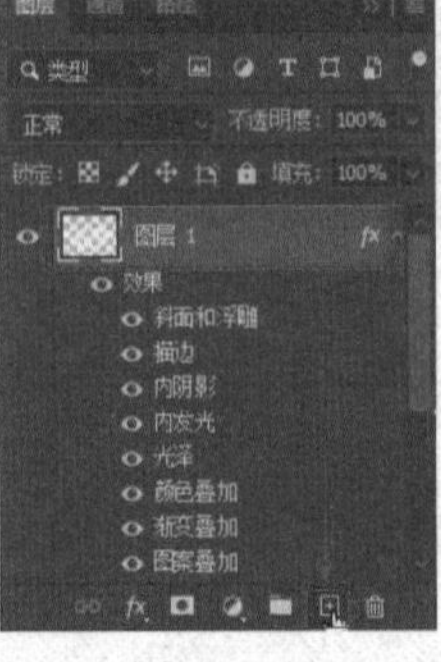

图 7-170

（22）在“图层 1 拷贝”中分别将不需要的图层样式拖到“删除图层”按钮上，松开鼠标删除，如图 7-171 所示。直到留下“投影”样式和“外发光”样式，如图 7-172 所示。

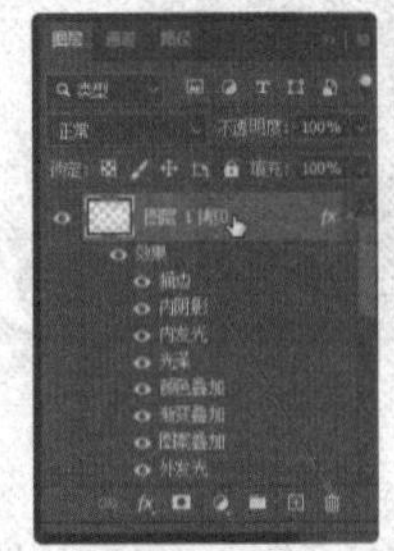

图 7-171

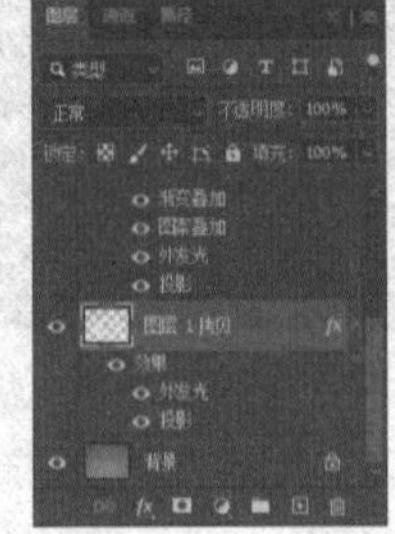

图 7-172

（23）对剩下的两个图层样式进行参数修改。在“投影”样式上双击鼠标，在弹出的“图层样式”对话框中进行参数设置，如图 7-173 所示，其颜色为黑色。接着选择“外发光”选项并对其进行如图 7-174 所示的参数设置，其颜色为（R:123，G:123，B:123）。

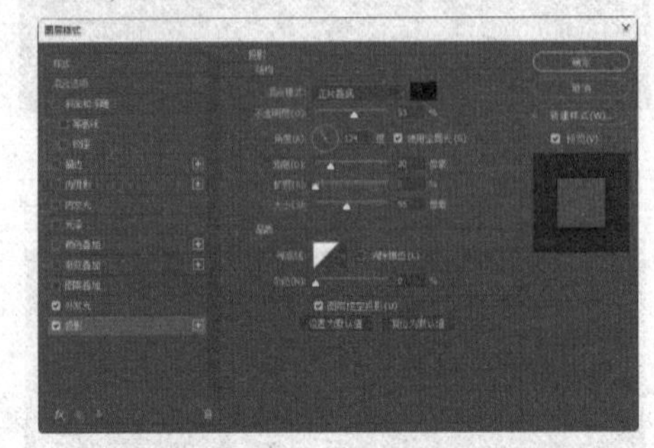

图 7-173

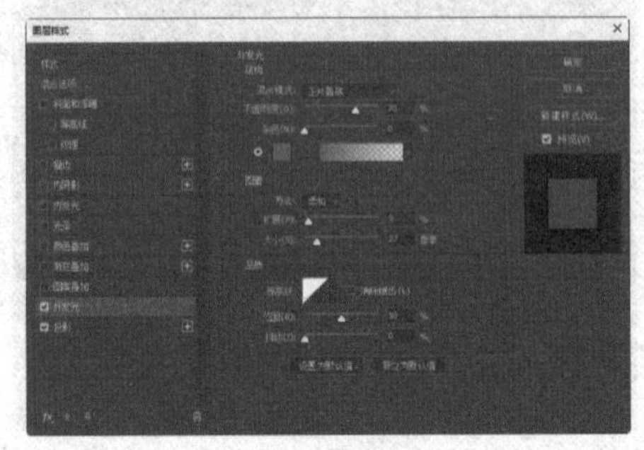

图 7-174

（24）“图层样式”参数修改完成后单击“确定”按钮确认，此时的图像效果如图 7–175 所示。

（25）在“图层”面板中将“图层 1 拷贝”层移到“图层 1”下，如图 7–176 所示，此时的图像效果如本节最初的图 7–143 所示。到此为止，金属烙印文字效果就制作完毕。

图 7–175

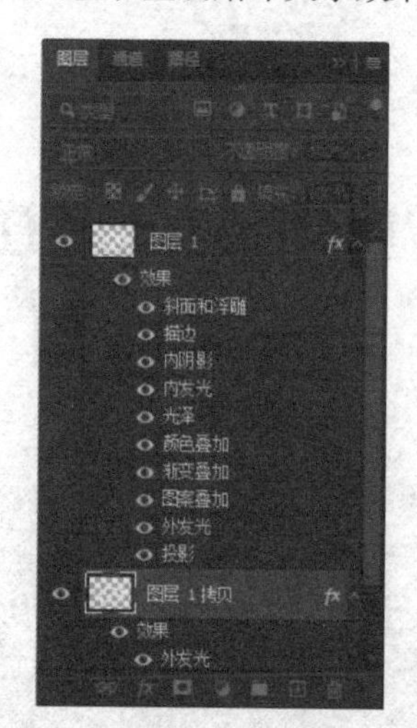

图 7–176

7.7 本章回顾

本章讲解的是关于图层方面的知识。Photoshop 的图层和图像编辑有着密切的关系。它的作用就是把图像中的各个对象放在不同的图层中，利用图层把各个图像对象分割开，在对某个图层中的对象进行编辑操作时不会影响到其他图层中的对象。图层和图层之间可以合并、组合和调整排列次序。

另外，利用图层色彩混合模式和透明度，可以将各层中的图像融合在一起，从而产生出许多特殊效果，这些特效是手工绘图无法表现出来的。图层样式预设的应用也是不可忽视的，因为它是 Photoshop 最具魅力的功能，它能够产生很多特殊的效果。

第 8 章 Photoshop 2020 小精灵——文本的应用

本章主要内容与学习目的

- 文字功能概述
- 创建文字
- 处理文字图层
- 编辑文本格式
- 提高训练——富士胶卷商标设计解析
- 本章回顾

8.1 文字功能概述

在 Photoshop 2020 软件环境中，可以在图像中的任何位置创建横排文字或直排文字。根据使用文字工具的不同方法，可以输入点文字或段落文字。点文字对于输入一个字或一行字符很有用，段落文字对于以一个或多个段落的形式输入文字并设置格式非常有用。

当创建文字时，“图层”面板中会添加一个新的文字图层。在使用 Photoshop 2020 中，还可以按文字的形状创建选框。

文字工具包含有如下的功能：

横排文字工具：用于添加水平文字图层，如图 8-1（a）所示。

直排文字工具：用于添加垂直文字图层，如图 8-1（b）所示。

横排文字蒙版工具：用于添加水平文字，并将文字区域转化为蒙版或选区，如图 8-1（c）所示。

直排文字蒙版工具：其功能同水平文字蒙版工具，但文字是垂直排列的，如图 8-1（d）所示。

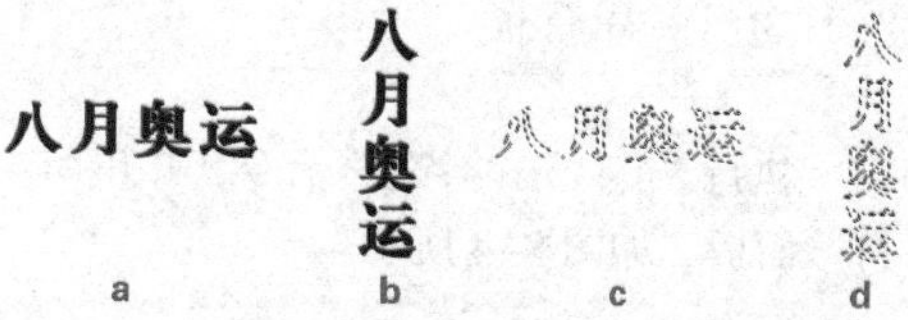

图 8-1

8.1.1 文字工具

在工具箱的文字工具中可以选择横排文字工具、直排文字工具、横排文字蒙版工具和直排文字蒙版工具，如图 8-2 所示。

图 8-2

选择了文字工具，在图像窗口中的任意位置单击，就可以输入文字。此时的文字工具处于编辑状态，用户可以在文字工具的属性栏中设置字体、字型、字体大小等选项，在字符面板中指定每个字符的间距、行距和颜色等设置，在段落面板中指定段落的对齐和更改、缩进和指定悬挂标点等设置。

8.1.2 文字工具属性栏

在工具箱中选择了横排文字工具后，就会显示文字工具的选项栏，如图 8-3 所示。虽然工具箱中提供了 4 种不同的文字工具。但它们的工具属性栏基本相同。下面就以横排文字工具为例，介绍文字工具属性栏内的选项设置。

图 8-3

：改变文本的书写方向。

设置字体：单击按钮，弹出下拉菜单，根据需要在菜单中选择合适的字体。

设置样式：单击按钮，弹出下拉菜单，选择菜单中的字型选项。

设置字体大小：单击按钮，弹出下拉菜单，在菜单中选择合适的字号。

设置消除锯齿的方法：单击按钮，弹出下拉菜单，可选择“无”“锐利”“犀利”“浑厚”“平滑”“Windows LCD”“Windows”7种消除锯齿的方法。

左对齐文本：单击按钮，文本段落将以左边对齐。

居中对齐文本：单击按钮，文本段落将居中对齐。

右对齐文本：单击按钮，文本段落将以右边对齐。

设置文本颜色：单击颜色框，弹出“拾色器”对话框，选择需要的颜色即可。

创建文字变形：单击按钮，弹出变形文字对话框，在样式选项中选择变形样式，指定选项的数值，自定义变形文字。

切换字符和段落面板：单击按钮可以弹出字符面板和段落面板。

8.1.3 字符面板

执行“窗口”|“字符”命令，打开“字符”面板，如图8–4所示。

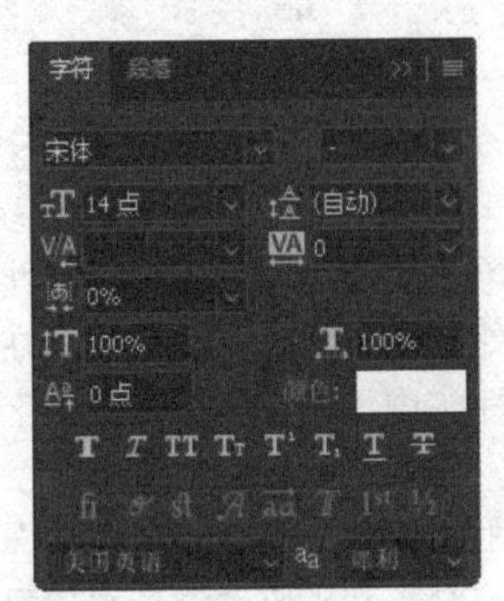

图 8–4

在该面板中，可以设置字符的格式，包括字体、字型、字体大小、行距、垂直缩放、水平缩放、所选字符的字距、两个字符间的字距微调、设置基线偏移和文本颜色选项。其中一些选项在文字工具属性栏中也可以设置。字符面板的选项设置介绍如下：

设置字体：单击按钮，弹出下拉菜单，根据需要在菜单中选择合适的字体。

设置字型：单击按钮，弹出下拉菜单，选择菜单中的字型选项。

设置字体大小：单击按钮，弹出下拉菜单，在菜单中选择合适的字号。

设置行距：单击按钮，弹出下拉菜单，指定字符的行距数值。

两个字符间的字距微调：将光标插在两个字符的中间，单击按钮，在下拉菜单中指定数值，可对两个字符之间的字距进行细微调节。

设置所选字符的字距：选择字符，然后单击按钮，在下拉菜单中指定百分比数值，数值越大，左右字符之间的字距就越大。

设置所选字符的比例间距。

垂直缩放：选择字符，然后在选项框中输入数值，数值越大字符越高。

水平缩放：选择字符，然后在选项框中输入数值，数值越大字符越宽。

设置基线偏移：选择部分字符，然后在选项框中直接输入数值，将以字符底边基线为中心，做上下偏移调整。指定的数值大于0则向上偏移，数值小于0则向下偏移。

设置文本颜色：单击颜色框，弹出“拾色器”对话框，选择需要的颜色即可。

字符设置：从左到右、从上到下分别是仿粗体、仿斜体、全部大写字母、小型大写字母、上标、下标、下划线、删除线、标准连字、上下文替代字、自由连字、花饰字、文体替代字、标题替代字、序数字、分数字。

语言：单击按钮，弹出下拉菜单，从菜单中选择所需的语言。

设置消除锯齿的方法：单击按钮，弹出下拉菜单，可选择“无”“锐利”“犀利”“浑厚”“平滑”“Windows LCD”“Windows”7 种消除锯齿的方法。

面板菜单：单击按钮，弹出面板菜单（图 8-5），可以选择菜单命令。

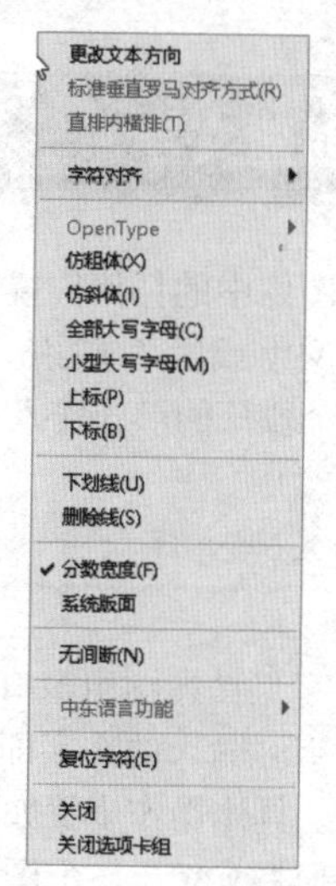

图 8-5

8.1.4 段落面板

执行“窗口”|“段落”命令，打开“段落”面板，如图 8-6 所示。在该面板中，可以为文字图层中的单个段落或多个段落设置格式化选项。下面逐一介绍段落面板的选项设置。

对齐方式：从左到右分别是，左对齐文本、居中对齐文本、右对齐文本、最后一行左对齐、最后一行居中对齐、最后一行右对齐、全部对齐。

左缩进：在文字定界框内，文字的左边缩进。

右缩进：在文字定界框内，文字的右边缩进。

首行缩进：在文字定界框内，使段落文字的首行缩进，如果创建首行悬挂请输入负值。

段落前添加空格：输入数值可以改变这一段落与上一段落之间的上下间距。

段落后添加空格：输入数值可以改变这一段落与下一段落之间的上下间距。

自动连字：只适用于英文，用来防止单词被断字。

面板菜单：单击按钮，弹出面板菜单（图 8-7），可以选择菜单命令。

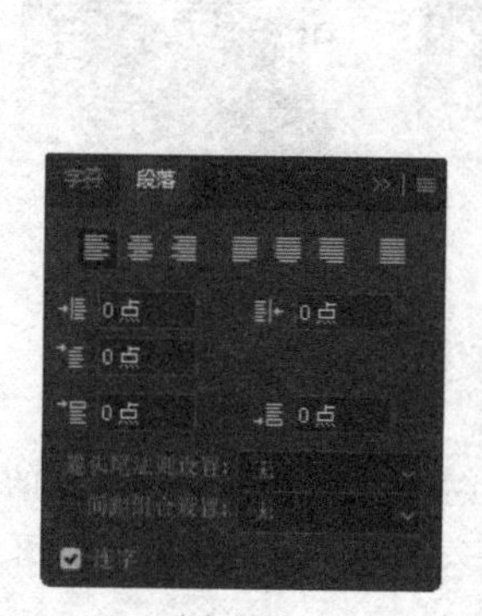

图 8-6

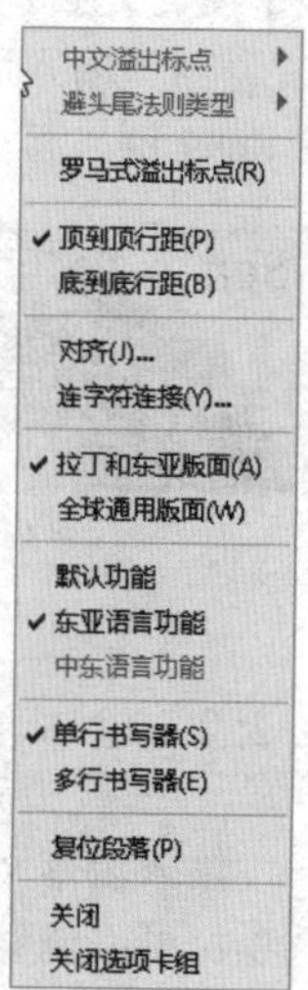

图 8-7

8.2 创建文字

可以在图像中的任何位置创建横排文字或直排文字。根据使用文字工具的不同方法，可以输入点文字或段落文字。点文字对于输入一个字或一行字符很有用，段落文字对于以一个或多个段落的形式输入文字并设置格式非常有用。

8.2.1 输入点文字

使用文字工具在图像窗口中单击，即可输入点文字。输入的文字即出现在新的文字图层中。具体操作步骤如下：

（1）新建或打开一个图像文件，在工具箱中选择横排文字工具。

（2）在图像中单击，为文字设置插入点（图 8–8）。

图 8–8

（3）在选项栏、字符面板和段落面板中设置文字选项。

（4）输入所需的字符。按主键盘上的 Enter 键另起一行（图 8–9）。

图 8–9

（5）提交文字图层，有 4 种方法：

①单击属性栏中的提交按钮。

②按键盘上的 Ctrl+Enter 键。

③选择工具箱中的任意工具，在图层、通道、路径、动作、历史记录或样式面板中单击。

④选择任何可用的菜单命令。

输入完成的文字效果如图 8–10 和图 8–11 所示。

图 8–10

图 8–11

技巧： 单击工具属性栏中的取消按钮，取消当前对文字所做的所有编辑。

8.2.2 输入段落文字

输入段落文字时，文字基于定界框的尺寸换行。可以输入多个段落并选择段落调整选项。可以调整定界框的大小，这将使文字在调整后的矩形中重新排列。输入段落文字的操作步骤如下：

（1）新建或打开图像文件，选择横排文字工具或直排文字工具。

（2）沿对角线方向拖移，为文字定义定界框。

（3）在选项栏、字符面板或段落面板中设置文字选项。

（4）输入所需的字符。按主键盘上的 Enter 键另起一段。如果输入的文字超出定界框所能容纳的大小，定界框的右下角将出现溢出图标 ⊞。

（5）如果需要，可调整定界框的大小、旋转或斜切定界框。

（6）提交文字图层。输入的文字即出现在新的文字图层中，如图 8-12 所示。

图 8-12

如果出现文字溢出定界框，或者定界框过大，可以调整文字定界框的大小。还可以变换文字定界框。方法如下：

（1）显示定界框手柄：在文字工具处于现用状态时，选择图层面板中的文字图层，并在图像中的文本中单击。

（2）拖移以获得想要的效果：

若要调整定界框的大小，请将指针定位在手柄上（此时指针变为双向箭头）并拖移。按住【Shift】键并拖移可保持定界框的比例。

若要旋转定界框，请将指针定位在定界框外（此时指针变为弯曲的双向箭头）并拖移。按住【Shift】键并拖移，可将旋转限制为按 15° 的增量进行。要更改旋转中心，请按住【Ctrl】键并将中心点拖移到新位置。中心点可以在定界框外。

要斜切定界框，按【Shift+Ctrl】或者单按【Ctrl】键，同时按下左键在定界框的上下控制点处左右拖动可以实现图片的水平斜切，如果在左右控制点处上下拖动，则可以实现竖直斜切。此时指针变为带有小双向箭头的箭头。如图 8-13 所示。（Esc 取消，Enter 确认）

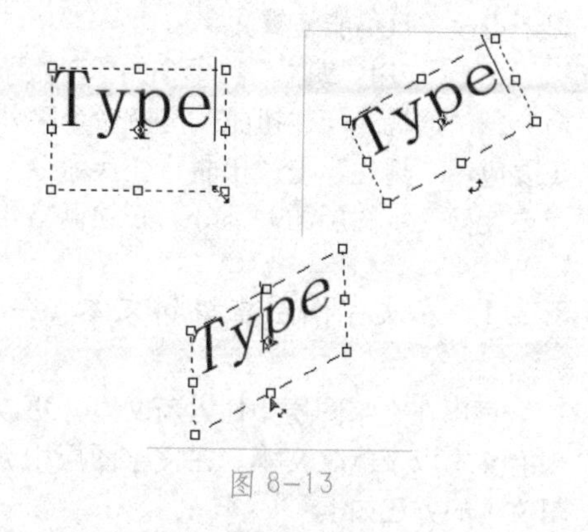

图 8-13

（3）要在调整定界框大小时缩放文字，请按住【Ctrl】键并拖移角手柄。

8.2.3　创建文字选框

在使用横排文字蒙版工具或直排文字蒙版工具时，可创建一个文字形状的选区。文字选区出现在现用图层中，并可像其他选区一样被移动、拷贝、填充或描边。创建文字选框的方法如下：

（1）选择希望选区出现在其上的图层。为获得最佳效果，请在正常图像图层上而不是文字图层上创建文字选框。

（2）选择横排文字蒙版工具或直排文字蒙版工具。

（3）设置文字选项，并在某一点或在定界框中输入文字。

（4）文字选框出现在图像的现用图层上，如图 8-14 所示。填充文字选框后的效果如图 8-15 所示。

图 8-14

图 8-15

8.3 处理文字图层

创建文字图层后，可以编辑文字并对其应用图层命令。还可以对文字图层进行以下更改并且仍能编辑文字：

（1）应用“编辑”菜单中的“变换”命令，“透视”与“扭曲”变换命令除外（要应用“透视”与“扭曲”变换命令，或要变换文字图层的一部分，必须栅格化文字图层，使文字无法编辑）。

（2）使用图层样式。

（3）使用填充快捷键。要用前景色填充，请按【Alt+BackSpace】键；要用背景色填充，请按【Ctrl+BackSpace】键。

（4）使文字变形以适应各种形状。

8.3.1 在文字图层中编辑文本

可以在文字图层中插入新文本、更改现有文本以及删除文本。在文字图层中编辑文本的方法如下：

（1）选择横排文字工具 T 或直排文字工具 IT。

（2）在“图层”面板中选择文字图层或者在文本中单击，自动选择文字图层。

（3）在文本中定位插入点，然后执行下列操作之一：

①单击以设置插入点。

②选择要编辑的一个或多个字符。

（4）根据需要输入文本。

（5）提交对文字图层的更改。

8.3.2 栅格化文字图层

某些命令和工具（例如滤镜效果和绘画工具）不适用于文字图层。必须在应用命令或使用工具之前栅格化文字。栅格化将文字图层转换为正常图层，并使其内容成为不可编辑的文本。如果选取了需要栅格化图层的命令或工具，则会出现一条警告信息。某些警告信息提供了一个“确定”按钮，单击此按钮即可栅格化图层。将文字图层转换为正常图层的步骤如下：

（1）在“图层”面板中选择文字图层。

（2）执行“图层”|“栅格化”|“文字”命令。即可将文字图层变为普通图层。如图 8-16 所示。

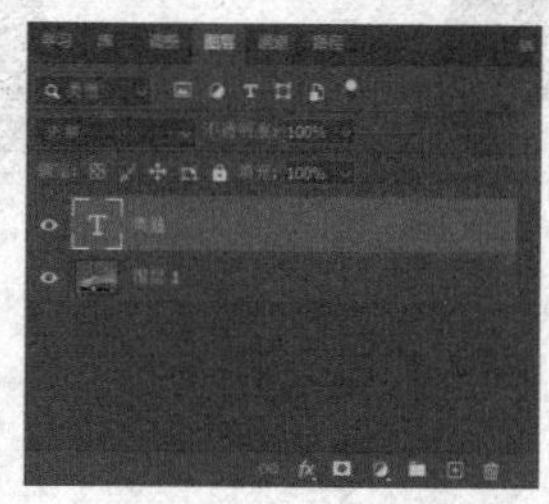

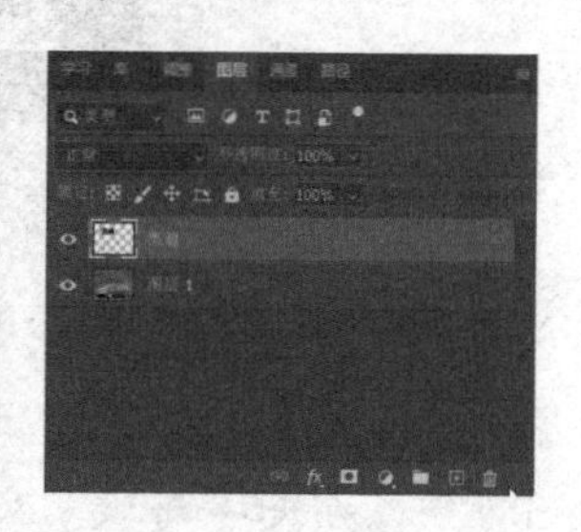

图 8-16

8.3.3　更改文字图层的方向

文字图层的取向决定文字行相对于文档窗口（对于点文字）或定界框（对于段落文字）的方向。当文字图层垂直时，文字行上下排列；当文字图层水平时，文字行左右排列。不要混淆文字图层的取向与文字行中字符的方向。更改文字图层的取向步骤如下：

（1）在“图层”面板中选择文字图层。

（2）执行下列操作之一：

①选择一个文字工具并单击属性栏中的文本方向按钮。

②执行“文字”|“文本排列方向”|“水平”命令，或者执行“文字”|“文本排列方向”|“垂直”命令，如图 8-17 所示。

③从“字符”面板菜单中选取“更改文本方向”命令，如图 8-18 所示。

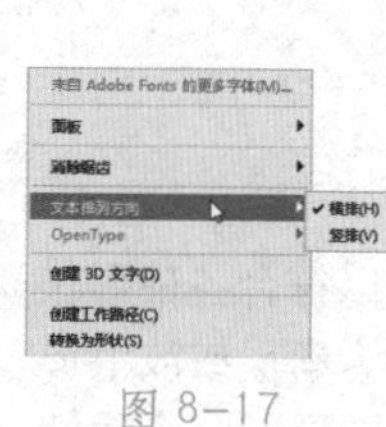

图 8-17

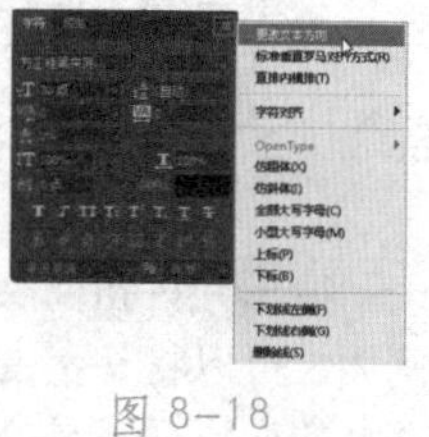

图 8-18

8.3.4　消除字体边缘的锯齿

消除锯齿功能可以使用户通过部分地填充边缘像素来产生边缘平滑的文字。这样，文字边缘就会混合到背景中。

消除锯齿选项包括：

无：不应用消除锯齿。

锐利：使文字显得最为锐化。

犀利：使文字显得稍微锐化。

浑厚：使文字显得更粗重。

平滑：使文字显得更平滑。

将消除锯齿应用到文字图层的步骤如下：

（1）在“图层”面板中选择文字图层。

（2）执行下列操作之一：

①从选项栏或“字符”面板中的消除锯齿菜单中选取一个选项。

②执行“文字”|“消除锯齿”命令，并从弹出的子菜单中选取一个消除锯齿选项。

（3）消除锯齿的效果如图 8-19 所示。

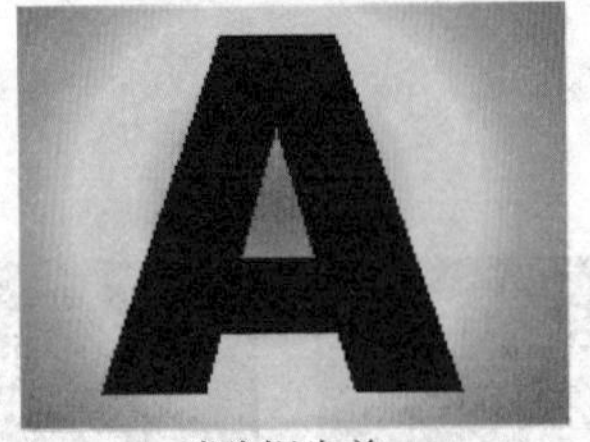

消除锯齿前

消除锯齿后

图 8-19

8.3.5　在点文字与段落文字之间转换

可以将点文字转换为段落文字，在定界框中调整字符排列。或者可以将段落文字转换为点文字，使各文本行彼此独立地排列。将段落文字转换为点文字时，每个文字行的末尾（最后一行除外）都会添加一个回车符。在点文字与段落文字之间转换的方法如下：

（1）在“图层”面板中选择文字图层。

（2）执行“文字”|“转换为点文本”菜单命令，或执行“文字”|“转换为段落文本”菜单命令即可。

（3）结果如图 8-20 所示。左图为段落文字，右图为点文字。

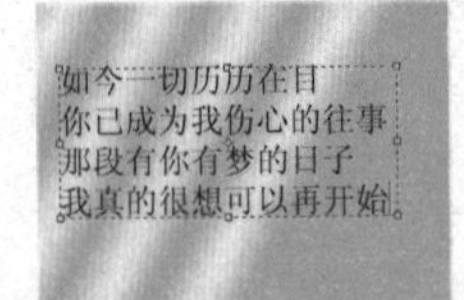

如今一切历历在目
你已成为我伤心的往事
那段有你有梦的日子
我真的很想可以再开始

图 8-20

8.3.6　变形文字图层

变形允许扭曲文字以符合各种形状。例如，可以将文字变形为扇形或波浪形。选择的变形样式是文字图层的一个属性，用户可以随时更改图层的变形样式以更改变形的整体形状。变形选项使用户可以精确控制变形效果的取向及透视。变形文字的步骤如下：

（1）选择文字图层。

（2）执行下列操作之一：

①选择文字工具，并在工具属性栏中单击“创建文字变形” 按钮。

②执行“图层”|“文字”|“文字变形”命令。

（3）弹出如图 8-21 所示的“变形文字”对话框后，从“样式”弹出式菜单中选取一个选项，如图 8-22 所示。

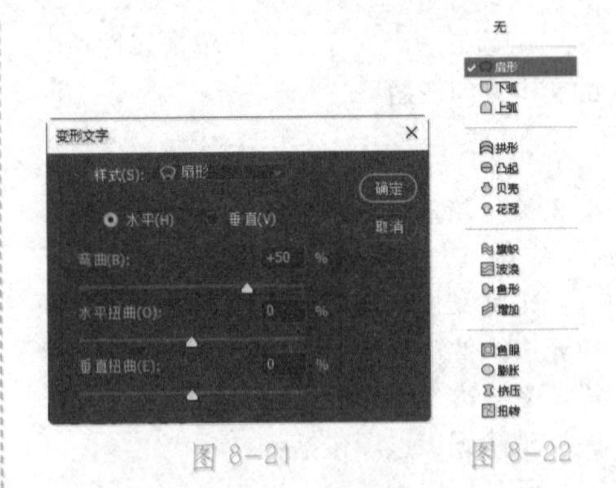

图 8-21　　图 8-22

（4）选择变形效果的方向：“水平”或“垂直”。

（5）如果需要，为其他变形选项指定值：

弯曲：指定对图层应用的变形程度。

“水平扭曲”和“垂直扭曲”：对变

形应用扭曲变形。

（6）变形后的效果如图 8-23 所示。

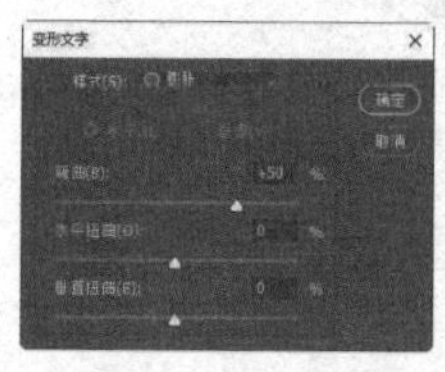

图 8-23

取消文字变形的方法如下：

（1）选择已应用了变形的文字图层。

（2）选择文字工具，然后单击属性栏中的“创建文字变形”按钮，或者执行“文字”|“文字变形”菜单命令。

（3）在“变形文字”对话框中的“样式”弹出式菜单中选取“无”选项，并单击“确定”按钮即可。

8.3.7　基于文字创建工作路径

基于文字创建工作路径使用户得以将字符作为矢量形状处理。工作路径是出现在“路径”面板中的临时路径。基于文字图层创建工作路径之后，就可以像任何其他路径那样存储和修改该路径。但不能将此路径中的字符作为文本进行编辑。原文字图层中的文字保持不变并可编辑。

要基于文字创建工作路径，首先应选中文字图层，然后执行“文字”|“创建工作路径”菜单命令即可，如图 8-24 所示。

图 8-24

8.3.8　将文字转换为图形

要将文字转换为形状图形，首先需选中文字图层，然后执行“文字”|“转换为形状”菜单命令即可。如图 8-25 所示，左边图为效果显示，中间图为“图层”面板显示，右边图为“路径”面板显示。

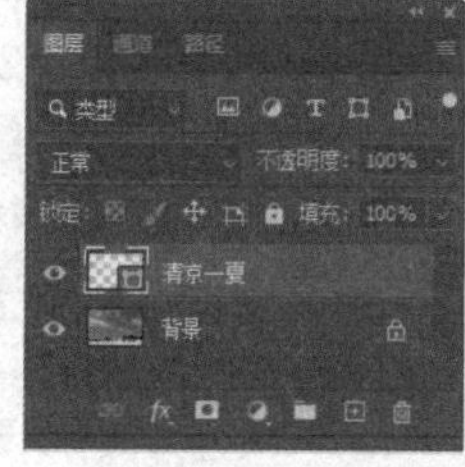

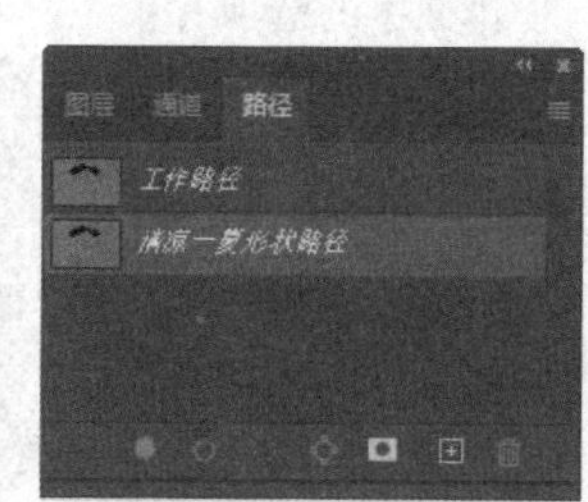

图 8-25

8.4 编辑文本格式

在现在的 Photoshop 软件环境中，编辑文本格式也可以像在 Word 等文本编辑软件中一样，设置文本的格式等属性。本节将详细介绍其使用方法。

8.4.1 设置段落格式

段落是末尾带有回车符的任何范围的文字。使用“段落”面板可以设置应用于整个段落的选项。

执行“窗口”|“段落”命令，即可打开“段落”面板，如图 8-26 所示。

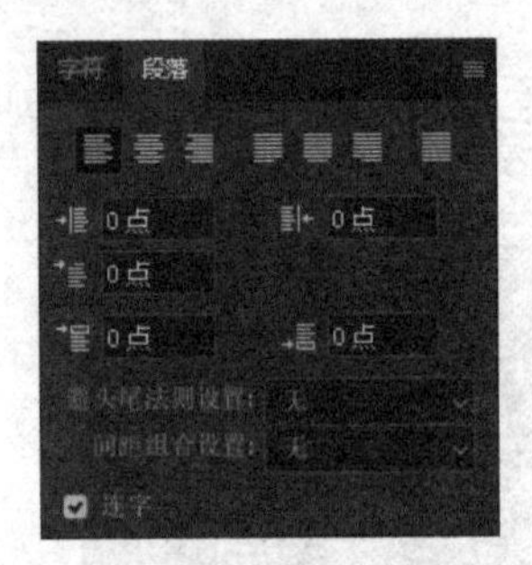

图 8-26

1. 对齐和调整文字

可以将文字与段落的一端对齐（对于横排文字是左、中或右对齐，对于直排文字是上、中或下对齐）以及将文字与段落两端对齐。对齐选项适用于点文字和段落文字；对齐段落选项仅适用于段落文字。

（1）为文字指定对齐：在段落面板或属性栏中，单击对齐选项。

横排文字的选项有：

左对齐文本：使段落右端参差不齐。

居中对齐文本：使段落两端参差不齐。

右对齐文本：使段落左端参差不齐。

直排文字的选项有：

顶对齐文本：将文字顶对齐，使段落底部参差不齐。

居中对齐文本：将文字居中对齐，使段落顶端和底部参差不齐。

底对齐文本：将文字底部对齐，使段落顶端参差不齐。

（2）为段落文字指定对齐：在段落面板中，单击段落对齐选项。

横排段落文字的选项有：

最后一行左对齐：对齐除最后一行外的所有行，最后一行左对齐。

最后一行居中对齐：对齐除最后一行外的所有行，最后一行居中对齐。

最后一行右对齐：对齐除最后一行外的所有行，最后一行右对齐。

全部对齐：包括最后一行的所有行，最后一行强制对齐。

直排段落文字的选项有：

最后一行顶对齐：对齐除最后一行外的所有行，最后一行顶对齐。

最后一行居中对齐：对齐除最后一行外的所有行，最后一行居中对齐。

最后一行底对齐：对齐除最后一行外的所有行，最后一行底对齐。

全部对齐：对齐包括最后一行的所有行，最后一行强制对齐。

2. 缩进段落

缩进就是指定文字与定界框之间或与包含该文字的行之间的间距量。缩进只影响选中的段落，因此可以很容易地为多个段落设置不同的缩进。

要指定段落缩进，在段落面板中，为缩进选项输入一个值：

左缩进：从段落左端缩进。对于直排文字，该选项控制从段落顶端缩进。

右缩进：从段落右端缩进。对于直排文字，该选项控制从段落底部缩进。

首行缩进：缩进段落中的首行文字。对于横排文字，首行缩进与左缩进有关；对于直排文字，首行缩进与顶端缩进有关。要创建首行悬挂缩进，请输入一个负值。

3. 更改段落间距

可以使用段落间距选项控制段落上下的间距。要指定段落间距，在段落面板中，为段前添加空格和段后添加空格输入值即可。

4. 指定悬挂标点

悬挂标点就是控制标点符号出现在页边距内还是页边距外。对于 Roman 字体，如果打开悬挂标点，则句号、逗号、单引号、双引号、撇号、连字符、长破折号、短破折号、冒号和分号将出现在页边距外。

要对 Roman 字体使用悬挂标点，从“段落”面板菜单中选取“罗马式溢出标点”。复选标记表示已选中该选项。

8.4.2 旋转直排文字

当处理直排文字时，可以将字符方向旋转 90°。旋转后的字符是直立的，未旋转的字符是横向的（与文字行垂直）。要旋转直排文字中的字符，从“字符”面板菜单中选取“标准垂直罗马对齐方式”。复选标记表示已选中该选项。效果如图 8-27 所示。

图 8-27

8.4.3 处理编排

文字在页面上的外观取决于一种称为编排的复杂交互过程。Photoshop 2020 使用用户选择的字间距、字母间距、字符间距和连字符连接选项，评估可能的换行方式，并选取最支持指定参数的换行方式。

使用 Photoshop 2020 提供两种编排方法：“Adobe 单行书写器”和“Adobe 多行书写器”。这两种编排方法都评估可能的换行方式，并选取能够最好地支持为给定段落指定的连字符连接和对齐选项的换行方式。

1. 多行书写器

为某个范围的行设想一套断点，并由此优化段落中前面的行，以专门消除后面出现的不美观断字。处理多行文字可使间距更均匀且连字符更少。多行书写器通过识别可能的断点，评估断点，并基于下列原则指定加权损失来进行编排：

字母间距和字间距的均匀程度最重要。根据断点偏移最佳间距的程度，评估可能的断点并判定其损失。

尽可能避免连字符连接。要求连字符连接的断点比创建不均匀间距的断点所引起的损失大。

好的断点优先于差的断点。确定某个范围的行的断点损失值后，将这些值进行平方运算以放大较差断点的损失值。书写器使用好的断点。

2. 单行书写器

提供一种逐行编排文字的传统编排方法。如果用户愿意手动控制换行方式，则该选项很有用。单行书写器在考虑断点时采用下列原则：

①压缩或扩展字间距优先于连字符连接。

②连字符连接优先于压缩或扩展字母间距。

③如果必须调整间距，则压缩优于扩展。

3. 选择编排的方法

（1）执行“窗口”|“段落”命令，打开“段落”面板菜单。

（2）在面板菜单中选择“单行书写器”或“多行书写器”，如图 8-28 所示。

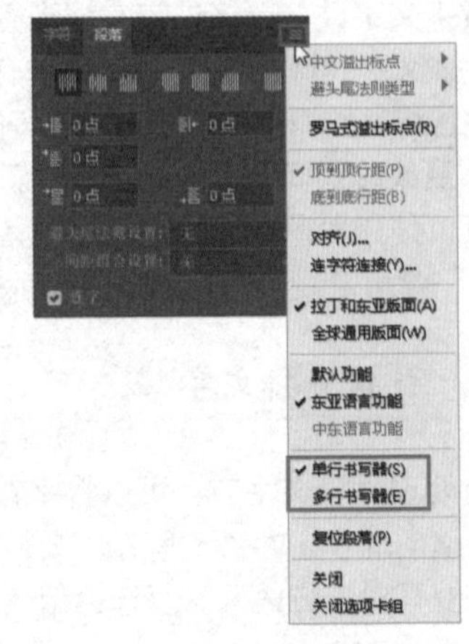

图 8-28

8.4.4 控制连字符连接和对齐

选取的连字符连接和对齐设置将影响各行的水平间距和文字在页面上的美感。连字符连接选项确定是否可以断字，如果能，还确定允许使用的分隔符。对齐选项确定字、字母和符号的间距。

1. 调整连字符连接

手动或自动断字方法如下：

（1）选取一种连字符词典：从“字符”面板底部的弹出式菜单中选取一种语言。

（2）打开或关闭自动连字符连接：在“段落”面板中，选择或取消选择“连字符连接”选项。

（3）设置自动连字符连接选项：从“段落”面板菜单中选取“连字符连接”。弹出“连字符连接”对话框，如图 8-29 所示。

为下列选项输入值：

单词超过 个字母：为断字指定最少的字符数。

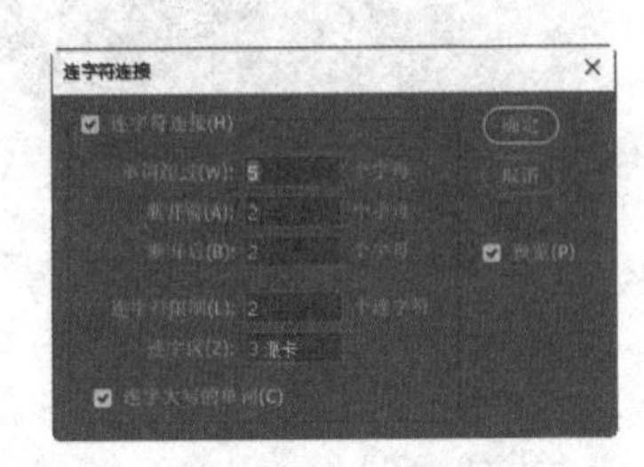

图 8-29

“断开前 个字母”和“断开后 个字母”：指定可用连字符断开的字头和字尾的最少字符数。例如，将这些值指定为 3 时，aromatic 被断为 aro-matic 而不是 ar-omatic 或 aromat-ic。

连字符限制：指定连续行中最多可以出现的连字符数。0 表示不限制连字符数目。

连字区：指定在未对齐的文字中造成断字的行尾距离。此选项仅适用于单行书写器。

连字大写的单词：要防止大写单词被

断字，请取消选择“连字大写的单词”。

（4）单击“确定”按钮即可。

2. 防止不需要的断字

可以防止字在行末被断开，例如，专有名称和断字会造成误解的单词。也可以防止多个词被断开，例如，一连串词首大写字母和一个姓。防止字符断开的方法如下：

（1）选择要防止断开的字符。

（2）从“字符”面板菜单中选择“无间断”。

3. 调整间距

可以精确控制分隔字母和单词以及缩放字符的方法。调整间距选项对于处理对齐的文字尤其有用，虽然它们还可以用于调整未对齐文字的间距。字间距是指通过按空格键在单词之间创建的间距。字母间距是指字母之间的间距，包括字距微调或字距调整值。符号间距是指字符宽度（符号指任何字体字符）。

间距选项总是应用于整个段落。要调整几个字符而非整个段落的间距，请使用字距调整选项。调整间距选项的操作步骤如下：

（1）执行“窗口”|“段落”命令，打开“段落”面板。

（2）单击“段落”面板右上角的▤按钮，从弹出的面板菜单中选取“对齐”选项，弹出“对齐”对话框，如图 8-30 所示。

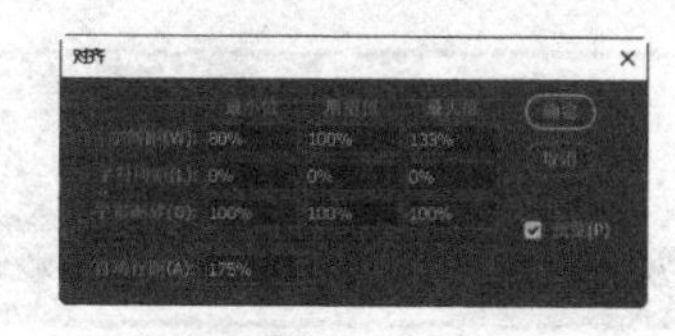

图 8-30

（3）输入“字间距”“字符间距”“字形缩放”的值：

输入“最小值”和“最大值”的值：定义可接受间距的范围（仅限于对齐的文字）。

输入“自动行距”的值：为已对齐和未对齐的段落设置间距。

（4）单击“确定”按钮确认设置。

8.4.5 拼写检查

使用 Photoshop 2020 的拼写检查功能，使用户可以像在 Word 中一样进行文字的拼写检查。其使用方法是：

（1）选择工具箱中的文字工具。

（2）在图像中输入文字或单击已有的文字。

（3）在文字区中单击鼠标右键，从弹出的快捷菜单中选择“拼写检查”命令，如图 8-31 所示。

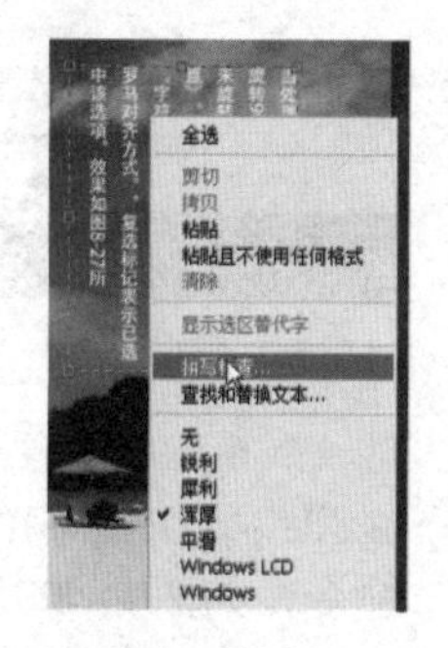

图 8-31

（4）随后系统弹出“拼写检查”对话框，从中可看到检查的结果和建议修改的情况，如图 8-32 所示。单击“更改”按钮即可将输入错的单词用正确的替换掉，最后单击“完成”按钮关闭对话框。

如果检查没有发现问题，则会弹出如图 8-33 所示的对话框，直接单击“确定”按钮即可。

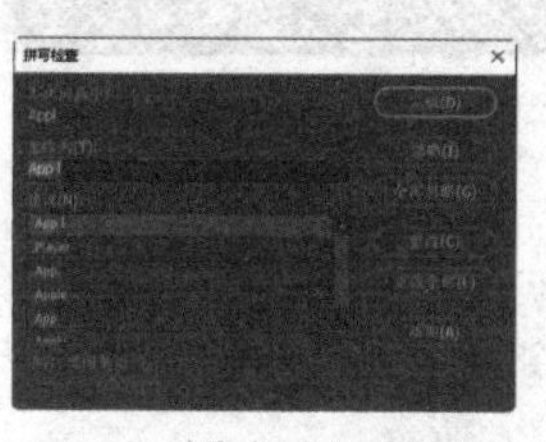

图 8-32

图 8-33

提示： 经反复多次测试，“拼写检查”好像仅对英文拼写有效，对中文无效，读者也可以自行检验一下。

8.5 提高训练——富士胶卷商标设计解析

本例制作的是富士胶卷商标，字体的设计和字体的变形都有其独到之处。本例效果如图 8-34 所示。

图 8-34

操作步骤如下：

（1）启动 Photoshop 2020。执行“文件”|“新建”命令，在弹出的“新建”对话框中进行如图 8-35 所示的参数设置。其中名称为“富士胶卷商标设计”，“宽度”值为 297 毫米，“高度”值为 210 毫米，然后单击“确定”按钮确认。

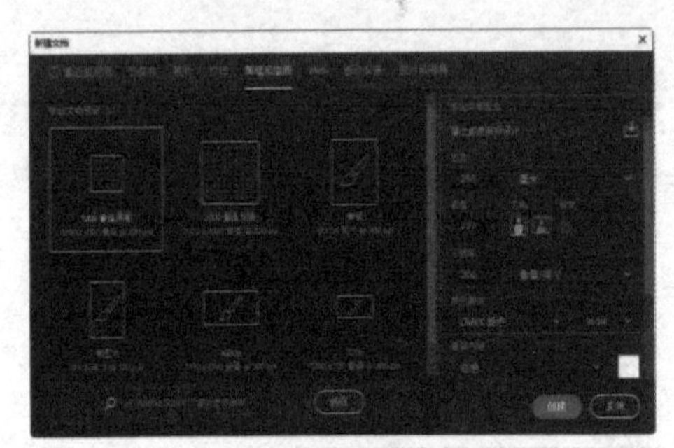

图 8-35

（2）新建一个图层即“背景”。设置前景色为绿色（R: 0，G:204，B:0），选择工具箱中的矩形工具在图像中绘制一个矩形，如图 8-36 所示。

图 8-36

（3）新建一个图层即“矩形 1”。选择工具箱中的钢笔工具，通过描点的方法在图像中绘制一个闭合路径，如图 8-37 所示。

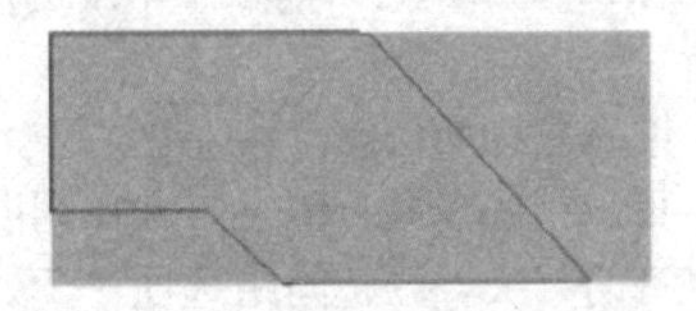

图 8-37

（4）如果对绘制的路径形状不够满意，可以选择工具箱中的添加锚点工具和转换点工具，对绘制的路径进行形状上的调整，以便达到合适的效果。

（5）激活“路径”面板，确认绘制路径层处于选中状态，然后单击右上方的按钮，在弹出的快捷菜单中选择“存储路径”命令，如图 8-38 所示。接着在弹出的“存储路径”对话框中设置“名称”为“路径 1”，如图 8-39 所示，单击“确定”按钮确认。这样就可将绘制的路径储存起来以备后用。

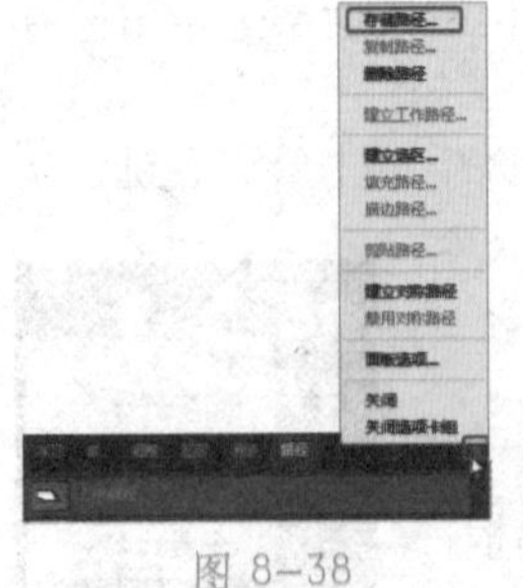

图 8-38

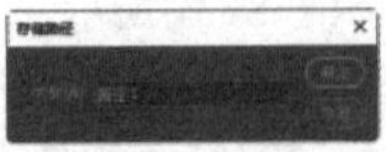

图 8-39

（6）在“路径 1”上单击鼠标右键，在弹出的快捷菜单中选择“建立选区”命令，如图 8-40 所示，或者使用快捷键【Ctrl+Enter】将路径转换成选区。设置填充色为白色，填充后的图像效果如图 8-41 所示。

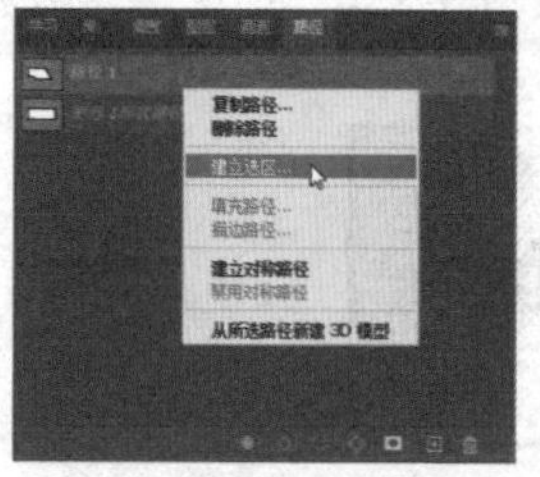

图 8-40

图 8-41

（7）选择工具箱中的文字工具，填充色为黑色。设置其属性栏的字体为 Microsoft YaHei UI、字体大小为 60px，其他数值保持不变。在“字符”面板中设置所选字符的字距为 -25。然后在图像中输入英文字母，最终的图像效果如图 8-42 所示。

图 8-42

（8）新建一个图层即“图层 3”，选择工具箱中的钢笔工具，在工具属性栏中进行设置，如 所示。通过描点的方法在图像中绘制闭合路径，如图 8-43 所示。

图 8-43

（9）为方便调整路径，需在图像中显示出网格。使用“编辑”|“首选项”|“参考线、网格和切片”命令，在弹出的对话框中进行如图 8-44 所示的参数设置。

（10）执行“视图”|“显示”|“网格”命令，显示出网格。

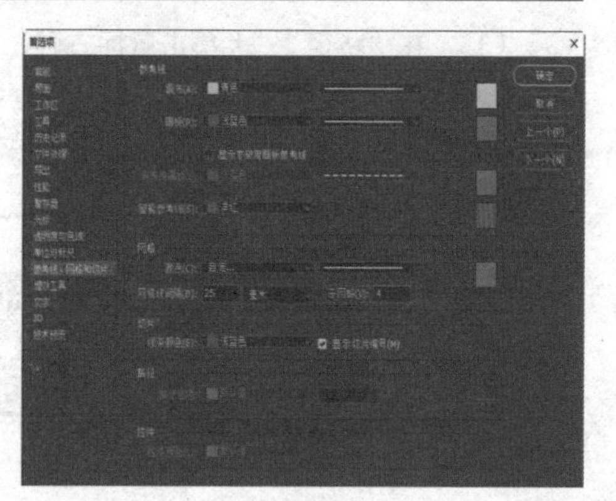

图 8-44

（11）选择工具箱中的缩放工具，放大要修改的位置，再选择工具箱中的添加锚点工具和转换点工具，对绘制的路径进行形状上的调整，以便达到合适的效果，如图 8-45 所示。

图 8-45

（12）激活“路径”面板，确认绘制路径层处于选中状态，然后单击右上方的按钮，在弹出的快捷菜单中选择“存储路径”命令，如图 8-46 所示。接着在弹出的“存储路径”对话框中设置“名称”为“路径 2”，如图 8-47 所示，单击“确定”按钮确认。这样就可将绘制的路径储存起来以备后用。

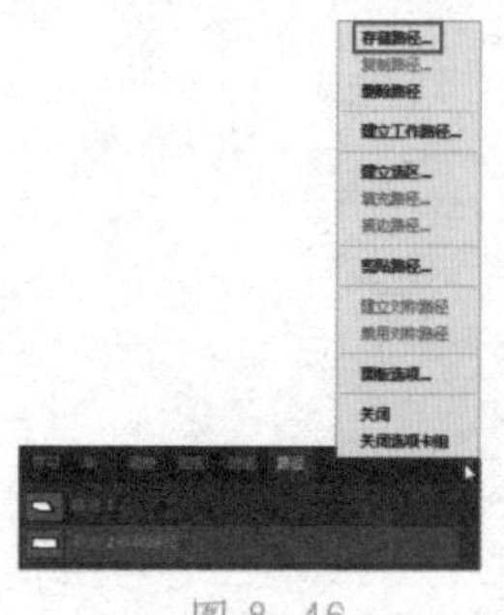

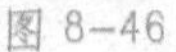

图 8-46

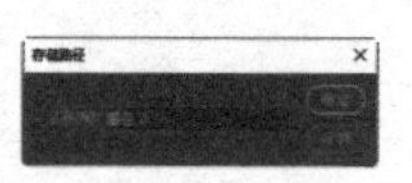

图 8-47

（13）在“路径 2”上单击鼠标右键，在弹出的快捷菜单中选择“建立选区”命令，如图 8-48 所示，或者使用快捷键【Ctrl+Enter】将路径转换成选区。设置填充色为红色，填充后的图像效果如图 8-49 所示。然后使用快捷键【Ctrl+D】取消选区。

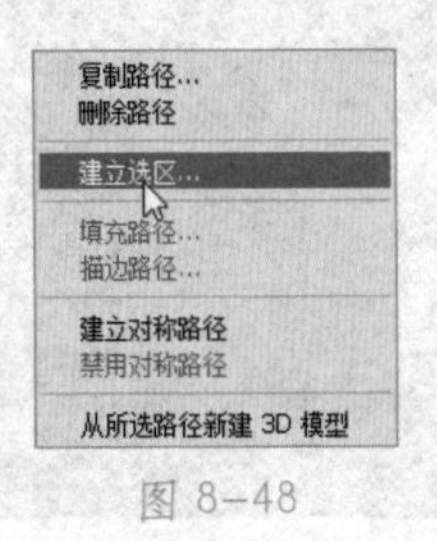

图 8-48

图 8-49

（14）至此，富士胶卷的标志制作完毕，得到的效果如本节最初的图 8-34 所示。

8.6 本章回顾

本章重点介绍了如何使用 Photoshop 2020 的文字编辑功能，以及使用 Photoshop 2020 文字的矢量造型，用户可以任意地缩放文字，而不会改变文字轮廓的清晰度。这是使用 Photoshop 2020 优于一般文字编辑软件的地方。

使用 Photoshop 2020 的文字编辑功能，可以编辑任何复杂的文字，并且可以为文字添加各种纹理和大量特殊效果，这是其他排版软件无可比拟的。

第9章

梦幻法术——通道和蒙版

本章主要内容与学习目的

- 通道的创建与编辑
- 蒙版的创建与编辑
- 提高训练——使用边缘蒙版有选择地锐化图像
- 本章回顾

9.1 通道的创建与编辑

通道是基于色彩模式这一基础上衍生出的简化操作工具，它是利用图像的色彩值进行图像修改的。从某种意义上来说，可以把通道看作摄像机中的滤光镜。而蒙版和通道是密不可分的，它用于遮蔽被保护的区域，让被遮蔽的区域免受任何编辑操作的影响，而只对未被遮蔽的区域起作用。

打开一幅图像时，Photoshop 2020 便自动创建了颜色信息通道，图像的颜色模式决定所创建的颜色通道的数目，比如 RGB 图像有 RGB、红色、绿色、蓝色 4 个颜色通道；CMYK 图像有 CMYK、青色、洋红、黄色、黑色 5 个颜色通道。除了颜色信息通道外，还包括专色通道和 Alpha 通道。

9.1.1 通道面板

"通道"面板用于对通道的处理。打开一幅图像，执行"窗口"|"通道"命令，即可调出"通道"面板，如图 9–1 所示，其中图（a）为 RGB 模式下的通道，图（b）为 CMYK 模式下的通道。

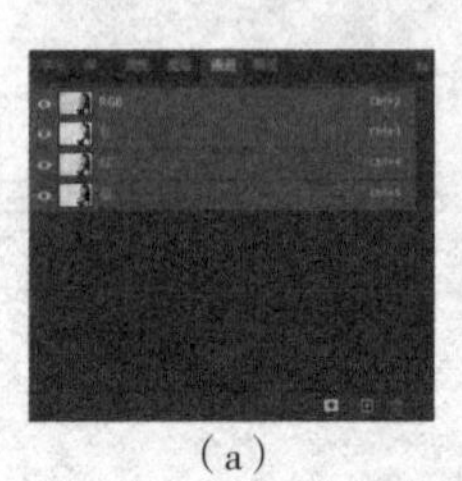

（a）

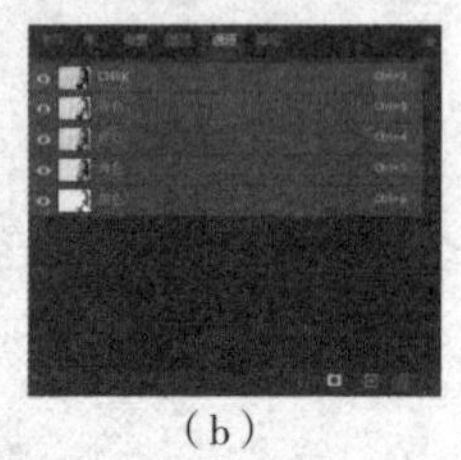

（b）

图 9–1

说明："通道"面板中每一行代表一个通道，可以对其中任一原色通道进行亮度、对比度的调整；同时还可以利用滤镜进行特效处理，从而产生许多意想不到的效果；其次还用于保存蒙版（即 Alpha 通道），使屏蔽的区域不受任何编辑操作的影响，从而增强图像编辑的灵活性。

1. 通道面板

单击"通道"面板中某个颜色通道，即可查看该通道。图 9–2 所示的分别为图像在 RGB 通道、R（红）通道、G（绿）通道和 B（蓝）通道下的色彩通道。

"RGB"通道

"R（红）"通道

"G（绿）"通道

"B（蓝）"通道

图 9–2

2. "通道"面板菜单

单击面板右上角的■按钮，打开如图 9–3 所示的菜单。可以看到在面板中有 9 项命令，其各个命令的功能如下：

新建通道：此命令用于新建一个通道。

复制通道：此命令用于复制当前通道。

删除通道：此命令用于删除当前通道。

新建专色通道：此命令用于在 Alpha 通道的基础上新建一个单色的通道。

合并专色通道：此命令用于将当前的几个专色通道合并为一个通道。

通道选项：此命令用于设置通道的各个参数，包括通道的名称、颜色及透明度等。

分离通道：此命令用于将RGB、CMYK通道分离，分成各个颜色的通道。

合并通道：此命令用于将分离的通道合并成一个RGB、CMYK等通道或一个新的通道。

面板选项：此命令主要用于调整面板的缩略图大小，选择此命令后即可打开如图9-4所示的对话框。

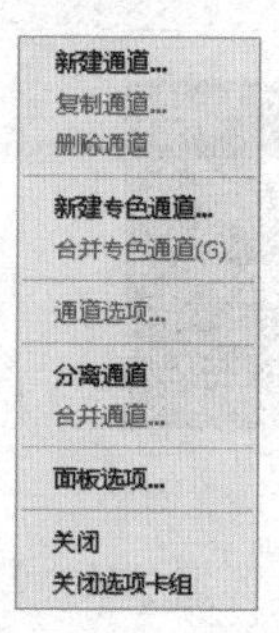

图 9-3

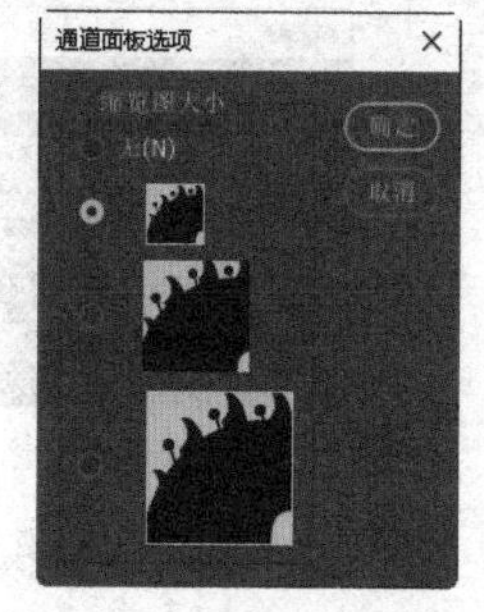

图 9-4

9.1.2　Alpha 通道和专色通道

1. Alpha 通道

将一个选区范围保存后，就会使该选区作为一个蒙版保存在一个新通道中，如图9-5（1）所示。在Photoshop中这些新增的通道就被称为Alpha通道，通过这些Alpha通道，可实现蒙版的编辑和存储。

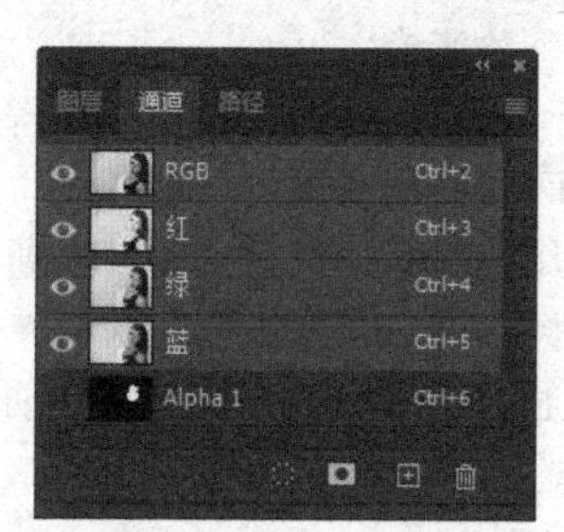

图 9-5（1）

可以用下列3种方法来建立Alpha通道：

（1）从“通道”面板的弹出菜单中选择“新建通道”命令。

（2）从“选择”菜单中选择“存储选区”命令。

（3）从“图像”菜单中选择“计算”，并在“计算”对话框的“结果”下拉列表中选择“新建通道”选项，如图9-5（2）所示。

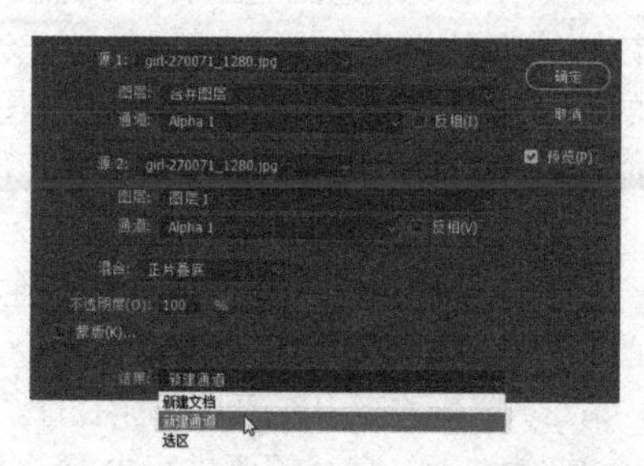

图 9-5（2）

提示：在Photoshop中用户还可以通过新建一个填充层来新建一个通道。

2. 专色通道

专色通道是特殊的预混油墨通道，用来替代或补充印刷色（CMYK）油墨。每一个专色通道都有一个属于自己的印版，在打印一个含有专色通道的图像时，该通道将被单独打印输出。

9.1.3　新建通道

要创建一个新的通道，可在“通道”面板的菜单中选择“新建通道”命令。此时将

弹出如图 9–6 所示的对话框。

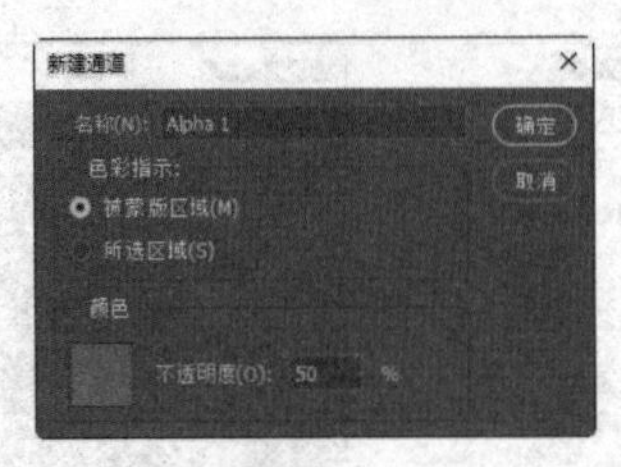

图 9–6

在该对话框中可以设置通道的“名称”“颜色”“不透明度”等参数。其中通过选择“色彩指示”选项栏中的“被蒙版区域”和“所选区域”，可以决定新建通道的颜色显示方式。若选中“被蒙版区域”，则新建通道中所有颜色的区域代表被遮蔽的区域，没有颜色的区域才代表选择区；选中“所选区域”，则与之相反。

提示： 创建通道时所指定的颜色只用于辅助显示，以区别通道的蒙版区和非蒙版区，它对图像本身并无影响，而不透明度的设置是为了更好地观察对象。

9.1.4 复制和删除通道

1. 复制通道

当保存了一个选区范围后，如果希望对该选区范围进行编辑，一般要先将该通道的内容复制后再进行编辑，以免编辑后不能还原。复制通道的操作步骤如下：

（1）在“通道”面板中选择一个通道，单击面板右上角的☰按钮，接着在弹出的下拉菜单中选择“复制通道”命令。

（2）紧接着弹出如图 9–7 所示的“复制通道”对话框，根据需要进行参数设置，之后单击“确定”按钮，即复制出一个新的通道，如图 9–8 所示。

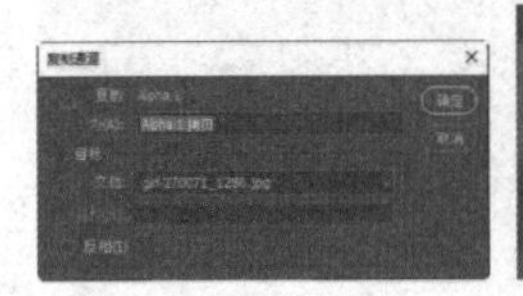

图 9–7

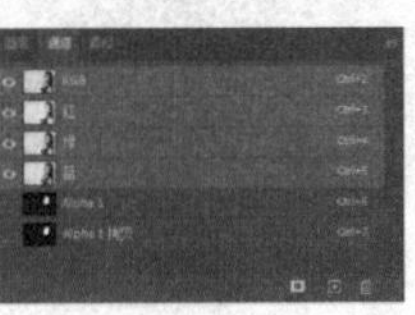

图 9–8

提示： 选择一个通道后，按下鼠标左键不放将其拖动至面板中的“创建新通道”按钮上，松开鼠标即可将该通道复制一个副本。

2. 删除通道

删除不必要的通道，可以节省文件的存储空间和提高图像的处理速度。删除通道的操作很简单，只需选中某个通道后，单击鼠标右键，在弹出的快捷菜单中选择“删除通道”命令或直接将其拖动至“删除当前通道”按钮上即可。

9.1.5 创建专色通道

创建专色通道的步骤如下：

（1）单击“通道”面板右上角的☰按钮，在弹出的下拉菜单中选择“新建专色通道”命令，随后会弹出如图 9–9 所示的“新建专色通道”对话框。

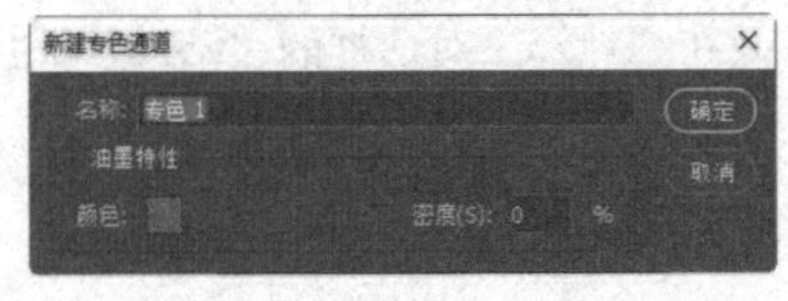

图 9–9

（2）在对话框中单击“颜色”按钮，接着在弹出的“拾色器”对话框中选择一种新的颜色，单击“确定”按钮，这样即可为图像新建一个专色通道，如图 9-10 所示。

图 9-10

说明：双击“通道”面板中的专色通道可以修改专色通道选项。

9.1.6　将 Alpha 通道转换成专色通道

将普通的 Alpha 通道转换成专色通道的步骤如下：

（1）双击要转换的 Alpha 通道，弹出如图 9-11 所示的对话框。

（2）在“色彩指示”选项栏中选择“专色”单选框；在“颜色”选项栏中设置一种颜色作为专色；在“不透明度”文本框中输入 0~100% 之间的数值，以改变专色的不透明度。

（3）完成设定后，单击“确定”按钮，此时 Alpha 通道就被转换成专色通道。

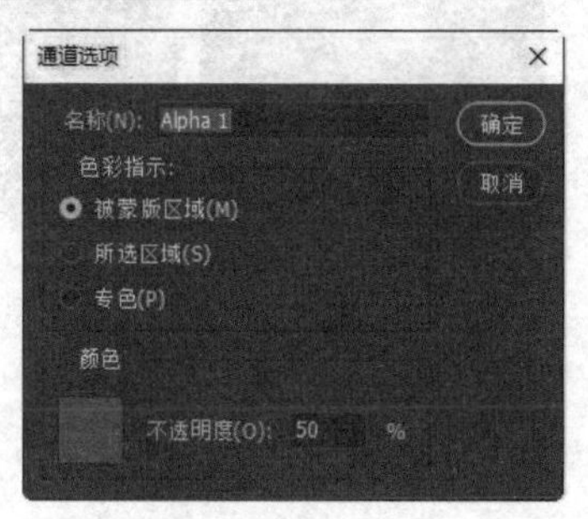

图 9-11

9.1.7　“应用图像”命令

通道图像的编辑主要体现在两个方面：一个是调整颜色通道图像，使图像的总体色调发生变化；另一个是对通道图像本身进行编辑处理，制作复杂的、其他工具无法做出的选区和效果。

“应用图像”命令和“计算”命令用于对 Alpha 通道进行图像的混合处理。在建立几个选区后，再将它们进行混合，往往能得到梦幻般的图像。

“应用图像”命令是“调整”命令组的完美补充。“调整”命令组虽然功能强大，但毕竟每次只能作用于一幅图像，并不能同时将多幅图像联系起来。“应用图像”命令正好弥补了这一不足，它可以将一幅图像（称为源图像的图层或通道）混合到另一幅图像（称为目标图像的图层或通道）中，从而产生许多“调整”命令组无法制作出的特殊效果。

应用这一命令时必须保证源图像与目标图像有相同的像素大小，因为“应用图像”命令的工作原理就是基于两幅图像的图层或通道重叠后相应位置的像素，在不同的混合方式或者计算方法下发生相互作用，从而产生不同的效果，所以必须要求两幅图像的像素大小一定要相同。

下面举例说明“应用图像”命令的用法。

（1）打开一幅如图 9-12 所示的图像，接着在“通道”面板中单击“创建新通道”按钮，新建一个 Alpha 通道，如图 9-13 所示。

图 9-12

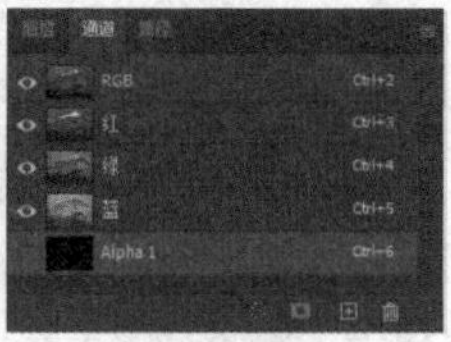

图 9-13

（2）选择工具箱中的磁性套索工具，在图像中绘制一个如图 9-14 所示的选区。

（3）按【D】键设置前景色为黑色，背景色为白色。转到“通道”面板中，并选择 Alpha 1 通道，然后使用快捷键【Ctrl+BackSpace】将选区填充为白色。此时“通道”面板如图 9-15 所示。

图 9-14

图 9-15

（4）使用快捷键【Ctrl+D】取消选区，然后在“通道”面板中单击 RGB 综合通道，使其为当前工作通道。

（5）执行“图像”|“应用图像”命令，在弹出的“应用图像”对话框中设置“通道”选项为 Alpha 1，选择混合模式为“叠加”，如图 9-16 所示，之后单击“确定”按钮即可得到混合通道后的效果，如图 9-17 所示。

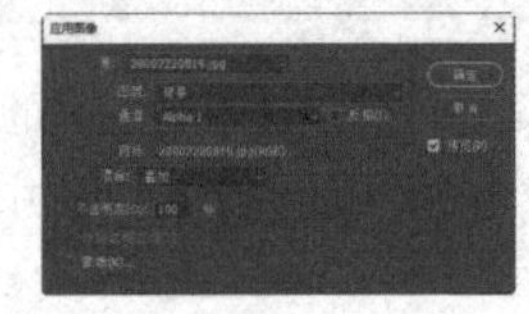

图 9-16

图 9-17

9.1.8 图像计算

“图像”菜单中的“计算”命令提供了许多与“应用图像”命令相似的功能，如选用某种混合选项和不透明度而产生的混合效果。但它们也有明显区别，主要区别是“计算”命令不能在一个复合通道中产生效果。选择该命令后，将弹出如图 9-18 所示的对话框。该对话框中的选项与“应用图像”命令中的选项基本相同，所以在这里就不对其参数设置进行详细讲解了。

图 9-18

9.2 蒙版的创建与编辑

蒙版可以用来将图像的某部分分隔开来，保护图像的某部分不被编辑。当基于一个选区创建蒙版时，没有选中的区域成为被蒙版蒙住的区域，也就是被保护的区域，可防止被编辑或修改。利用蒙版，可以将花费很多时间创建的选区存储起来随时调用，另外，也可以将蒙版用于其他复杂的编辑工作，如对图像执行颜色变换或滤镜效果。

在 Photoshop 中建立蒙版的方法很多，其中最常用的方法有以下几种：

（1）通过使用“存储选区”命令在当前创建的选区范围内创建一个“蒙版”，或者单击“通道”面板中的“将选区存储为通道”按钮也可将选区范围转换为蒙版。

（2）先建立一个 Alpha 通道，然后用绘图工具或其他编辑工具在该通道上编辑，即可创建一个蒙版。

（3）使用工具箱中的“快速蒙版”工具可以创建一个快速蒙版。下面将详细地介绍快速蒙版的创建。

9.2.1 创建快速蒙版

创建快速蒙版的方法如下：

（1）打开一幅图像，然后在图像中绘制一个选区。

（2）双击工具箱中的“以快速蒙版模式编辑”按钮，这样就直接对选区创建了一个快速蒙版效果，如图 9-19 所示。

图 9-19

9.2.2 将选区存储为蒙版通道

在 Photoshop 2020 中，除了可以创建“快速蒙版模式”的临时蒙版外，还可以通过在 Alpha 通道中存放和编辑选区来创建更多永久性的蒙版。步骤如下：

（1）打开图像文件，使用选框工具在图像中创建一个选区。

（2）执行“选择”|“存储选区”命令，弹出如图 9-20 所示的对话框，将名称设置为“Alpha 1”。

（3）单击“确定”按钮，在“通道”面板中可以看到已经生成了一个名为“Alpha 1”的新通道，如图 9-21 所示。

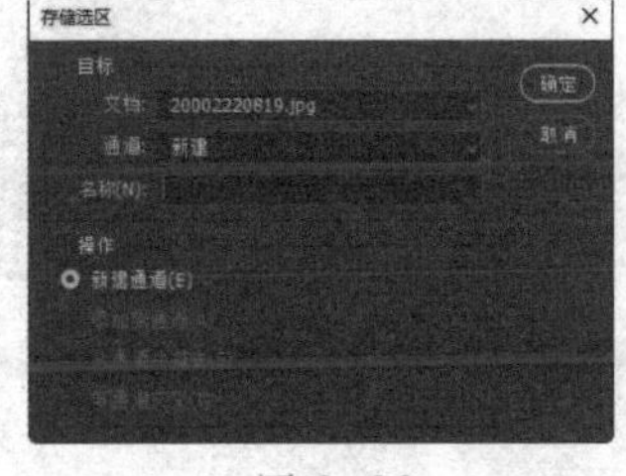

图 9-20

图 9-21

9.2.3 蒙版的使用和编辑

蒙版创建后，就可以进行编辑处理了，以使蒙版达到其所起的作用（即保护图像和编辑图像）。下面，简要介绍编辑和使用蒙版的各种方法。

1. 半透明的蒙版和选择

一般来说，蒙版和选区是为了激活一个区域，或者遮蔽一个区域以保护其不进入任何编辑。但是，建立一个仅部分地影响某个区域的选区也是可能的。例如，如果一个区域被部分地选取，那么用黑色绘画将导致一个更亮或更暗的灰色勾画，明暗程度取决于该区域被选取了多大的部分。这种效果类似当选择的边界被羽化时，效果向这些边界逐渐淡化。通常把这些选择称作半透明选择，因为这些半透明选择使用一种灰度颜色而不是纯黑色画出；这个灰度颜色越暗，透过选择区域的效果就越多，而用越淡的灰色所绘出的蒙版允许效果透过的就越少。

2. 编辑蒙版

Photoshop 允许在蒙版上应用所有工具，即可以应用局部或全局锐化或模糊效

果，从而进一步修改所建立的选区。当定义了一个基本的快速蒙版区域之后，可以使用下列方法来进一步修改这个蒙版区域：

（1）使用“锐化”“模糊”或“涂抹”工具。

（2）使用“减淡”或“加深”工具。

（3）使用“曲线”控制。

（4）使用“边缘”效果。

（5）使用“滤镜”来增加图案和扭曲。

在快速蒙版模式下应遵守以下原则：当绘图工具用白色绘制时相当于擦除蒙版，红色覆盖的区域变小，选择区域就会增加；当绘图工具用黑色绘制时，相当于增加蒙版的面积，红色的区域变大，也就是减少选择区域。

9.2.4 调用存储的选区

当将存储的“蒙版选区”通道载入以后，“通道”面板中被载入的通道依然存在，并不会消失，可以在任何需要的时候调用 Alpha 选区通道。

调用存储选区的操作步骤如下：

（1）在“通道”面板中，单击图像的 RGB 综合通道，显示整个图像，效果如图 9–22 所示。

（2）在图层面板中取消图层的锁定，执行“选择”|“载入选区”命令，在弹出的“载入选区”对话框中选择要载入的通道，如图 9–23 所示。

图 9–22

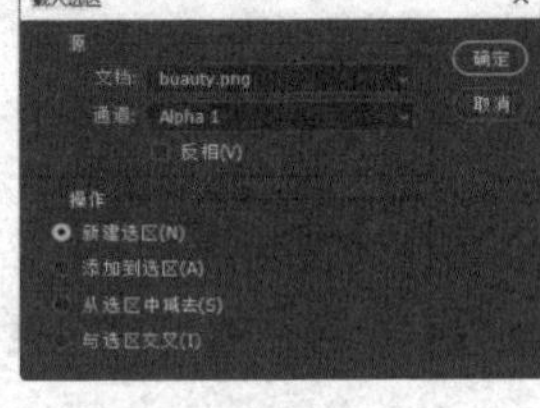

图 9–23

（3）单击“确定”按钮，Alpha 1 通道中的选区就被载入到当前编辑图像中。

9.3 提高训练——使用边缘蒙版有选择地锐化图像

操作步骤如下：

（1）创建边缘蒙版。打开名为“girl-270071_1280”的一幅待处理的图像，如图 9–24 所示。

图 9–24

（2）激活“通道”面板，并选择显出文档窗口中对比度最大的灰度图像的通道。通常，将选择绿色或红色通道。这里选择“绿色”通道，并将其复制一个，如图 9–25 所示。

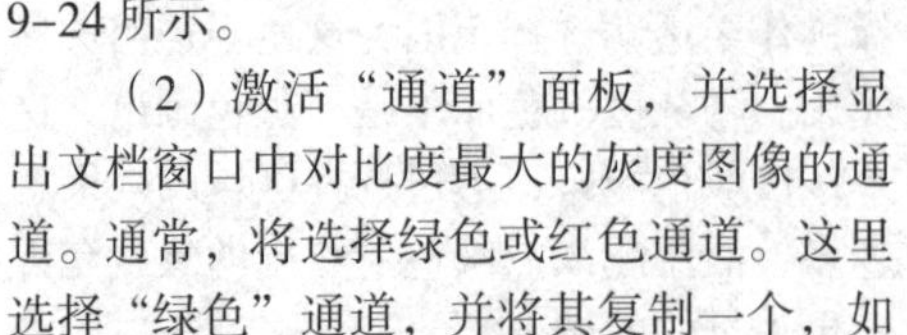

（3）确认复制的通道处于选定状态，执行“滤镜”|“风格化”|“查找边缘”命令，得到的图像效果如图 9–26 所示。

图 9–25

（4）执行“图像”|“调整”|“反相”命令，反相后的图像效果如图 9–27 所示。

（5）确认反相后的图像处于选定状态。执行“滤镜”|“其它”|“最大值”命令，打开“最大值”对话框，将半径值设置为 1，如图 9–28 所示，然后单击“确定”按钮确认。

这样即可使亮度边缘变粗，如图 9–29 所示。

图 9–26

图 9–27

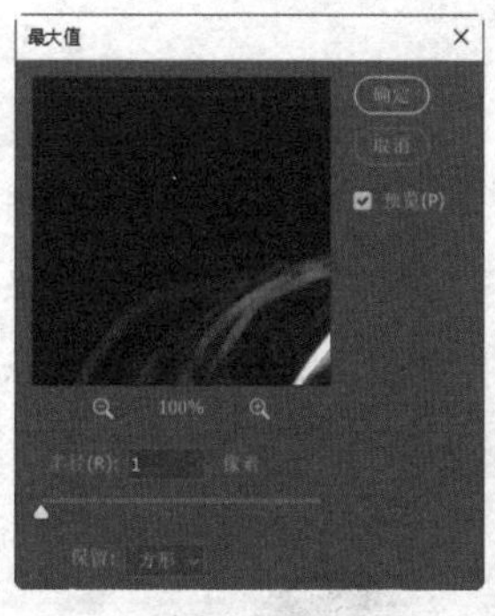

图 9–28

图 9–29

（6）执行“滤镜”|“杂色”|“中间值”命令（这可以将相邻的像素求平均值），在打开的“中间值”对话框中设置半径值为 1，如图 9–30 所示，然后单击“确定”按钮确认。得到的效果如图 9–31 所示。

图 9–30

图 9–31

（7）执行“滤镜”|“模糊”|“高斯模糊”命令，打开“高斯模糊”对话框，进行如图 9–32 所示的参数设置，完成参数设置后单击“确定”按钮确认。得到的图像效果如图 9–33 所示（这可以羽化边缘）。

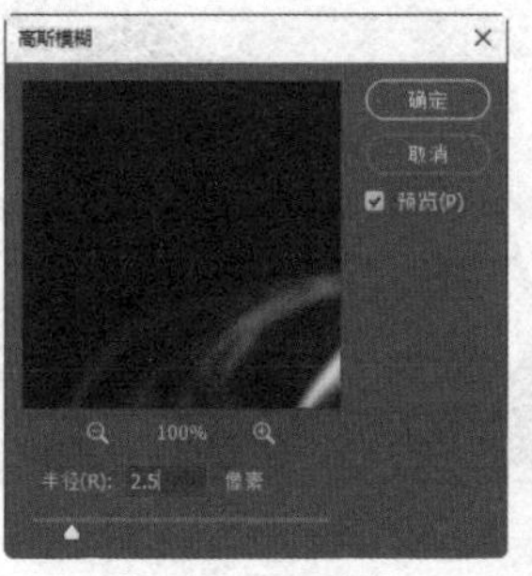

图 9–32

图 9–33

说明：“最大值”“中间值”“高斯模糊”滤镜会柔化边缘蒙版，这样，锐化效果就会更好地混合在最终图像中。虽然此过程建议使用全部 3 个滤镜，但仍可以只试用一两个。

（8）执行“图像”|“调整”|“色阶”命令，打开“色阶”对话框，并进行参数设置，如图 9–34 所示，完成设置后单击“确定”按钮确认。得到的图像效果如图 9–35 所示。将黑色设置为较高的值，即可去掉随机像素。如有必要，还可以用黑色绘画以便修饰最终的边缘蒙版。

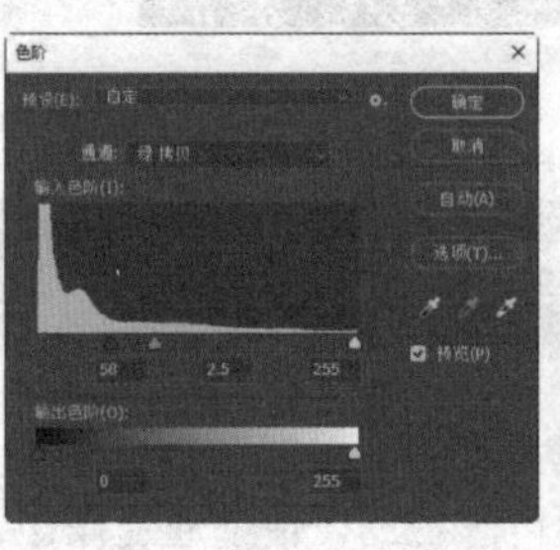

图 9–34

图 9–35

（9）在“通道”面板中，按下【Ctrl】键单击复制通道，调出边缘蒙版选区。

（10）激活“图层”面板，确保能够在图像上看到选区，如图 9–36 所示。然后将通道面板中所有通道激活，接着执行“选择”|“反选”命令，将选区反选，如图 9–37 所示。

图 9-36

图 9-37

（11）执行“滤镜” | “锐化” | “USM 锐化”命令，打开“USM 锐化”对话框，进行如图 9-38 所示的参数设置，完成参数设置后单击“确定”按钮确认。然后取消选区，得到的图像效果如图 9-39 所示。

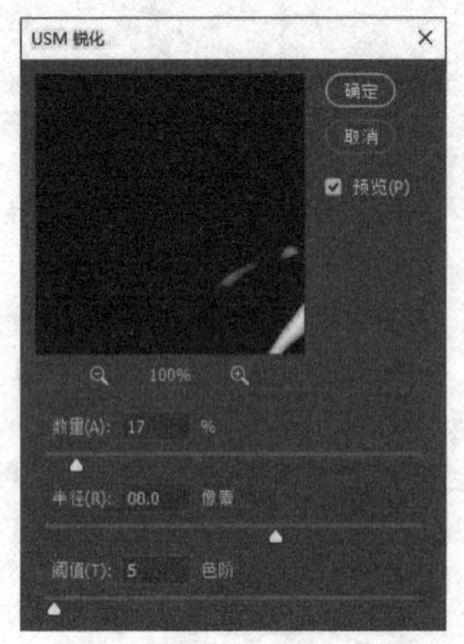

图 9-38

图 9-39

9.4 本章回顾

本章讲解的是通道和蒙版方面的知识。通道和蒙版是 Photoshop 中的另外两大功能。通道的作用是不可忽视的，借助通道操作，可以完成很多种特殊的效果。

通道不仅可以对文字进行编辑，而且还可以对图像进行编辑。在通道中专色通道可以单独打印输出，因为专色通道是特殊的预混油墨，用来替代或补充印刷色（CMYK）油墨。每一个专色通道都有一个属于自己的印版。其次，通道还是一个存储选区的好工具。

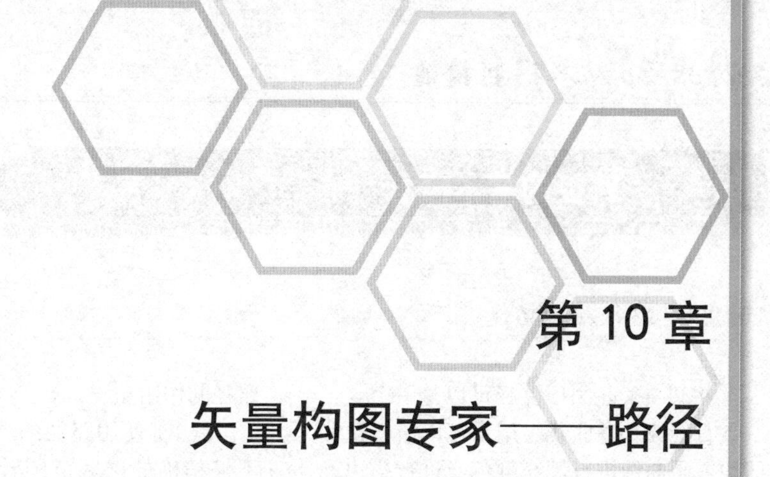

第 10 章
矢量构图专家——路径

本章主要内容与学习目的

- 路径的基本概念
- 用钢笔工具创建路径
- 用形状工具创建路径
- 编辑路径
- 路径和选区之间的转换
- 提高训练——描边文字制作
- 本章回顾

10.1 路径的基本概念

10.1.1 路径及其功能

在 Photoshop 中，路径可以是一个点、一条直线或一条曲线。用户可以沿着这些线段或是曲线进行填充颜色或进行描边，从而绘制出图像。

编辑好的路径可以保存在路径面板中（保存为 *.psd 或是 *.tif 文件）。使用路径面板中的剪贴路径功能，再将 Photoshop 的图像插入到其他图像软件或是排版软件（Adobe PageMaker、Adobe InDesign）中时，路径以外的图像将被“删除”，只显示路径内的图像。概括起来，Photoshop 引入路径的作用在于：

（1）使用路径的功能，可以将一些不够精确的选区范围转换为路径后进行编辑和微调，调整好后再将其转换为选区使用。

（2）更方便地绘制复杂的图像，如卡通造型等。

（3）利用“填充路径”和“描边路径”命令，可以创作出特殊的效果。

（4）路径可以单独作为矢量图输出到其他的矢量图程序中。

10.1.2 锚点、方向线、方向点和组件

下面介绍一些有关路径的几个概念：

锚点：路径上带有方形格子的点即为锚点，如图 10-1 所示。

平滑点：平滑点是把线段和另一条线段以弧线连接起来的点，用户只要在线段上单击并拖动即可添加一个平滑点，如图 10-2 所示。

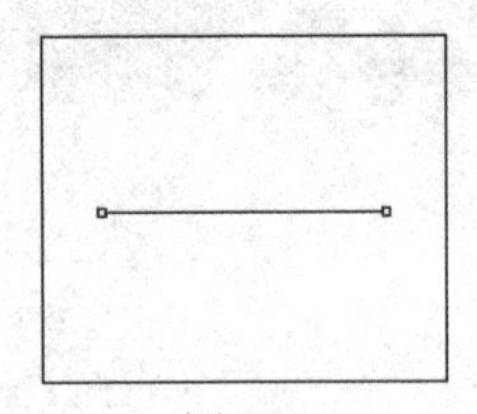

图 10-1

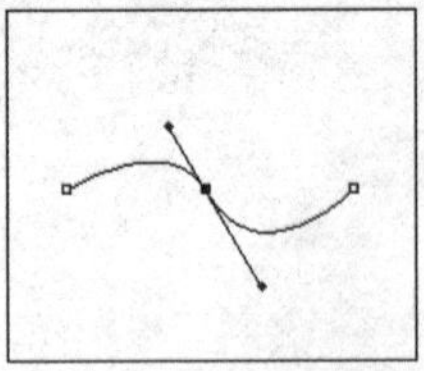

图 10-2

方向线和方向点：在曲线段上，每个选中的锚点显示一条或两条方向线，方向线以方向点结束，如图 10-3 所示。

角点：用户在画了一条曲线后，按住【Alt】键拖动平滑点，将平滑点转换成带有两个独立方向线的角点，然后用户可以在不同的位置再拖动一次，将创建一个与先前曲线弧度相反的曲线，在这两个曲线段之间的点就称为角点，如图 10-4 所示。

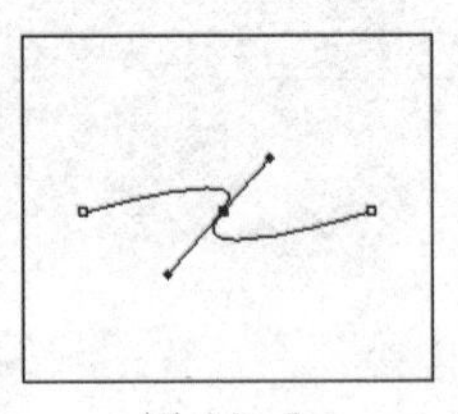

图 10-3

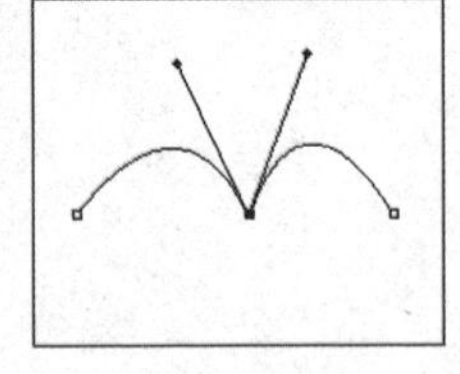

图 10-4

当在平滑点上移动方向线时，将同时调整平滑点两侧的曲线段。路径可以是闭合的，没有起点或终点（例如圈），或是开放的，有明显的终点（例如波浪线）。如图 10-5 和图 10-6 所示。

形状图层中的每个形状都是一个路径组件，如图 10-7 所示。

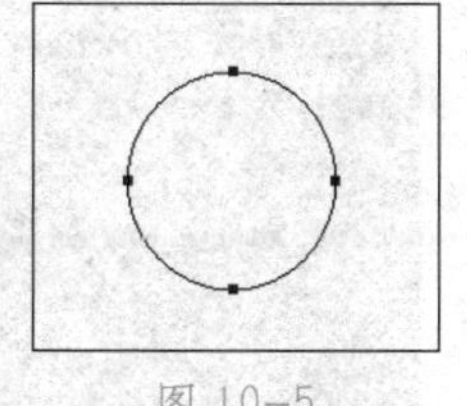

图 10-5

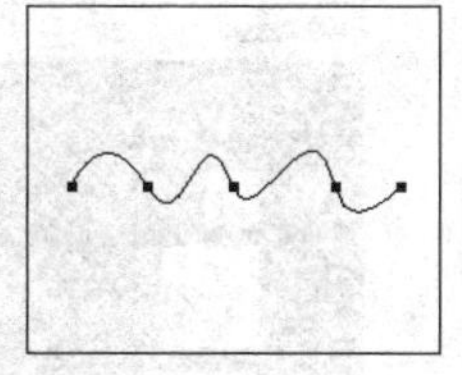

图 10-6

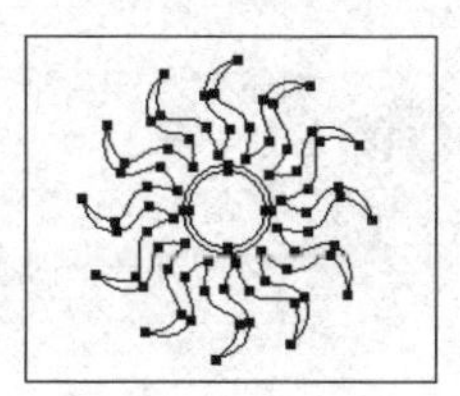

图 10-7

10.1.3 “路径”面板

“路径”面板列出了每条存储的路径、当前工作路径和当前矢量蒙版的名称及缩览图像。与通道和图层一样，利用“路径”面板，可以执行所有涉及路径的操作。“路径”面板如图 10-8 所示。

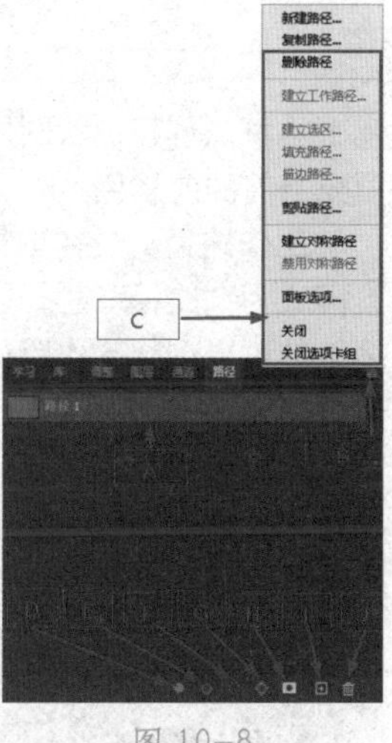

图 10-8

“路径”面板中的各选项意义如下：

（1）路径列表：和图层、通道面板一样，路径列表框中列出了当前图像中的所有路径。

（2）调出路径面板菜单按钮：单击该按钮可以弹出路径面板菜单。

（3）路径面板菜单：不同的状态下弹出的菜单有所不同。菜单中提供相应的操作命令。

（4）用前景色填充路径按钮：单击该按钮将以当前的前景色填充路径所包围的区域。

（5）用画笔描边路径按钮：单击该按钮将以当前选定的前景色和画笔工具对路径描边。

（6）将路径作为选区载入按钮：单击该按钮可将当前选中的路径转换为选区。

（7）从选区生成工作路径按钮：单击该按钮可将当前选区转换为路径。

（8）添加图层蒙版按钮：先把路径转化为选区后，点击该按钮，就能以当前选区为图层添加图层蒙版。

（9）创建新路径按钮：单击该按钮可以创建一个新路径。

（10）删除当前路径按钮：单击该按钮可删除当前选中的路径。

下面介绍一下“路径”面板的简单操作。

显示路径面板：执行“窗口”|“路径”命令即可调出。

选择或取消路径：如果要选择路径，单击“路径”面板中相对应的路径名。一次只能选择一条路径。如果要取消选择路径，单击“路径”面板中的空白区域或按【Esc】键。

更改路径缩览图的大小：从“路径”面板菜单中选择“面板选项”命令，即可弹出如图 10-9 所示的“面板选项”对话框，选择相应的图标大小，就可以改变路径缩览图的大小。

更改路径的排列顺序：在“路径”面板中选择要调整的路径，然后对其进行上下移动，当移动到合适的位置处，释放鼠标，如图 10-10 所示，这样即可调整路径的顺序。

说明：在“路径”面板中不能调整矢量蒙版和工作路径的顺序。

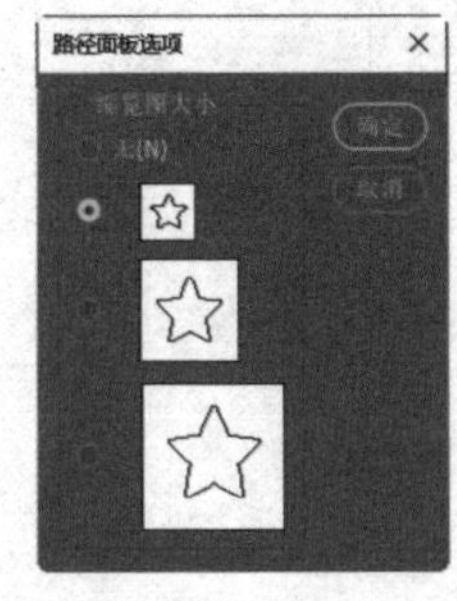

图 10-9

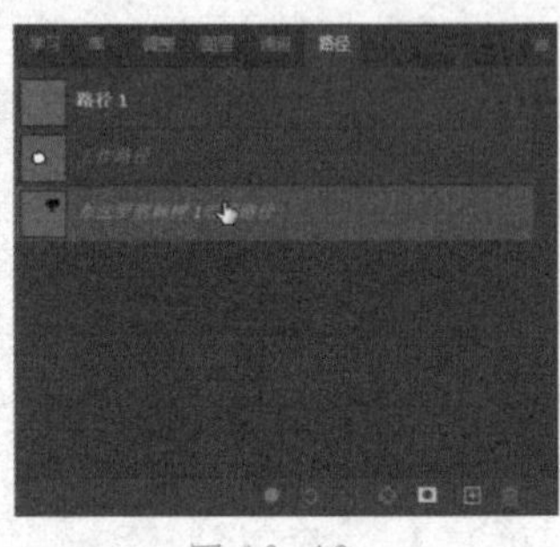

图 10-10

10.1.4 路径编辑工具

路径编辑工具都被集中到了路径工具组、钢笔工具组和形状工具组中，如图 10-11 所示。

路径工具组

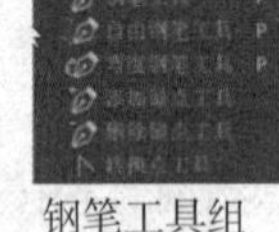

钢笔工具组

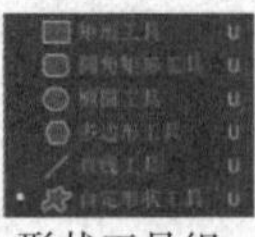

形状工具组

图 10-11

使用钢笔工具和形状工具可以创建 3 种不同类型的对象。它们是形状图层、工作路径和填充像素。

形状图层：当在工具属性栏中选择工具模式为“形状”时，使用形状工具或钢笔工具可以创建形状图层。形状中会自动填充当前的前景色。

工作路径：当在工具属性栏中选择工具模式为“路径”时，使用形状工具或钢笔工具可以创建工作路径。路径和形状不进行填充。

填充像素：当在工具属性栏中选择工具模式“像素”时，使用形状工具可以创建形状图层，并填充前景色。它已不是矢量对象。

提示：对于钢笔工具，“像素”选项不可选。

10.2 用钢笔工具创建路径

10.2.1 用钢笔工具绘制直线段

下面举例来介绍使用钢笔工具绘制直线路径的用法。

具体操作步骤如下：

（1）选择工具箱中的钢笔工具。

（2）在钢笔工具的属性栏中可以根据需要进行设置，如图 10-12 所示。

图 10-12

（3）如果要在单击线段时添加锚点或在单击线段时删除锚点，选择属性栏中的“自动添加 / 删除”单选项。

（4）要在绘图时预览路径段，单击属性栏中的“设置其他钢笔和路径选项”⚙按钮，在弹出的选框中选择“橡皮带”选项即可。

提示： 若在钢笔工具的属性栏中选中了“设置其他钢笔和路径选项”⚙下拉菜单的“橡皮带”选项框，则在单击确定路径起点后，将有一条成为橡皮筋的示意线给出提示，如图10–13所示。

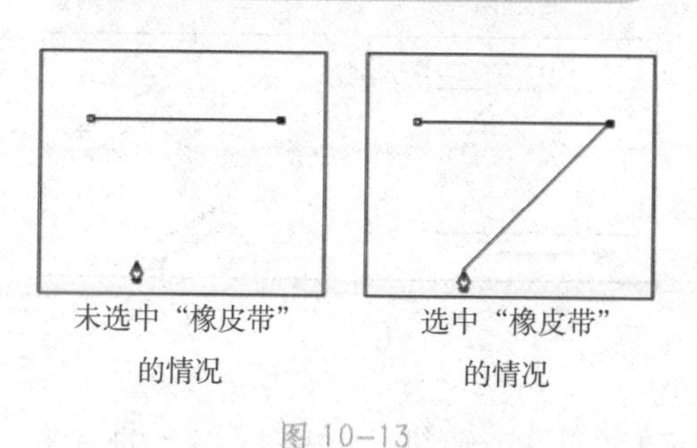

未选中“橡皮带”的情况　　选中“橡皮带”的情况

图 10–13

（5）将钢笔指针定位在绘图起点处并单击，以确定第一个锚点，如图 10–14 所示。

（6）依次单击鼠标，通过描点的方法绘制一条封闭路径，如图 10–15 所示。

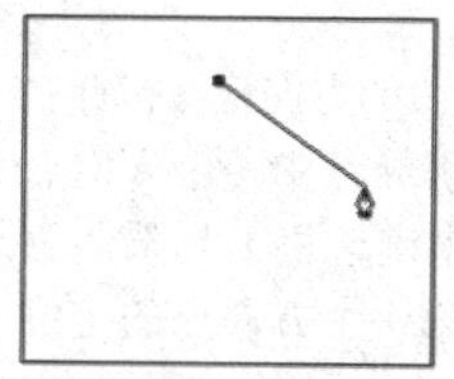

图 10–14

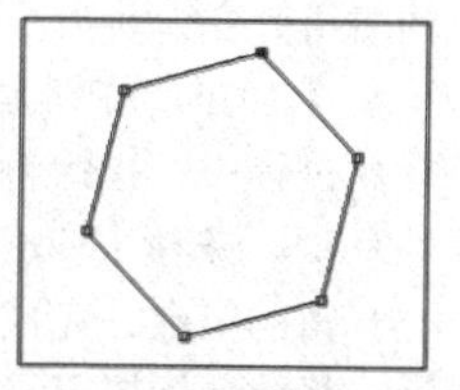

图 10–15

说明： 若要结束开放路径，可按住【Ctrl】键在路径外单击；若要封闭路径，将钢笔指针定位在第一个锚点上，如果放置的位置正确，笔尖旁将出现一个小圈，此时单击可封闭路径。

10.2.2 用钢笔工具绘制曲线

下面举例介绍绘制曲线的方法。

具体操作步骤如下：

（1）选择钢笔工具。单击并向下拖动鼠标创建曲线的起点。这时，钢笔指针变成了一个箭头，表明正在指定曲线的方向。开始创建一条曲线，向右移动鼠标到新位置，单击并向上拖动鼠标，拖动鼠标时，方向线会从锚点向外延伸。

（2）现在创建第三个锚点。水平右移鼠标，单击并拖动。这一阶段，要记住的概念是：曲线将朝着鼠标拖动的方向倾斜。所画曲线的第一部分是向下倾斜的；第二个锚点处向上拖动鼠标，曲线的第二部分是向上倾斜的；第三个锚点处向下拖动鼠标。图 10–16 所示的是绘制曲线路径的过程。

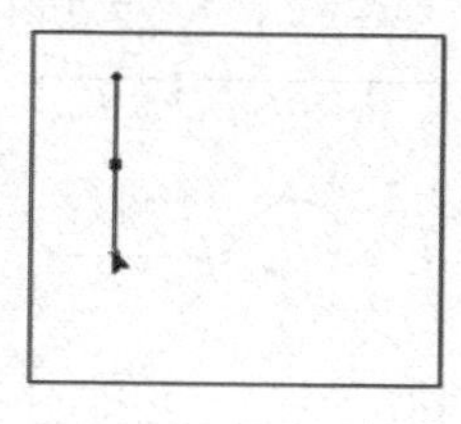

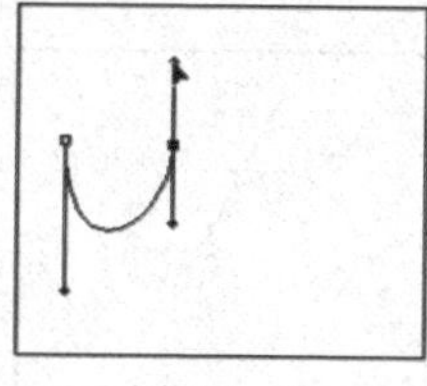

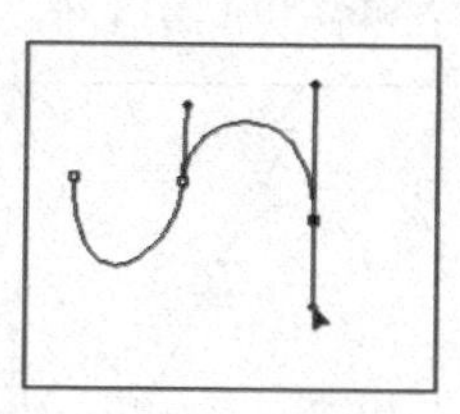

图 10–16

上面介绍的是绘制平滑曲线，下面介绍有角点曲线的画法。

操作步骤如下：

（1）将指针定位在曲线的起点，并按住鼠标拖动，此时会出现第一个锚点，同时指针变为箭头。

（2）向绘制曲线段的方向拖移指针。在此过程中，指针将引导其中一个方向点的移动。按住【Shift】键，将工具限制为 45° 角的倍数，完成第一个方向点的定位后，释放鼠标按钮。

（3）将指针定位在第一段曲线的终点，并向相反方向拖移可完成曲线段（图 10–17）。

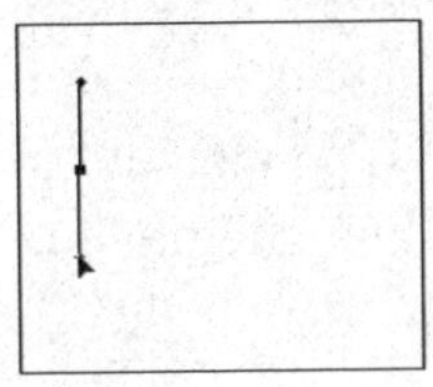
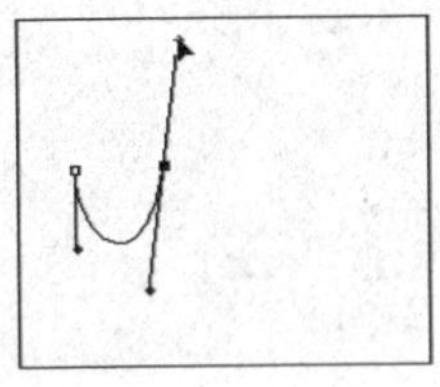

图 10–17

（4）要急剧改变曲线的方向，先释放鼠标，然后按住【Alt】键沿曲线方向拖移方向点。松开【Alt】键以及鼠标，用指针重新定位曲线段的终点，并向相反方向拖移鼠标以完成曲线段（图 10–18）。

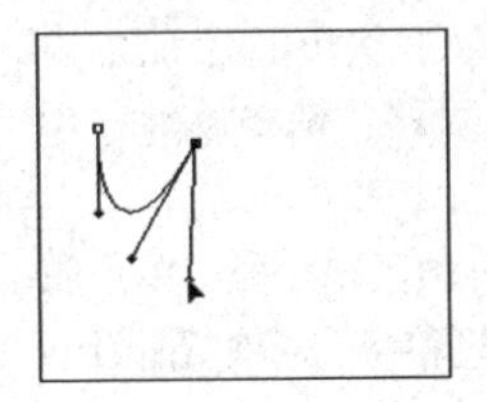
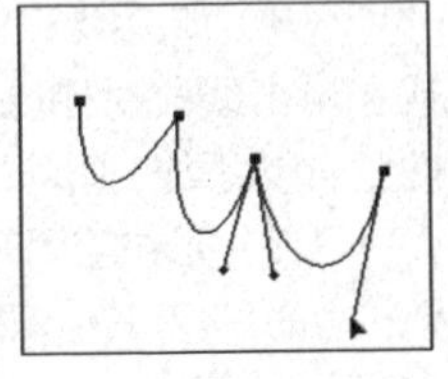

图 10–18

总之，在绘制曲线时，记住以下原则：

（1）在创建曲线时，总是向曲线的隆起方向拖移第一个方向点，并向相反的方向拖移第二个方向点（图 10–19 所示为平滑曲线）。同时向一个方向拖移两个方向点将创建（S）形曲线（图 10–20 所示为 S 曲线）。

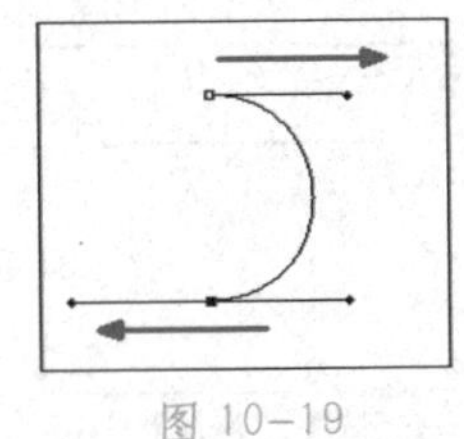

图 10–19

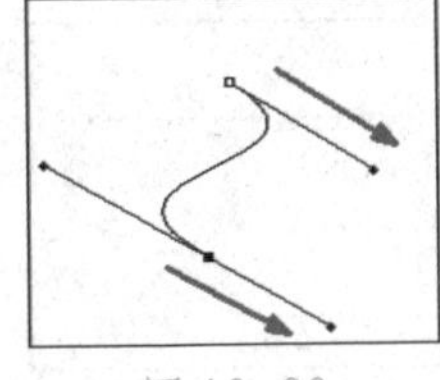

图 10–20

（2）在绘制一系列平滑曲线时，一次绘制一条曲线，并将锚点置于每条曲线的起点和终点而不是曲线的顶点。应使用尽可能少的锚点，并使它们相距尽可能远。

10. 2. 3　连接曲线和直线路径

1. 把曲线连接到直线

操作步骤如下：

（1）选择钢笔工具并创建一条曲线。

（2）接下来创建一个角点，它允许这段曲线连接到一条直线上。按住【Alt】键并单击刚创建曲线的终点。注意沿曲线延伸方向的方向线消失了。

（3）松开鼠标和【Alt】键，接着创建同曲线相连的直线，如图 10–21 所示。

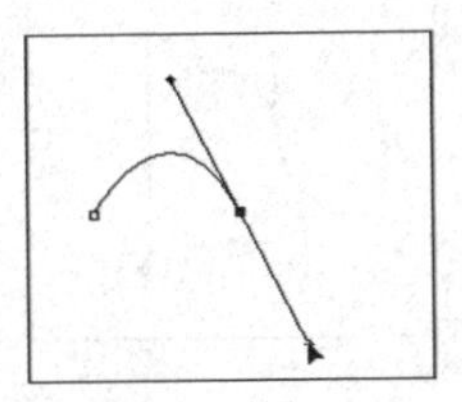
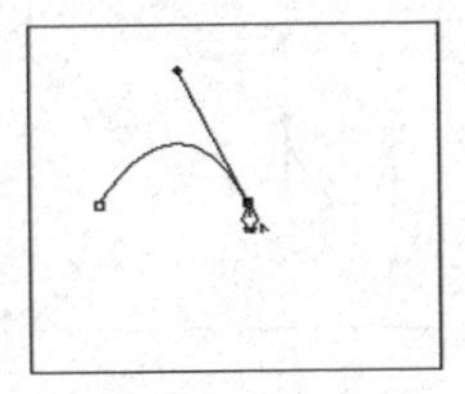
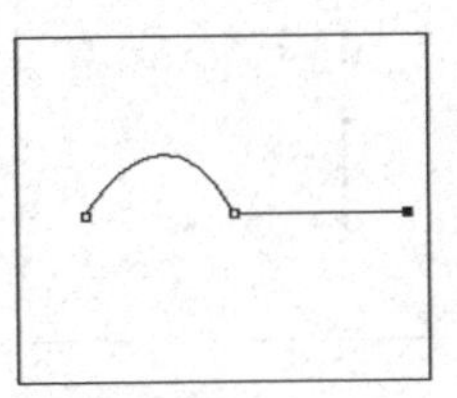

图 10–21

2. 把直线连接到曲线

操作步骤如下：

（1）选择钢笔工具并创建直线。

（2）按住【Alt】键，单击直线的终点，并拖动鼠标。出现方向线后，松开鼠标和【Alt】键。

（3）创建与直线相连的曲线，如图 10–22 所示。

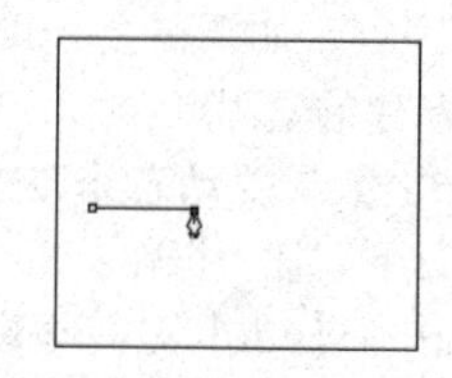
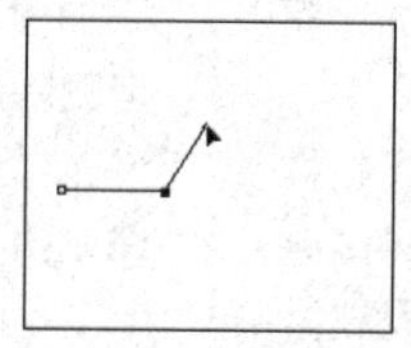
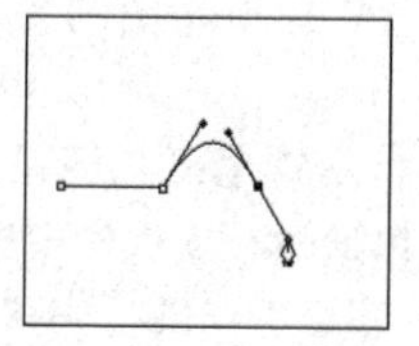

图 10–22

3. 编辑方向线的技巧

按住【Alt】键单击锚点，将删除沿曲线延伸方向的方向线。如果此时按住【Alt】键单击该锚点并拖动，则删除的方向线又会重新出现，如图 10–23 所示。

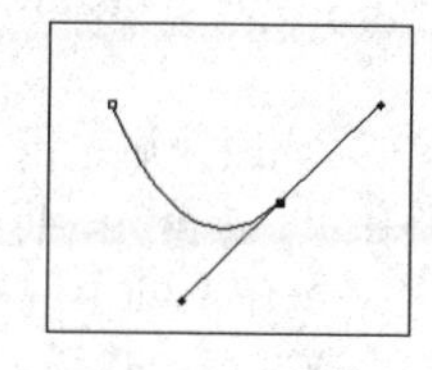
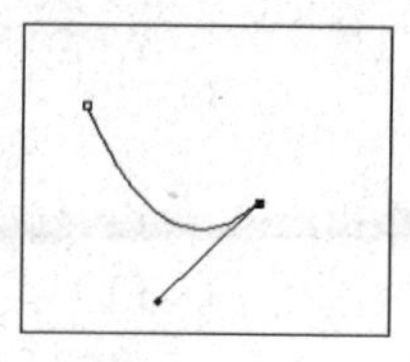
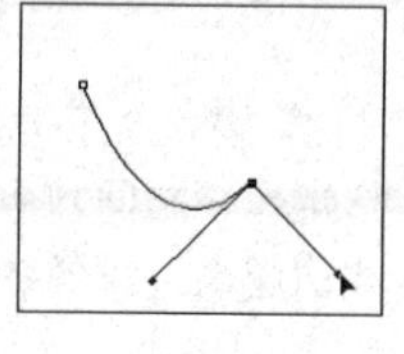

图 10–23

10.2.4 使用自由钢笔工具绘制路径

自由钢笔工具的功能和钢笔工具的功能基本上是一样的，两者的主要区别在于建立路径的操作不同。

使用自由钢笔工具绘图的步骤如下：

（1）选择工具箱中的自由钢笔工具。

（2）在属性栏中的“设置其他钢笔和路径选项”按钮下拉菜单中设置自由钢笔工具的属性（图 10–24）。控制最终路径对鼠标或光笔（使用光笔绘图板）移动的灵敏度，单击属性栏中形状按钮右边的向下箭头按钮，在弹出的“自由钢笔选项”属性栏中为“曲线拟合”输入介于 0.5~10.0 像素之间的值。此值越高，创建的路径锚点越少，路径越简单。

图 10–24

（3）在图像中拖动鼠标时，会有一条路径尾随指针，释放鼠标，工作路径即创建完毕，如图 10–25 所示。

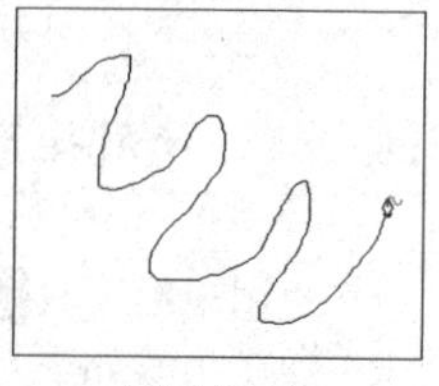

图 10–25

（4）如果要继续在现有的路径上绘制路径，将自由钢笔指针定位在路径的一个端点并拖动即可。

（5）要完成路径，释放鼠标即可。要创建闭合路径，可单击路径的初始点（当它对齐时在指针旁会出现一个圆圈）。

磁性钢笔是自由钢笔工具的选项，它可以绘制与图像中定义区域的边缘对齐的路径。

使用磁性钢笔选项绘图的操作步骤如下：

（1）要将自由钢笔工具转换成磁性钢笔工具，可以通过在属性栏中选择“磁性的”复选框，或单击属性栏中“设置其他钢笔和路径选项”按钮，在弹出的“自由钢笔选项”属性栏中选择“磁性的”复选框，并进行下列设置：

宽度：为“宽度”输入介于1~256之间的像素值。磁性钢笔只检测距指针指定距离内的边缘。

对比：为“对比”输入介于1%~100%之间的百分比，指定像素之间被看作边缘所需的对比度。此值越高，图像的对比度越低。

频率：为“频率”输入介于0~100之间的值，指定钢笔锚点的密度。

钢笔压力：如果使用的是光笔绘图板，选择或取消选择“钢笔压力”复选框。

（2）在图像中单击，设置第一个紧固点。

（3）手绘路径段，移动鼠标或沿要描的边拖移。磁性钢笔定期向边框添加紧固点以固定前面的各段，如图10-26所示。

（4）若边框没有与所需的边缘对齐，则单击一次，手动添加一个紧固点并使边框保持不动。继续沿边缘操作，根据需要添加紧固点。如果需要，可按【Delete】键删除新建的紧固点。

（5）如果要动态修改磁性钢笔的属性，执行下列任一操作：

①按住【Alt】键并拖动，磁性钢笔工具将转换为自由钢笔工具。

②按住【Alt】键并单击，磁性钢笔工具将转换为手绘钢笔工具。

③按“[”键可将磁性钢笔的宽度减小1个像素；按“]”键可将钢笔宽度增加1个像素。

（6）完成路径后，按【Enter】键结束开放路径。双击鼠标，将闭合包含磁性段的路径。按住【Alt】键并双击鼠标，将闭合包含直线段的路径（图10-27）。

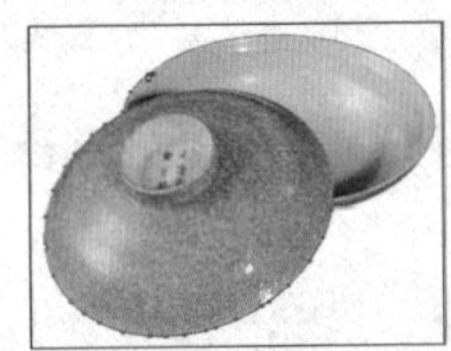

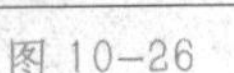

图10-26

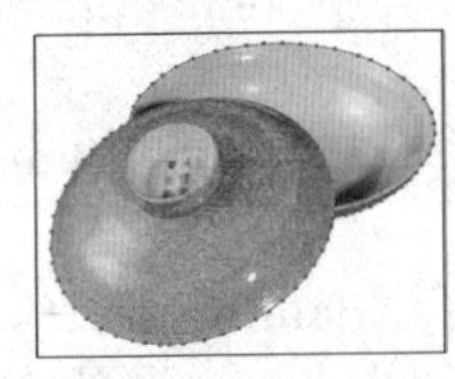

图10-27

10.3 用形状工具创建路径

10.3.1 使用矩形工具

使用矩形工具可以绘制出矩形、正方形的路径或形状。

操作步骤如下：

（1）绘制路径。选择工具箱中的矩形工具，在工具属性栏中的“选择工具模式”下拉菜单中选择以“路径”方式创建图形选项，如图10-28所示。

图 10-28

（2）在图像窗口中单击并拖动鼠标，随着光标的移动将出现一个矩形路径，如图 10-29 所示。

（3）如果在矩形工具属性栏的“选择工具模式”下拉菜单中选择以“形状”方式创建图形选项，那么在图像中绘制的将是一个矩形形状图形，而且矩形框中将自动填充前景色，如图 10-30 所示。

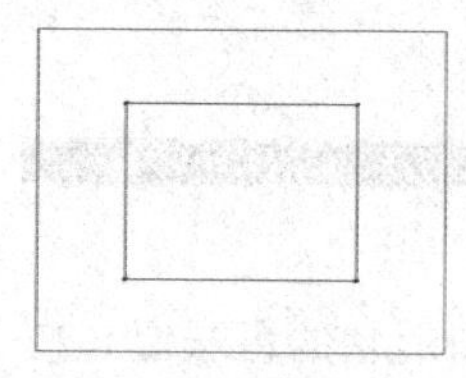

图 10-29

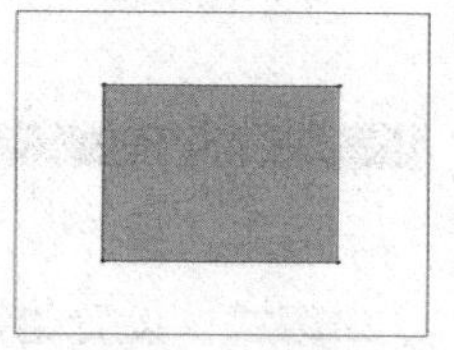

图 10-30

（4）绘制完形状图形后，在“路径”面板中将自动建立了一个形状路径，如图 10-31 所示。同时在“图层”面板中自动建立一个矩形图层，如图 10-32 所示。

图 10-31

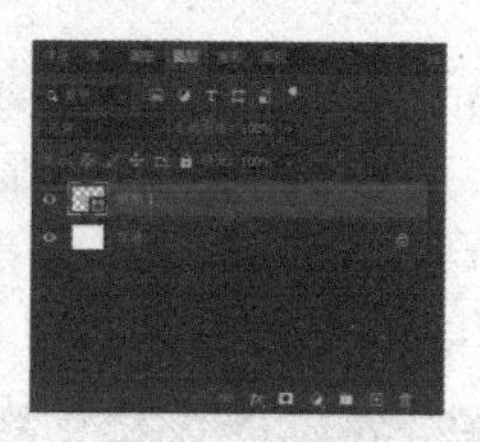

图 10-32

下面具体介绍矩形工具的属性栏：

1.“形状”选项

在使用形状工具绘制形状时，不但可以建立一个路径（其路径的名称为“形状路径”），还可以建立一个矩形图层，同时矩形图层内将填充前景色颜色。此时的工具属性栏如图 10-33 所示。

图 10-33

工具选项面板：在工具类按钮的右边，有一个“设置其他形状和路径选项”按钮，单击后将弹出一个选项面板（选择不同的工具模式选项面板的设置内容不同），如图 10-34 所示。

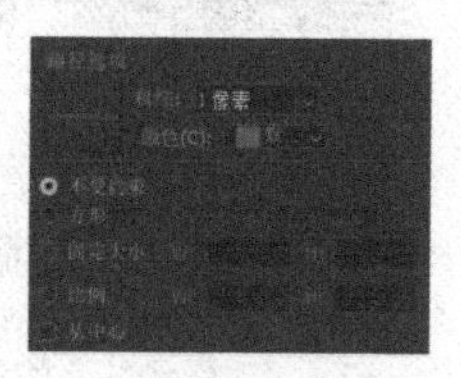

图 10-34

描边按钮：单击该按钮可打开一个面板，如图 10-35 所示，从中可以选择一种描边样式，以便在绘制形状时，应用于生成的形状之中。

Photoshop 可以在一个图层中创建多个形状图形，用户可以通过单击“路径操作”按钮，在弹出的下拉菜单中指定图形之间的关系，如图 10-36 所示。

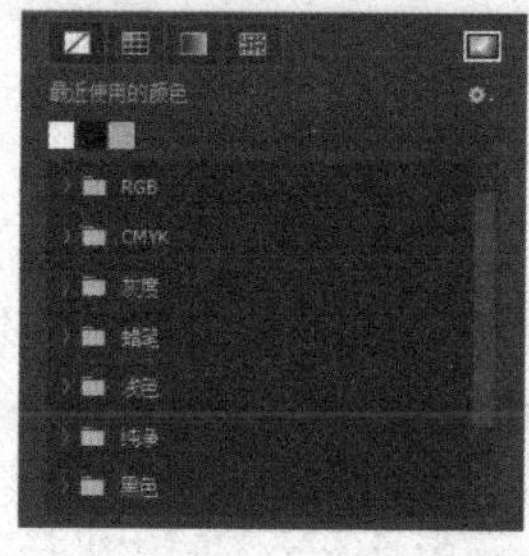

图 10-35

图 10-36

其中从上到下的每一个选项的意义为：

新建图层：创建新的形状图层。

合并形状：将新创建的形状添加到已经存在的形状当中。

减去顶层形状：从已经存在的形状中减去被新建形状覆盖的区域。

与形状区域相交：保留已经存在的形状与新建形状相交的区域。

排除重叠形状：保留已经存在的形状和新建形状，而除去两者的相交部分。

图 10-37 所示的分别是 5 种关系的图形。

新建图层

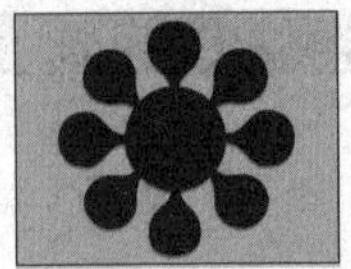
合并形状

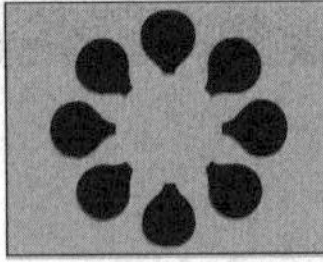
减去顶层形状

与形状区域相交

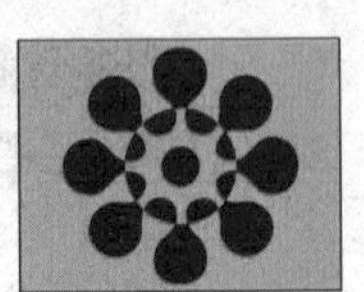
排除重叠形状

图 10-37

2. “路径”选项

在工具属性栏的“选择工具模式”下拉菜单中选择“路径”选项后，使用形状工具绘制形状时，会在“路径”面板上生成一个路径，其路径名称为“工作路径”，如图 10–38 所示。此时属性栏中就没有填充选项了。

3. “像素”选项

在工具属性栏的“选择工具模式”下拉菜单中选择“像素”选项后，将在当前图层中创建一个由前景色填充的形状图形，如图 10–39 所示。此时的属性栏中可以设置填充色的不透明度和混合模式，如图 10–40 所示。

图 10-38

图 10-39

图 10-40

模式：设置绘图形状的色彩混合模式，功能与绘图工具介绍的相同。

不透明度：设置绘制形状的不透明度。不同透明度值的设置，可以产生不同的效果。

10.3.2 使用圆角矩形工具和椭圆工具

圆角矩形工具和椭圆工具的操作方式与矩形工具完全相同，不同的只是在圆角矩形工具属性栏上多了一个“半径”文本框，圆角矩形工具的属性栏如图 10–41 所示。这个文本框用于控制圆角矩形 4 个角的圆滑程度。在默认情况下，“半径”的数值为 10 像素。图 10–42 所示的是 3 个不同“半径”值的圆角矩形按钮。

图 10-41

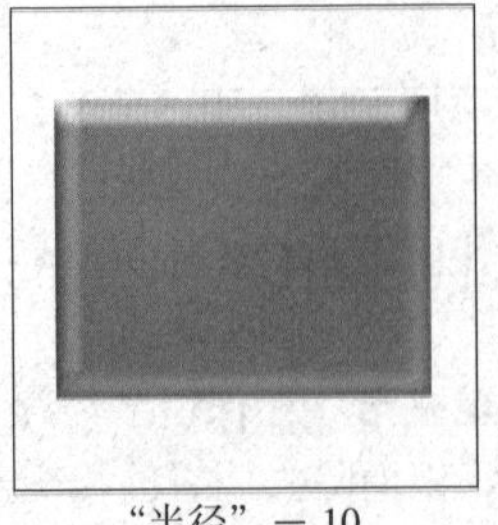
“半径”= 10

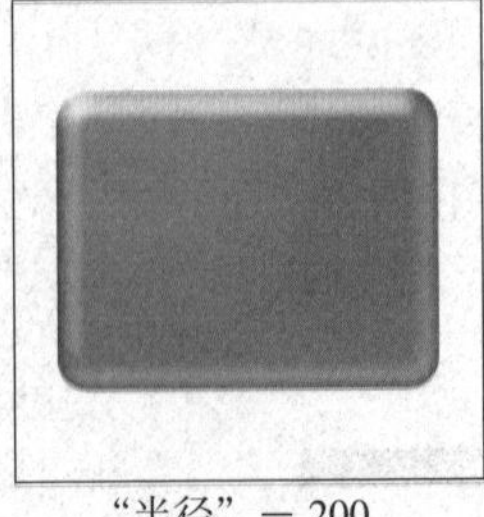
“半径”= 200

“半径”= 500

图 10-42

10.3.3 使用多边形工具

使用多边形工具可以绘制等边多边形。

操作步骤如下：

（1）设置前景色颜色，然后在工具箱中选择多边形工具。

（2）在属性栏中设置多边形工具的参数，如设置“样式”“颜色”“边”，其中“边”将决定绘制多边形的边数，默认状态下为5，如图10–43所示。

图10–43

（3）在图像窗口中单击并拖动鼠标，即可绘制出如图10–44所示的等边五边形。

（4）用户还可以通过设置多边形工具的选项，得到更多的多边形效果。单击“设置其他形状和路径选项”按钮，打开一个选项面板，如图10–45所示。可供设置的参数如下：

图10–44

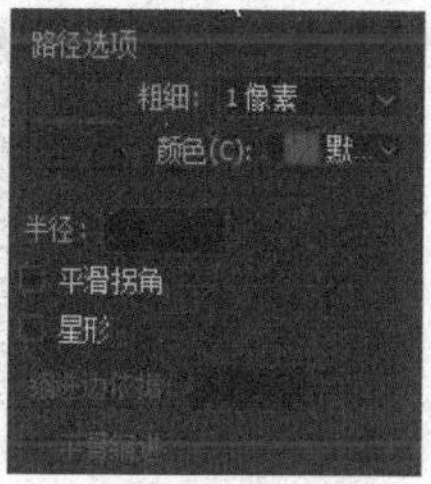

图10–45

半径：用于指定多边形半径。指定半径后，绘制的多边形将以一个固定的大小绘制。

平滑拐角：选中此复选框，可以模糊多边形的角，使绘制出来的多边形的角更加平顺，如图10–46所示。

图10–46

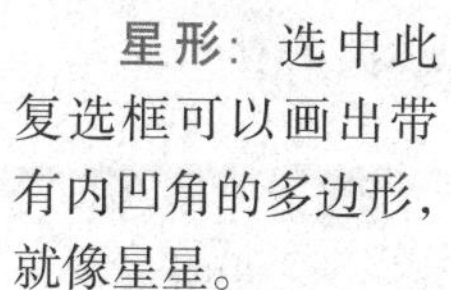

星形：选中此复选框可以画出带有内凹角的多边形，就像星星。

缩进边依据：选中此复选框后，绘制的多边形的角往内凹，其凹进程度由下面的“缩进边依据”文本框来设置，50%即为凹进一半，效果如图10–47所示。

平滑缩进：选中此复选框，可以模糊凹角，即选中“缩进边依据”复选框，而产生的凹角，如图10–47所示。

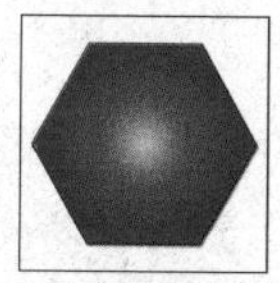

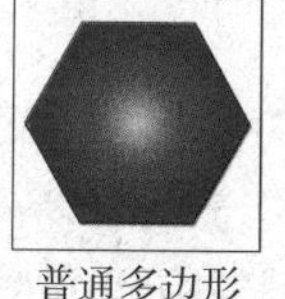

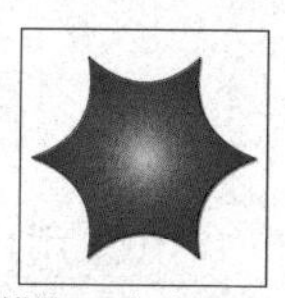

普通多边形　凹角多边形　模糊凹角多边形

图10–47

10.3.4 使用直线工具

使用直线工具可以绘制出直线、箭头的形状和路径。直线工具的属性栏与其他属性栏基本一样，只是多了一个“粗细”文本框，用于设置线条的宽度，此值的设置范围为1~1000，如图10–48所示。

图10–48

使用直线工具还可以绘制出各种各样的箭头，在属性栏中单击“设置其他形状和路径选项”按钮，打开直线工具的选项面板，如图 10–49 所示。各选项的设置如下：

起点：可以在起点位置绘制出箭头，如图 10–50 所示。

终点：可以在终点位置绘制出箭头，如图 10–50 所示。

宽度：设置箭头宽度，其值在 10%~1000% 之间。

长度：设置箭头长度，范围在 10%~5000% 之间。

凹度：设置箭头凹度，范围在 –50%~50% 之间。

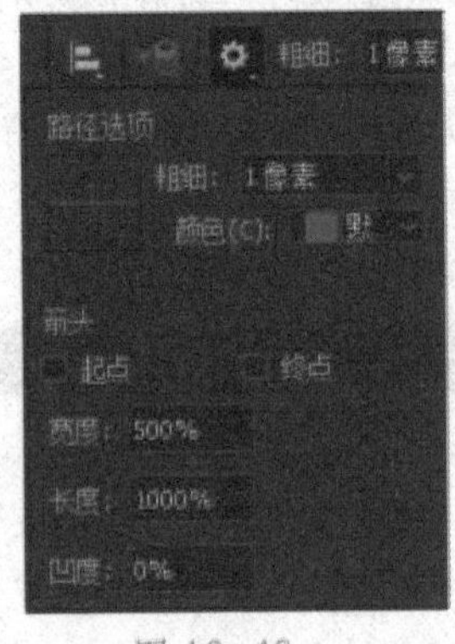

图 10–49

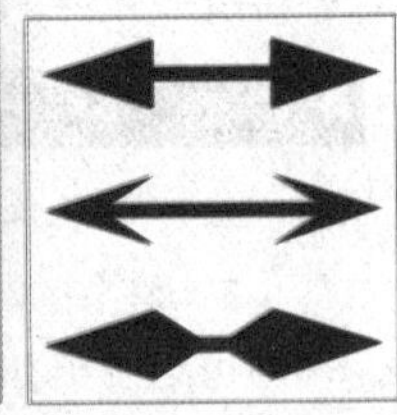

图 10–50

10.3.5 使用自定形状工具

使用自定形状工具可绘制各种预设形状，如箭头、月牙形、心形等形状。

具体操作步骤如下：

（1）先设置一种前景色。

（2）在工具箱中选择自定形状工具，接着在工具属性栏中单击“形状”选项框，弹出如图 10–51 所示的下拉列表选项框。在其中显示了许多预设的形状，这里随便选择一个形状图形（如选择小狗）。

（3）在图像窗口中单击鼠标并拖动，绘制形状图形，如图 10–52 所示。

图 10–51

图 10–52

10.3.6 保存自定形状

如果用户在工作中绘制了新的矢量造型，可以把它保存起来。存储自定义形状的方法如下：

（1）创建新路径，如图 10–53 所示。

（2）执行“编辑”|“定义自定形状”命令。

（3）在“形状名称”对话框中输入新形状的名称，如图 10–54 所示。

图 10–53

（4）新形状将出现在形状列表框中。单击形状列表框（形状工具属性栏）中右上角齿轮按钮，在弹出的菜单中选择“导出所选形状”命令，如图 10–55 所示。随后在弹出的“存储”对话框中设置保存文件的路径和文件名，单击“保存”按钮即可。

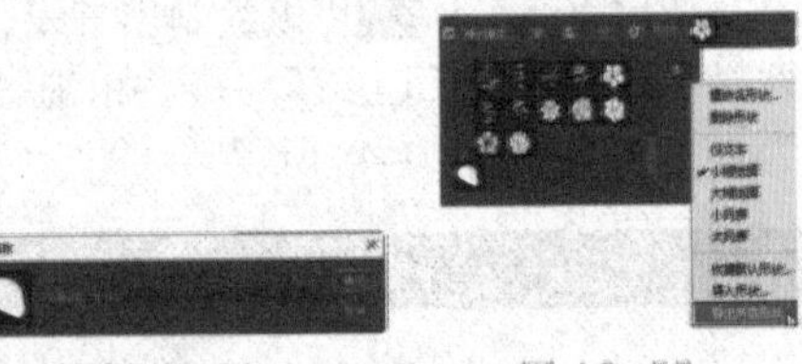

图 10–54

图 10–55

10.4 编辑路径

10.4.1 选择路径和锚点

在编辑路径之前需要先选中待编辑的路径和锚点。在Photoshop中，选择路径的常用工具是路径选择工具和直接选择工具。

使用这两种工具选中路径的效果是不一样的，使用路径选择工具选择路径后，被选择的路径以实心点的方式显示各个锚点，如图10-56所示，表示此时已选中整个路径；如果使用直接选择工具选择路径，则被选中的路径以空心点的方式显示各个锚点，如图10-57所示。

图10-56

图10-57

如果要调整路径中的某一个锚点，通常可以执行如下操作：

（1）使用直接选择工具单击路径线上的任一位置选中当前路径。

（2）移动光标至要选中的锚点上单击即可，如图10-58所示。当锚点被选中之后会变成实心点。

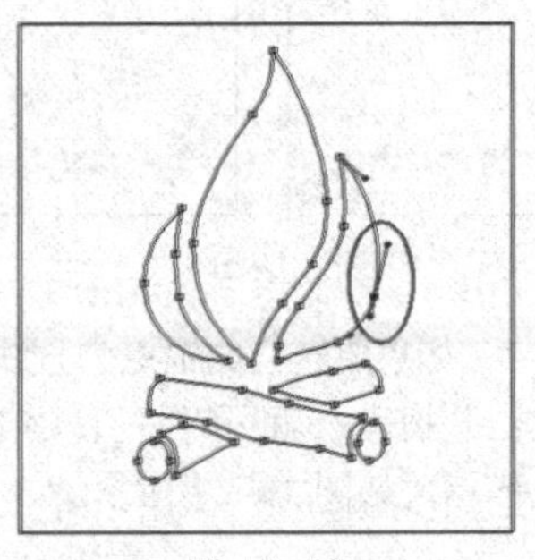

图10-58

10.4.2 添加和删除锚点

添加和删除锚点，使用的工具是添加锚点工具和删除锚点工具。这两个工具的使用方法如下：

添加锚点：选择工具箱中的添加锚点工具，移动光标到路径上（注意不能移动到锚点上）单击即可，如图10-59所示。

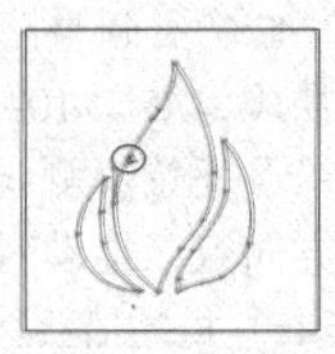

图10-59

删除锚点：选择工具箱中的删除锚点工具，移动光标至路径的锚点上单击即可，如图10-60所示。

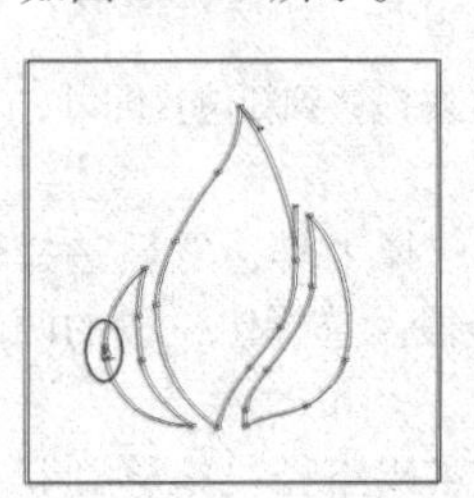

图10-60

10.4.3 更改锚点属性

锚点共有两种类型，即直线锚点和曲线锚点，这两种锚点所连接的分别是直线和曲线。使用编辑路径工具的转换点工具，就可以实现二者之间的转换。其操作方法如下：

（1）选择工具箱中的转换点工具，然后移动光标至图像中的路径锚点上单击，即可将一个曲线锚点转换为直线锚点，如图 10-61 所示。

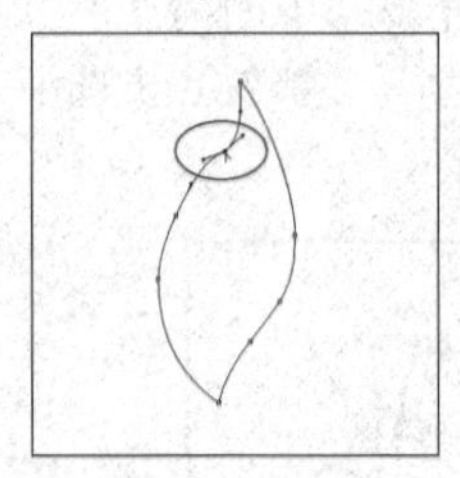
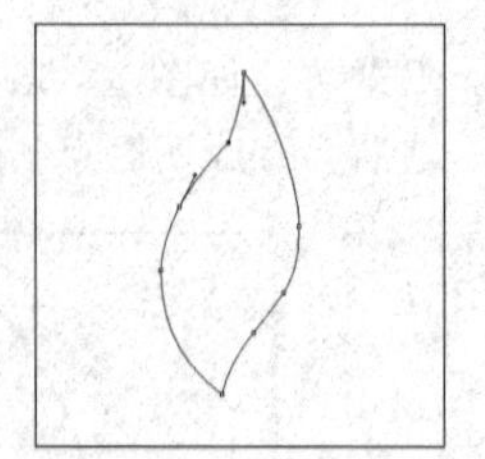

图 10-61

（2）如果要转换的锚点为直线锚点，只需单击并拖动，就可以将直线锚点转换为曲线锚点，如图 10-62 所示。

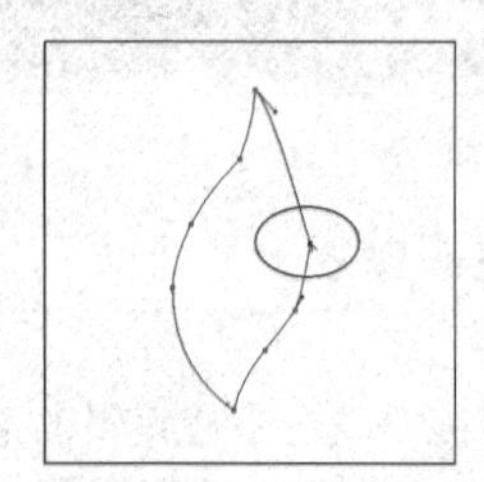
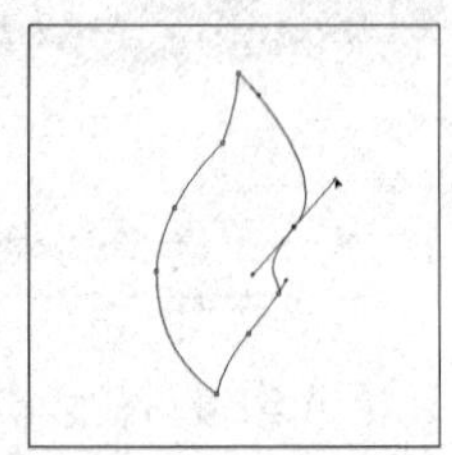

图 10-62

（3）使用转换点工具还可以调整曲线的方向和形状。调整曲线方向的方法是在曲线的一个锚点上按下鼠标并拖动即可；调整曲线形状的方法是按下【Alt】键拖动锚点即可。如图 10-63 所示。

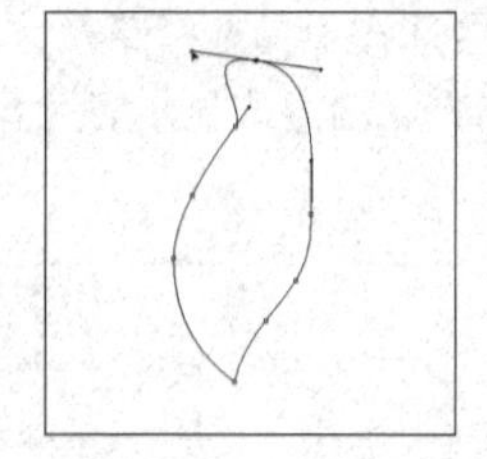
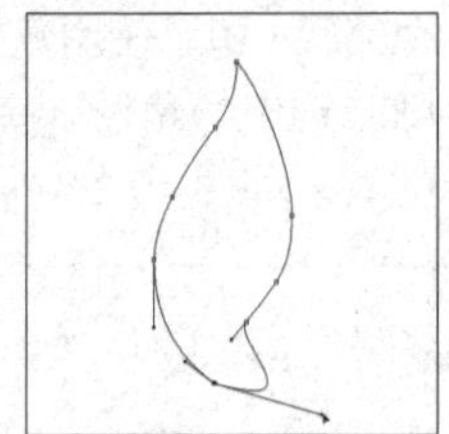

图 10-63

10.4.4 移动、整形和删除路径段

可以移动、整形或删除路径中的个别段，还可以添加或删除锚点以更改路径的形状。

1. 移动直线段

（1）选择直接选择工具，然后选择要调整的路径段。如果要调整路径段的角度或长度，请选择锚点。

（2）将所选路径段拖移到新位置即可。

2. 移动曲线段

（1）选择直接选择工具，然后选择要移动的锚点或路径段。选择定位段的两个锚点。

（2）将所选锚点或路径段拖移到新位置。拖移时按住【Shift】键可限制按 45° 角的倍数移动，如图 10-64 所示。

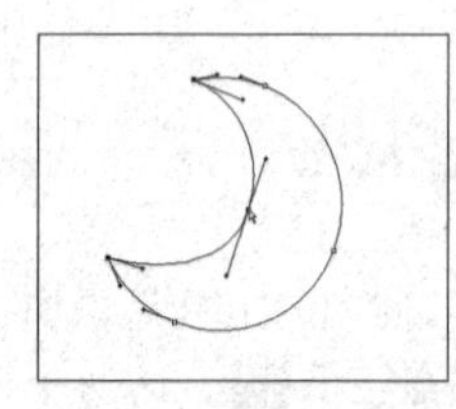
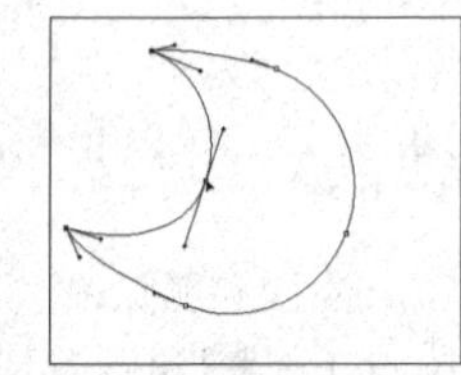

图 10-64

3. 调整曲线段

（1）选择直接选择工具，然后选择要调整的曲线路径段，出现该段的方向线。

（2）调整曲线。如果要调整路径段的位置，请拖动此路径段，如图 10-65 所示；如果要调整所选锚点任意一侧线段的形状，拖动此锚点或方向点，拖动时按住【Shift】键可以限制按 45° 角的倍数移动，如图 10–66 所示。

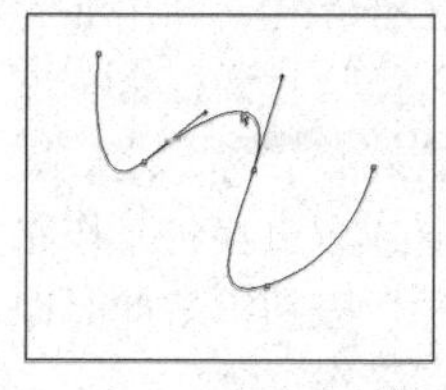
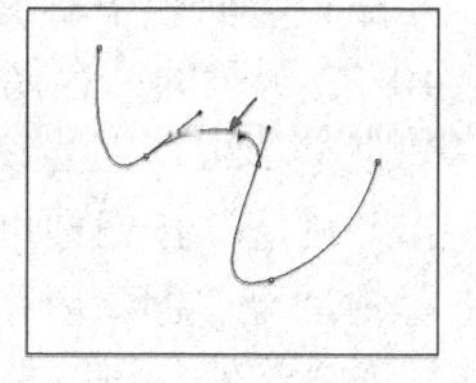

图 10–65

4. 删除路径段

（1）选择直接选择工具，然后选择要删除的曲线段。

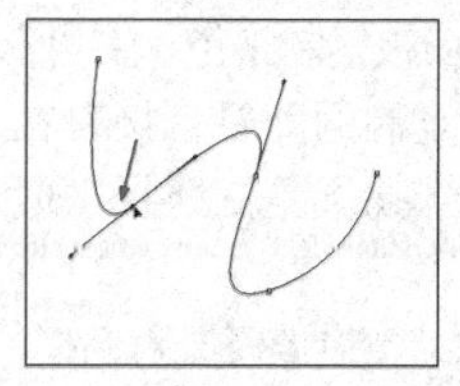
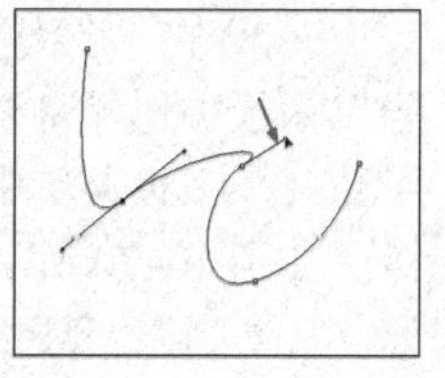

图 10–66

（2）按下【Backspace】键删除所选曲线段。再次按下【Backspace】键或【Delete】键可删除其余的路径。

10.4.5 移动、整形、拷贝和删除路径

1. 移动路径

在“路径”面板中选择路径名，使用路径选择工具在图像中选择路径（如果要选择多个路径，可以在按住【Shift】键后分别单击其他路径，将其加选），然后进行移动，如图 10–67 所示。

图 10–67

2. 整形路径

在“路径”面板中选择路径名，使用直接选择工具选择路径中的锚点。将该锚点或其方向点拖移到新位置。

3. 组合重叠的路径

（1）在“路径”面板中选择路径名，运用路径选择工具使用框选的方法选择所有路径。

（2）单击工具属性栏中的“组合”按钮，即可将选中的路径图形组合成一个单个路径，如图 10–68 所示。

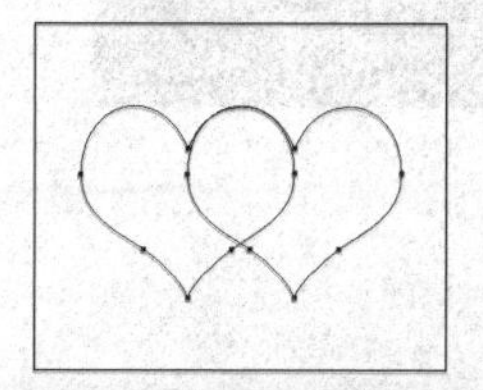

图 10–68

4. 路径的复制、粘贴和删除

路径可以看作是一个图层中的图像，因此可以对它进行复制、粘贴、删除等操作。方法如下：

（1）使用命令复制路径。可以在选中路径后，执行“编辑” | “拷贝”命令或者使用快捷键【Ctrl+C】将路径复制到剪切板上，然后进行粘贴。

（2）在移动时复制路径。在“路径”面板中选择路径名，使用路径选择工具选中路径，然后按住【Alt】键并拖动所选路径，即可完成对路径的复制，如图 10–69 所示。

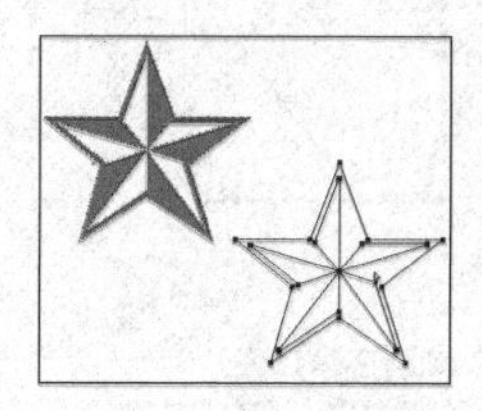

图 10–69

（3）在“路径”面板复制路径。在“路径”面板中选择将要复制的路径，接着在“路径”面板菜单中选择“复制路径”命令，如图 10–70 所示。

（4）接着会弹出“复制路径”对话框，如图 10–71 所示，在该对话框中输入一个名称或者按默认的，之后单击“确定”按钮即可完成路径的复制。

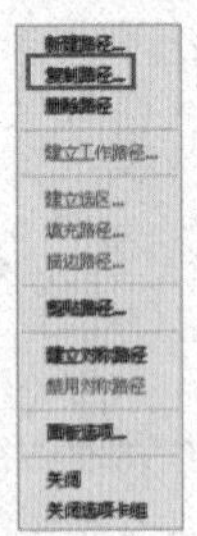

图 10–70

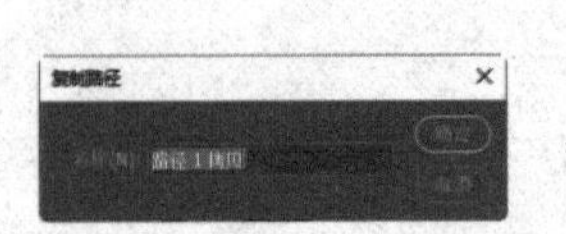

图 10–71

提示：无法复制“工作路径”，如果需要对工作路径中的内容进行复制时，须将工作路径保存为普通路径，方可进行复制操作。

（5）工作路径转换普通路径。在“路径”面板中双击工作路径，弹出如图 10–72 所示的“存储路径”对话框，在该对话框中根据需要设置路径名称，之后单击“确定”按钮即可。或者直接将工作路径拖动至“创建新路径”按钮上。此时即可对工作路径进行保存操作。

（6）删除路径。在“路径”面板中将删除的路径拖动至删除路径按钮上，或者在选中路径后，选择面板菜单中的“删除路径”命令即可，如图 10–73 所示。

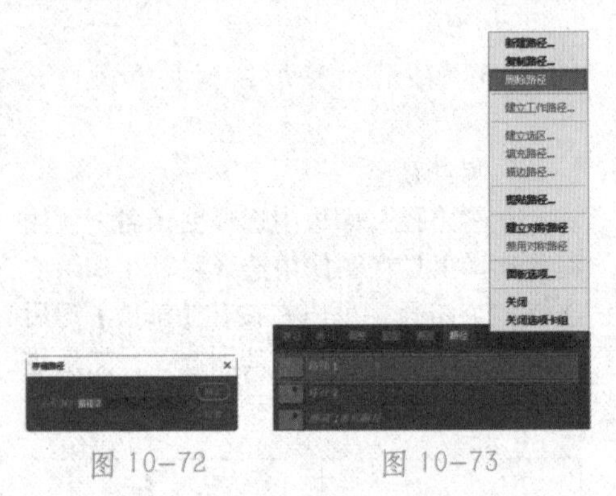

图 10–72　　图 10–73

10.4.6 路径的变形

在选中了任何一个路径后，在“编辑”菜单中原来的“自由变换”和“变换”菜单项均变为“自由变换路径”和“变换路径”菜单项。如图 10–74 所示的是变换前后的路径效果。

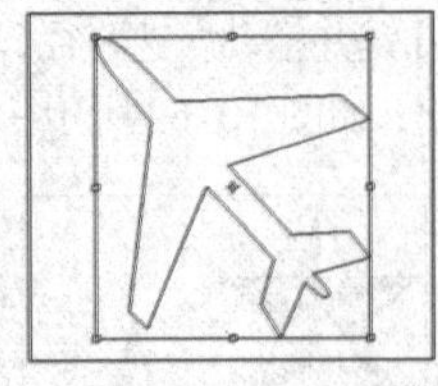

图 10–74

另外，如果在路径选择工具的属性栏中选择“显示定界框”复选框，则选取路径时，会显示路径边框，如图 10–75 所示。调整定界边框，即可以对路径进行变换。

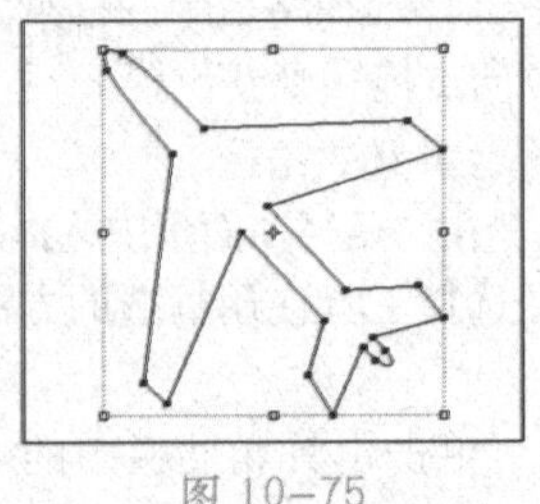

图 10–75

10.4.7 路径的填充和描边

路径的另一个功能是可以直接进行编辑，其操作如下：

（1）确认要进行填充的路径是处于当前编辑的图形，如图10–76所示，单击鼠标右键，在弹出的快捷菜单中选择“填充路径”命令，如图10–77所示。或者在“路径”面板菜单中选择“填充路径”命令，打开“填充路径”对话框，如图10–78所示。

图 10–76

图 10–77

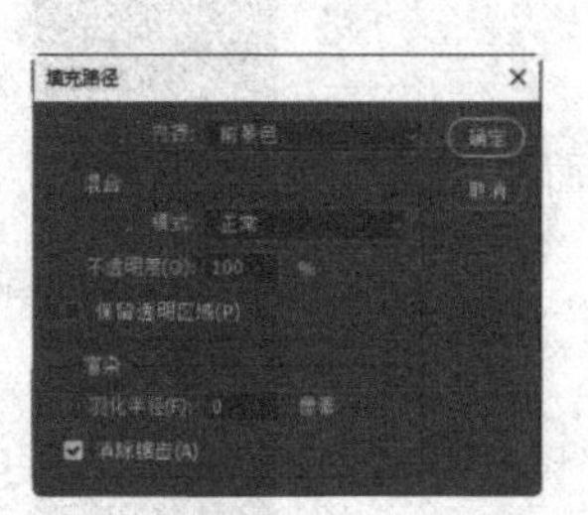

图 10–78

（2）在“填充路径”对话框中的“内容”属性栏中可以设置填充方式，如图10–79所示。在“渲染”属性栏中，可以设置在填充颜色的时候，是否具有羽化功能和消除锯齿功能，完成上述设置后，单击“确定”按钮完成。最后得到的效果如图10–80所示。

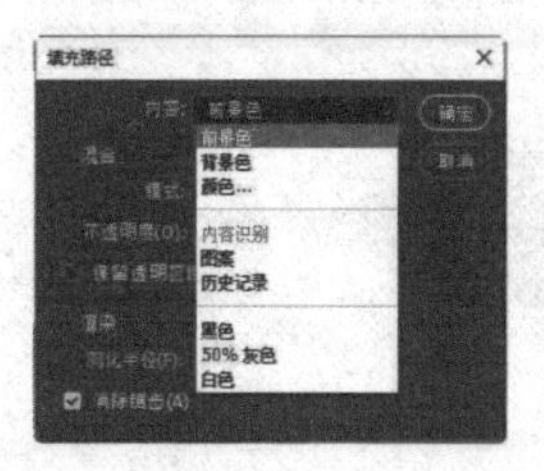

图 10–79

图 10–80

（3）下面进行路径描边操作，在描边之前同样需要打开要描边的路径（也就是说确认描边的路径为当前的编辑图形）。然后单击鼠标右键，在弹出的快捷菜单中选择“描边路径”命令，如图10–81所示。或者在“路径”面板菜单中选择“描边路径”命令，打开“描边路径”对话框，如图10–82所示。

（4）在“描边路径”对话框中只有一个“工具”选项列表框，从中可以选择一种描边工具，如图10–83所示。比如这里选择“铅笔”工具，单击“确定”按钮完成，得到的描边效果如图10–84所示。

图 10–81

图 10–82

图 10–83　　图 10–84

说明： 在对路径进行描边前，首先应该对应用的描边工具（比如“铅笔工具”）进行一些相关的参数设置。

10.4.8　输出剪贴路径

使用剪贴路径命令可以把图像分离开来，从而得到一个背景透明的图像。

首先把“工作路径”拖动到路径面板底部的“创建新路径”图标上，于是便出现了“路径 1”。然后在“路径”面板菜单中选择“剪贴路径”命令，如图 10-85 所示，或在路径图像中单击鼠标右键，在弹出的快捷菜单中选择

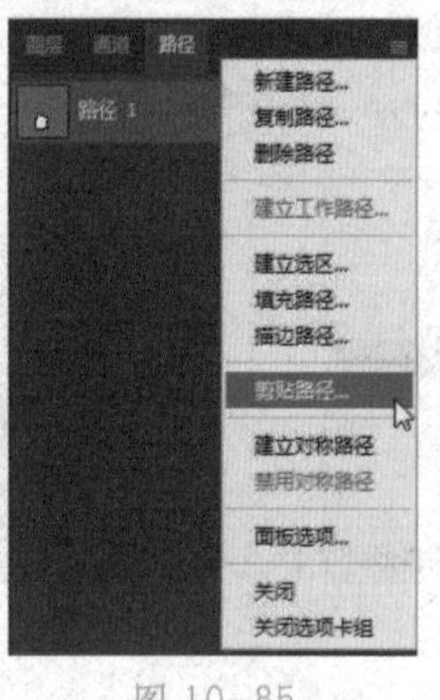

图 10-85

“剪贴路径”命令，此时系统将打开“剪贴路径”对话框，如图 10-86 所示。

图 10-86

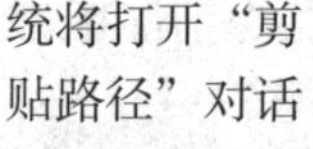

根据需要进行参数设置，之后单击“确定”按钮即可完成输出剪贴路径。此后，可以执行“文件” | “存储为”命令，将图像保存为“TIF”格式，其他支持剪贴路径的应用程序软件可以使用这个图像文件获得用户需要的图形形状。

10.4.9 打开和关闭路径

（1）关闭路径：在“路径”面板中选中要关闭的路径名称，然后单击“路径”面板中路径以外的地方，即可关闭路径。

（2）打开路径：只需在“路径”面板中单击路径名称即可。

（3）隐藏路径：使用快捷键【Shift+Ctrl+H】，可将路径隐藏。隐藏路径后，图像中已看不到路径，但在“路径”面板中，路径名称仍然以蓝色显示。

10.5 路径和选区之间的转换

10.5.1 将路径转换为选区

路径的另一个功能就是可以将其转换为选区，其操作步骤如下：

（1）先编辑好路径，然后打开“路径”面板菜单，选择“建立选区”命令，如图 10-87 所示。或者在图像中单击鼠标右键，在弹出的快捷菜单中选择“建立选区”命令。

（2）随后打开“建立选区”对话框，如图 10-88 所示，根据需要进行设置，之后单击“确定”按钮即可。

“建立选区”对话框中的“羽化半径”文本框，可以控制转换后选区边缘的羽化程度。若选择“消除锯齿”复选框，则转换后的选区具有消除锯齿的功能。

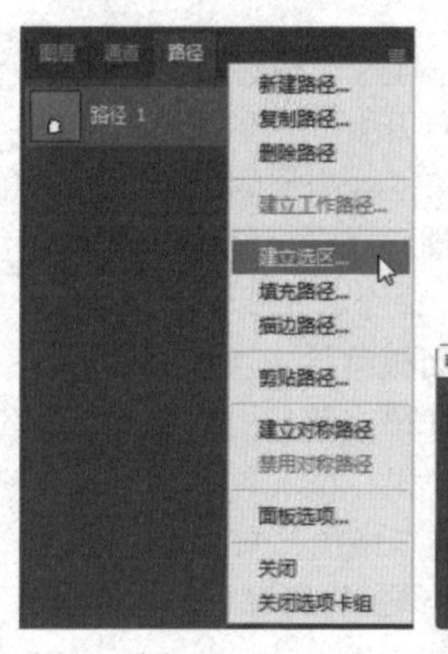

图 10-87

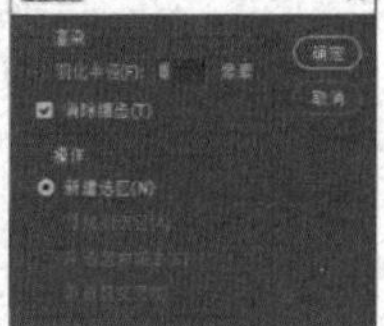

图 10-88

（3）如果是一个开放的路径，则在转换为选区后，其起点和终点会自动成为

一个封闭的选区。若在选中路径后，单击“路径”面板中的“将路径作为选区载入”按钮，则直接将路径转换为选区。图 10-89 所示为转换选区前后的效果。

图 10-89

10.5.2 将选区转换为路径

用户可以将当前图像中任何选区转换为路径，其方法是只需在创建选区后单击“路径”面板底部的“从选区生成工作路径”按钮即可。

或者是在创建选区后确认当前的工具为创建选框工具，之后在图像中单击鼠标右键，从弹出的快捷菜单中选择“建立工作路径”命令，如图 10-90 所示，随后在弹出的如图 10-91 所示的“建立工作路径”对话框中根据需要进行参数设置即可。

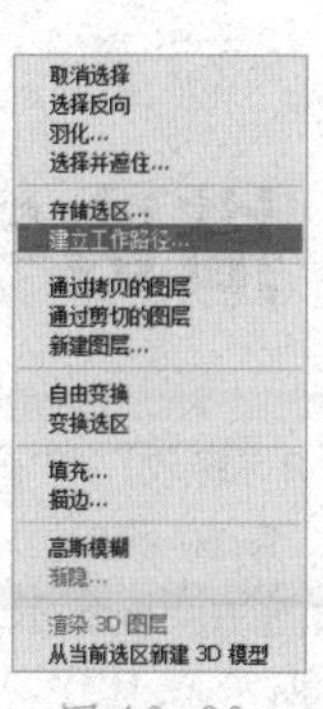

图 10-90

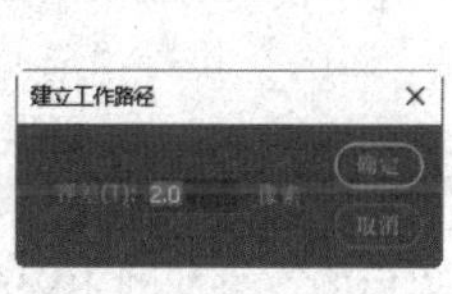

图 10-91

10.6 提高训练——描边文字制作

通过描边路径的功能，可以在操作对象的周围添加一些修饰的图形。本节以制作描边文字效果来加强对路径的应用理解。

本例操作步骤如下：

（1）执行“文件”|“新建”命令，打开“新建”对话框。在对话框中设置图像文件的参数，完成后单击“确定”按钮，如图 10-92 所示。

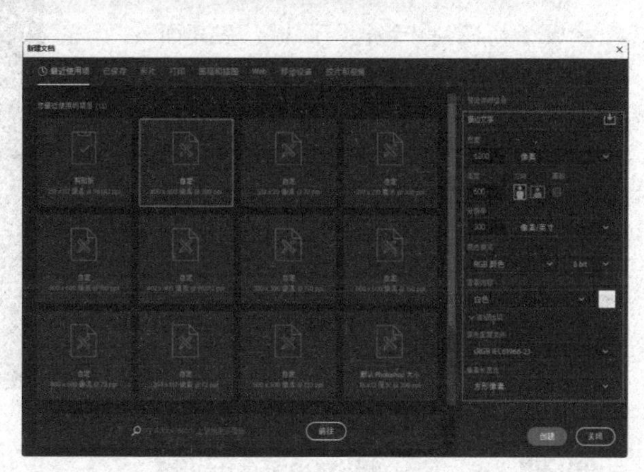

图 10-92

（2）单击“图层”面板中的“创建新图层”按钮，新建一个图层。选择横排文字工具，在工具属性栏中进行如图 10-93 所示的设置。然后在窗口中单击并输入“描边字”。

图 10-93

（3）在工具属性栏中单击“提交当前所有编辑”按钮，结束文字输入。在“图层”面板中单击“创建新图层”按钮，新建一个图层，如图 10-94 所示。

（4）按下【Ctrl】键，单击文字图层左侧的缩览图“T”，载入文字选区，如图 10-95 所示。

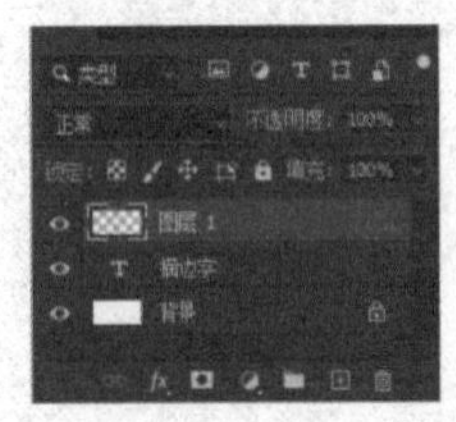

图 10-94

图 10-95

（5）执行“选择”|“修改”|“扩展”命令，设置“扩展量”为 10 像素，然后单击“确定”按钮，如图 10-96 所示。扩边后的效果如图 10-97 所示。

图 10-96

图 10-97

（6）切换到“路径”面板，在其面板菜单中选择“建立工作路径”，弹出“建立工作路径”对话框，设置“容差”为 1 像素，然后单击“确定”按钮，如图 10-98 所示。创建的路径效果如图 10-99 所示。

图 10-98

图 10-99

（7）在“路径”面板中单击面板右上角的按钮，从弹出的面板菜单中选择“存储路径”，如图 10-100 所示。弹出“存储路径”对话框，以默认的路径名称存储，然后单击“确定”按钮，如图 10-101 所示。

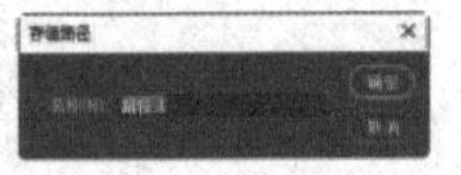

图 10-100

图 10-101

（8）在工具面板中选择画笔工具。执行“窗口”|“画笔”命令，打开“画笔”面板。在面板中选择“特殊效果画笔”组下名为“Kyle 的屏幕色调 38”的画笔。然后切换到“画笔设置”面板，再修改画笔的直径和间距，如图 10-102 所示。

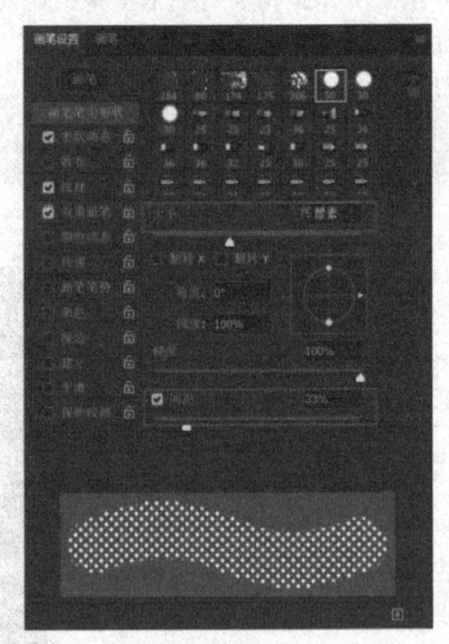

图 10-102

（9）设置前景色为蓝色，然后在“路径”面板中用鼠标右击“路径 1”，从弹出的菜单中选择“描边路径”，如图 10-103 所示。

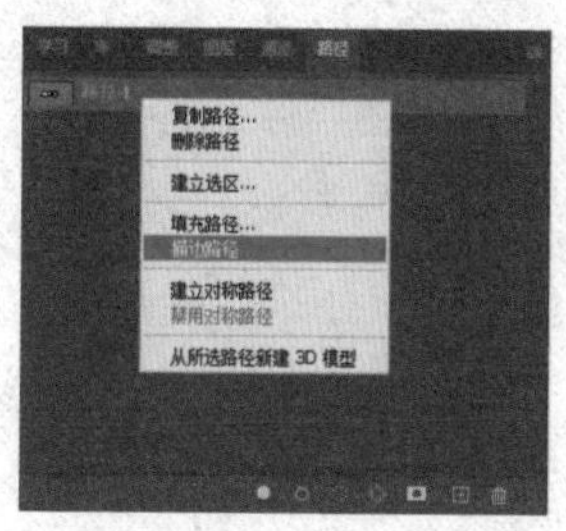

图 10-103

（10）在弹出的“描边路径”对话框中，从“工具”中选择“画笔”，然后单击“确定”按钮，如图 10-104 所示。描边后的效果如图 10-105 所示。

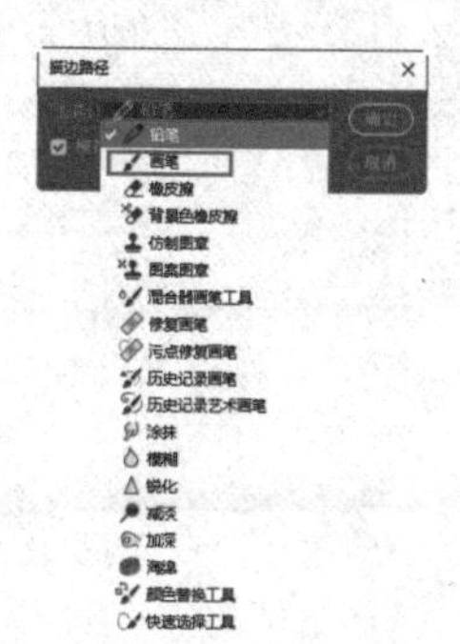

图 10-104 　　图 10-105

（11）按下【Ctrl】键单击“路径”面板中的“路径 1”，将路径转换为选区，然后按【Del】键删除选区中的对象，效果如图 10-106 所示。

（12）切换到“图层”面板，将“图层 1”拖到“创建新图层”按钮进行复制，得到“图层 1 副本”，如图 10-107 所示。

图 10-106

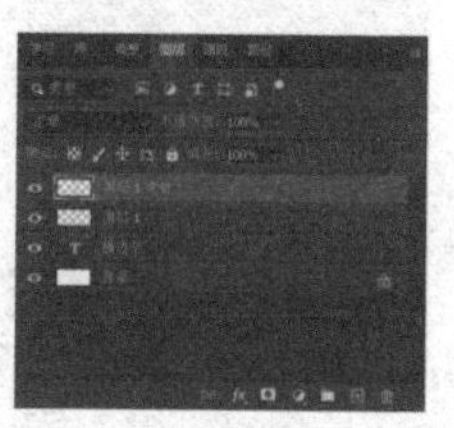

图 10-107

（13）选择“图层 1”。执行“选择”|“反选”命令，将选区反选，然后执行“滤镜”|“模糊”|“径向模糊”命令，参数设置如图 10-108 所示，然后单击“确定”按钮。按【Ctrl+D】取消选区，至此，整个描边文字效果也就制作完了，效果如图 10-109 所示。

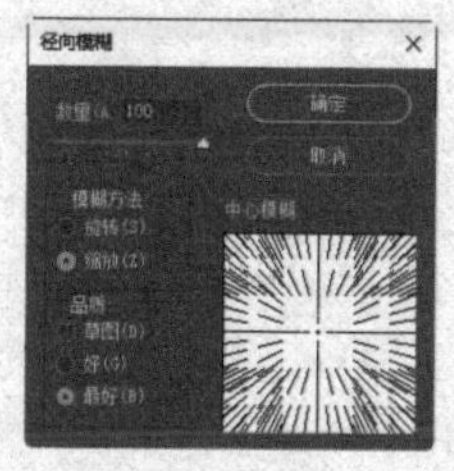

图 10-108 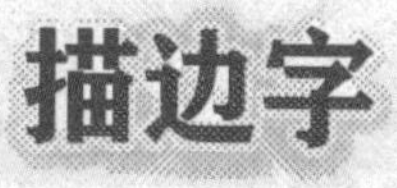　　图 10-109

10.7 本章回顾

本章讲解的是关于路径操作的知识。路径可以是一个点、一条直线或一条曲线。用户可以沿着这些线段或是曲线进行填充颜色或进行描边，从而绘制出图像。要想绘制出完美的作品，路径的形状非常重要，此时就会引出路径的创建，创建路径所使用的工具，之后便开始路径的绘制，此时也会出现新的问题，也就是说不能一次性地将路径绘制完成，那么就需要对路径进行编辑操作，比如：移动、添加、删除锚点；调整路径形状和大小等，直到达到满意的效果为止。

需要补充说明的一点是：美术功底对每一位从事绘画工作的人都很重要，这需要用户通过不断学习来提高自己。

第 11 章

使用滤镜创建特殊效果

本章主要内容与学习目的

- 滤镜简介
- 滤镜的功能
- 滤镜的基本操作
- 艺术效果滤镜
- 模糊滤镜
- 画笔描边滤镜
- 扭曲滤镜
- 杂色滤镜
- 像素化滤镜
- 混合滤镜效果
- 外挂滤镜的使用
- 提高训练——压痕文字制作
- 本章回顾

使用 Photoshop 2020 中的滤镜特效功能能够制作出丰富多彩、变幻莫测的视觉艺术效果。Photoshop 的滤镜种类可分为“内置”滤镜和“外挂”滤镜两种，但是使用最多的是各种内置滤镜。

11.1 滤镜简介

从原理上讲，滤镜是一种置入 Photoshop 的外挂功能模块，或者也可以说它是一种开放式的程序，它是众多图像处理软件进行图像特殊效果处理制作而设计的系统处理接口。Photoshop 2020 的内部自身附带了近百种滤镜，除此之外还可另外安装第三厂商开发的滤镜，以插件的方式挂接到 Photoshop 中。同时，用户还可以用 Photoshop Filter SDK 来开发自己设计的滤镜。通常，把 Photoshop 内部自身附带的滤镜叫内置滤镜，把第三厂商开发的滤镜叫作外挂滤镜。Photoshop 滤镜的执行是通过“滤镜”菜单来实现的，如图 11-1 所示。

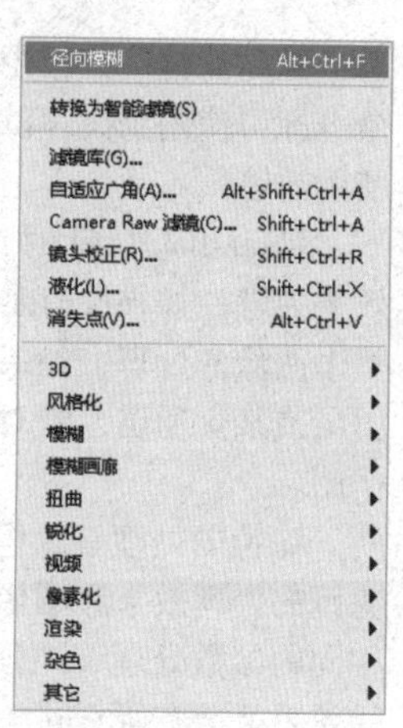

图 11-1

Photoshop 的滤镜主要有 5 个方面的作用：优化印刷图像、优化 Web 图像、提高工作效率、提供创意效果和创建三维效果。有了它，Photoshop 的用户就会如虎添翼，它能够以简单方法来实现惊人的效果。

随着 Photoshop 的版本不断升级，自带的滤镜也逐渐增加了不少，2020 版自带了近 100 个滤镜，分别将其存放在“滤镜”菜单中。尽管这些滤镜功能各异，并且可以通过混合使用来达到复杂的效果，但是在操作上各种滤镜都是大同小异，用户只要了解到该滤镜的实际效果，在调整其参数时就比较容易了。大部分滤镜都可以在预览窗中看到调整过程中的效果。

11.2 滤镜的功能

滤镜是用来创建特殊效果的。其中一部分滤镜可以用来校正图像，对图像进行修复。另外一部分滤镜则用来破坏原有画面的正常位置和颜色，从而模仿自然界的各种状况或者产生一种抽象的色彩效果。

Photoshop 的所有滤镜都按类别放置在“滤镜”菜单中，使用时只需用鼠标单击这些滤镜命令即可。

此外，Photoshop 还允许安装其他厂商提供的滤镜，这些从外部装入的，不是 Photoshop 本身拥有的滤镜，称之为外挂滤镜。外挂滤镜的种类很多，例如 KPT（Kai's Power Tools）、Eye Candy 3.0 等，都是很典型的外挂滤镜，这些滤镜各有各的特殊效果。安装了这些滤镜后，就会显示在“滤镜”菜单中，可以和使用 Photoshop 内部滤镜一样使用它们。

11.3 滤镜的基本操作

11.3.1 应用滤镜

从“滤镜”菜单中选择相应的子菜单命令即可使用滤镜。以下讲解可以帮助您使用滤镜：

Photoshop 会针对选取区域进行滤镜效果处理；如果没有定义选取区域，则对整个图像作处理；如果当前选中的是某一图层或某个通道，则对当前图层或通道起作用。

滤镜的处理是以像素为单位，因此，滤镜的处理效果和图像的分辨率有关系，相同的参数处理不同分辨率的图像，产生的效果就会有所不同。

只对局部图像进行滤镜效果处理时，可以对选取范围设定羽化值，使处理的区域能够自然而且渐进地与原图像融合，减少突兀的感觉。

上一次选取的滤镜出现在菜单顶部。单击它可快速重复使用刚才的滤镜操作。若使用键盘，则可按下【Ctrl+F】组合键。如果按下【Ctrl+Alt+F】组合键，则会重新打开上一次使用的滤镜对话框。

在任何一个对话框中，按下【Alt】键，对话框中的“取消”按钮会变成“重置”按钮，单击它可以将滤镜设置恢复到刚打开对话框时的状态。

在“位图”“索引颜色”“16 位”的色彩模式下不能使用滤镜。此外，对不同的色彩模式，使用范围也不同，在 CMYK 和 Lab 模式下，有部分滤镜不能使用，如“艺术效果”滤镜等。

使用“编辑”菜单中的“返回”和“向前”命令可以比较使用滤镜前后的效果。

滤镜功能是非常强大的，使用起来千变万化，运用得体将产生各种各样的特效。下面是使用滤镜的一些技巧：

（1）可以对单独的某一层图像使用滤镜，然后通过色彩混合进行图像合成。

（2）可以对单一的色彩通道或者是 Alpha 通道使用滤镜，然后合成图像。或者将 Alpha 通道中的滤镜效果应用到图像中。

（3）可以选择某一选取范围使用滤镜效果，并对选取范围边缘施以“羽化”，以便选取范围中的图像和原图像融合在一起。

（4）可以将多个滤镜混合使用，从而制作出漂亮的文字、图像或底纹。

（5）将多个滤镜录制成一个“动作”后使用，这样执行一个“动作”就可以完成多步操作，就像使用一个滤镜操作一样。

11.3.2 滤镜库的使用

在 Photoshop 2020 中将有些滤镜作为一个整体，放置在“滤镜库”中。用户可以直接打开“滤镜库”选择需要的滤镜，或者从菜单中选择需要的滤镜，均会弹出关于当前选择滤镜的参数设置对话框，以供用户进行参数设置。

下面详细介绍“滤镜库”的使用。执行“滤镜”|“滤镜库”命令，弹出“滤镜库”

对话框，如图 11-2 所示。

图 11-2

对话框的左侧是图像预览区，单击预览区下部的按钮可以缩小预览图像，单击按钮可以放大预览图像。100%显示当前图像的比例，单击其右侧向下箭头，弹出如图 11-3 所示的菜单。可以从中选择图像的显示比例。如果选择“实际像素”，则显示图像的实际大小。选择“符合视图大小”，则会根据对话框的大小缩放图像。选择“按屏幕大小缩放”，则会满屏幕显示对话框，并缩放图像到合适的尺寸。

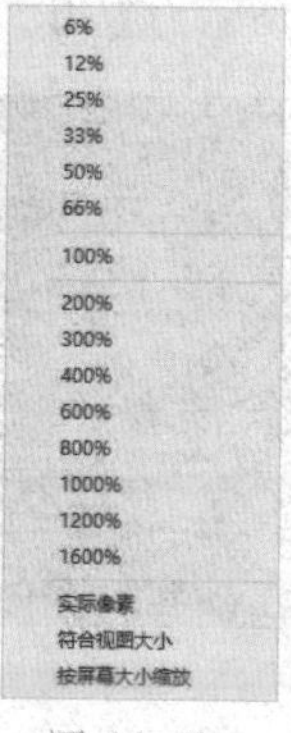

图 11-3

调整中间的各种滤镜。单击滤镜组名称左侧的三角箭头可以打开一组滤镜，比如这里选择“素描”滤镜组，如图 11-4 所示，接着在其中选择一种滤镜效果，此时对话框的右侧将显示出关于该滤镜的相关设置参数，如图 11-5 所示。

图 11-4

图 11-5

选择不同的滤镜，显示的设置选项也是不同的。另外还可以在对话框右侧的列表框中选择应用的各种滤镜效果，如图 11-6 所示。对话框的右下部分显示了当前应用在图像上的所有滤镜效果。单击对话框底部右侧的“新建效果图层”按钮，可以添加新的滤镜效果。单击“删除效果图层”按钮，可以删除选中的滤镜效果。当对一幅图片应用多种滤镜时，在对话框右下部分只显示选中滤镜及其设置选项，如图 11-7 所示。

图 11-6

图 11-7

在应用的滤镜名称左侧，有一个眼睛图标，单击可以显示或取消该滤镜效果的预览。拖动应用的滤镜效果可以改变应用滤镜的顺序。

11.4 艺术效果滤镜

“艺术效果”滤镜用来为美术或商业项目制作绘画效果或特殊效果。共有 15 种滤镜效果，这些滤镜模仿自然或传统材质效果。

11.4.1 彩色铅笔

使用彩色铅笔在纯色背景上绘制图像，可保留重要边缘，外观呈粗糙阴影线；纯色背景色透过比较平滑的区域显示出来。图 11-8 所示为应用“彩色铅笔”滤镜前后的效果。

图 11-8

11.4.2 木刻

将图像描绘成好像是由从彩纸上剪下的边缘粗糙的剪纸片组成的。高对比度的图像看起来呈剪影状，而彩色图像看上去是由几层彩纸组成的。图 11-9 所示为应用“木刻”滤镜前后的效果。

图 11-9

11.4.3 干画笔

使用干画笔技术（介于油彩和水彩之间）绘制图像边缘。此滤镜通过将图像的颜色范围降到普通颜色范围来简化图像。图 11-10 所示为应用“干画笔”滤镜前后的效果。

图 11-10

11.4.4 胶片颗粒

将平滑图案应用于图像的阴影色调和中间色调。将一种更平滑、饱合度更高的图案添加到图像的亮区。在消除混合的条纹和将各种来源的像素在视觉上进行统一时，此滤镜非常有用。图 11-11 所示为应用“胶片颗粒”滤镜前后的效果。

图 11-11

11.4.5 壁画

使用短而圆的、粗略轻涂的小块颜料，以一种粗糙的风格绘制图像。图 11-12 所示为应用“壁画”滤镜前后的效果。

图 11-12

11.4.6 霓虹灯光

可以对图中的对象添加不同类型的发光效果，并且对柔和图像的外观和着色图像非常有用。图 11-13 所示为应用“霓虹灯光”滤镜制作的发光效果。图 11-14 所示为应用“霓虹灯光”滤镜制作的柔和、着色效果。

图 11-13

图 11-14

11.4.7 绘画涂抹

可以选取各种大小（从 1~50）和类型的画笔来创建绘画效果。画笔类型包括简单、未处理光照、未处理深色、宽锐化、宽模糊和火花。图 11-15 所示为应用画笔类型为简单的绘画涂抹滤镜前后的效果（其他的画笔类型效果在这里就不一一显示了，读者可以自行尝试体验）。

图 11-15

11.4.8 调色刀

减少图像中的细节以生成描绘得很淡的画布效果，可以显示出下面的纹理。图 11-16 所示为应用“调色刀”滤镜前后的效果。

图 11-16

11.4.9　塑料包装

给图像涂上一层光亮的塑料，以强调表面细节。图 11–17 所示为应用“塑料包装”滤镜前后的效果。

图 11–17

11.4.10　海报边缘

根据设置的海报化选项减少图像中的颜色数量（色调分离），并查找图像的边缘，在边缘上绘制黑色线条。图像中大而宽的区域有简单的阴影，而细小的深色细节遍布图像。图 11–18 所示为应用“海报边缘”滤镜前后的效果。

图 11–18

11.4.11　粗糙蜡笔

使图像看上去好像是用彩色粉笔在带纹理的背景上描边。在亮色区域，粉笔看上去很厚，几乎看不见纹理；在深色区域，粉笔似乎被擦去了，使纹理显露出来。图 11–19 所示为应用“粗糙蜡笔”滤镜前后的效果。

图 11–19

11.4.12　涂抹棒

使用短对角线描边涂抹图像中的暗区，以柔化图像。亮区变得更亮，以致失去细节。图 11–20 所示为应用“涂抹棒”滤镜前后的效果。

图 11-20

11.4.13 海绵

使用颜色对比强烈、纹理较重的区域创建图像，使图像看上去好像是用海绵绘制的。图 11-21 所示为应用“海绵”滤镜前后的效果。

图 11-21

11.4.14 底纹效果

在带纹理的背景上绘制图像，然后将最终图像绘制在该图像上。图 11-22 所示为应用“底纹效果”滤镜前后的效果。

图 11-22

11.4.15 水彩

以水彩的风格绘制图像，简化图像细节，使用蘸水和颜色的中号画笔绘制。当边缘有显著的色调变化时，此滤镜会使颜色饱满。图 11-23 所示为应用“水彩”滤镜前后的效果。

图 11-23

11.5 模糊滤镜

“模糊”滤镜是 Photoshop 中使用最频繁的滤镜之一。不管是制作底纹、特效文字，或者是处理一般的图像，或多或少都会用到这一滤镜，所以该滤镜对修饰图像非常有用。“模糊”滤镜的主要作用是削弱相邻像素之间的对比度，达到柔化图像的效果。

模糊滤镜组中包含 11 种滤镜效果，下面将会对其逐一介绍。

11.5.1 平均

找出图像或选区的平均色，并使用该颜色填充图像或选区，以创建一种平滑的效果。

11.5.2 模糊和进一步模糊

模糊滤镜可以用来平滑边缘过于清晰或对比度过于强烈的区域，通过产生模糊效果来柔化边缘，该滤镜没有参数设置对话框，只需单击即可直接得到效果。进一步模糊滤镜和模糊滤镜的效果及操作相同，但所产生的模糊程度不同。一般说来，进一步模糊滤镜产生的模糊效果是模糊滤镜的 3~4 倍。

11.5.3 镜头模糊

它给画面添加一种由于减小景深所造成的模糊效果。在画面焦点上的图像保持清晰，而其他地方的图像变得模糊。在 Alpha 通道中，黑色区域将保持清晰，而灰色和白色区域将被不同程度地模糊。“镜头模糊”滤镜对话框如图 11-24 所示。图 11-25 所示为应用“镜头模糊”滤镜前后的效果。

关于对话框中参数的设置意义：

预览：选择“更快速”单选项可以快速生成预览图像，选择“更加准确”单选项可以生成与最终效果相同的预览，但更新时间长。

图 11-24

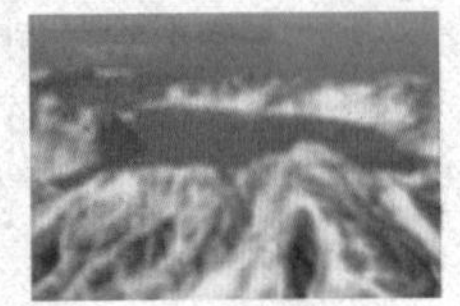

图 11-25

深度映射：在“源”中选择景深图的来源。在“模糊焦距”中设置的像素值是画面的焦点。例如，设置“模糊焦距”值为100，则像素值为1和255的地方将完全模糊。而接近100的区域则只有轻微模糊。选择“反相”复选框可以反转当作景深图的选区或通道。

光圈：模糊的效果取决于光圈的“形状”，光圈的形状取决于“叶片”的大小和弯曲程度。在“形状”中可以选择光圈由几个叶片组成。“半径”可以调整叶片的半径使叶片圆滑。“叶片弯度”可以调整叶片的曲线形状。“旋转”可以转动光圈。

镜面高光：像素值高于“阈值”的地方，将被作为镜面高光处理。调整“亮度”可以控制高光的亮度。

杂色：给画面添加杂色。“分布”可以选择是“平均”形式或是“高斯分布”形式。选择“单色”复选框后添加单色杂色。

11.5.4 高斯模糊

“高斯模糊”滤镜利用高斯曲线的分布模式，有选择地模糊图像。高斯模糊应用的是中心高斯曲线，其特点是中间高，两边低，呈尖峰状；而“模糊”和“进一步模糊”滤镜则对所有像素一视同仁地进行模糊处理。这3种滤镜是比较基本的模糊滤镜，但“高斯模糊”滤镜在实际工作中应用更广泛，因为它可以控制模糊程度和修饰图像。例如，如果图像的杂点太多，就可以用该滤镜来处理使画面更加平顺。在“高斯模糊”滤镜对话框中，提供了一个可以调整模糊程度的滑块，其变化范围是0.1~250像素，如图11-26所示，其值越小模糊效果越弱；反之效果越强。图11-27所示为应用“高斯模糊”滤镜前后的效果。

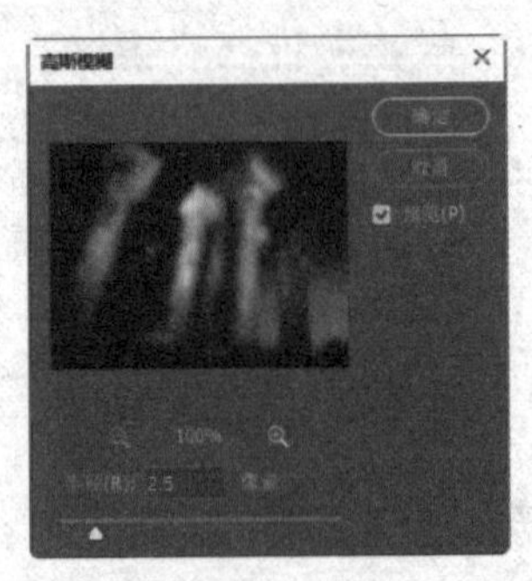

图 11-26

图 11-27

11.5.5 动感模糊

“动感模糊”滤镜在某一方向对图像进行线性位移，产生沿某一方向运动的模糊效果。其结果就好像拍摄的处于运动状态物体的照片。使用该滤镜可以将一个静态的物体变为动态物体。在“动感模糊”滤镜对话框中有两个选项：“角度”用于控制动感模糊的方向，即产生哪一个方向的模糊；“距离”设置像素移动的距离，如图 11-28 所示。注意，这里的位移不是简单的移动，而是在“距离”限定的范围内，按某种方式复制并叠加像素，再经过透明处理才得到的。它的变化范围是 1~999 像素，值越大，模糊效果越强。图 11-29 所示为应用“动感模糊”滤镜前后的效果。

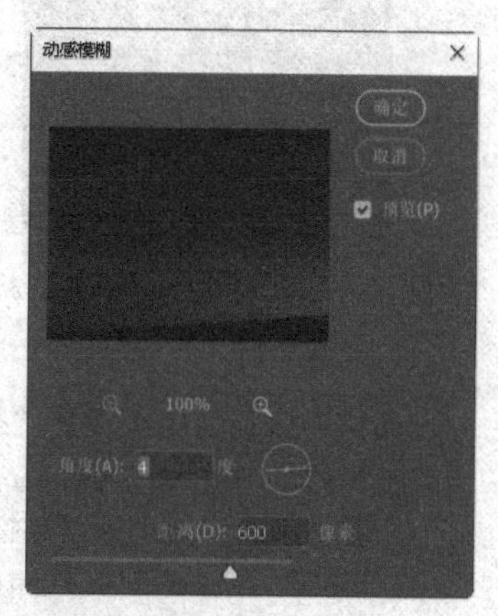

图 11-28

图 11-29

11.5.6 径向模糊

“径向模糊”滤镜能够产生旋转模糊效果，类似于拍摄旋转物体的照片。其对话框如图 11-30 所示。其中各项参数设置的意义如下：

中心模糊：设置径向模糊从哪一点开始，即当前模糊区域的中心位置。只需移动光标到预览框中单击即可选择模糊中心。

数量：用于设置径向模糊的强度，其值为 1~100 的整数，其值越大模糊效果越强。

模糊方法：有“旋转”和“缩放”两种方式。选择“旋转”方式时，滤镜处理后将产生旋转的效果；选择“缩放”方式时，滤镜处理后的效果是放射状的，这类似照相机在前后移动或变焦过程中拍摄的照片。这两种方式产生的效果如图 11-31 所示。

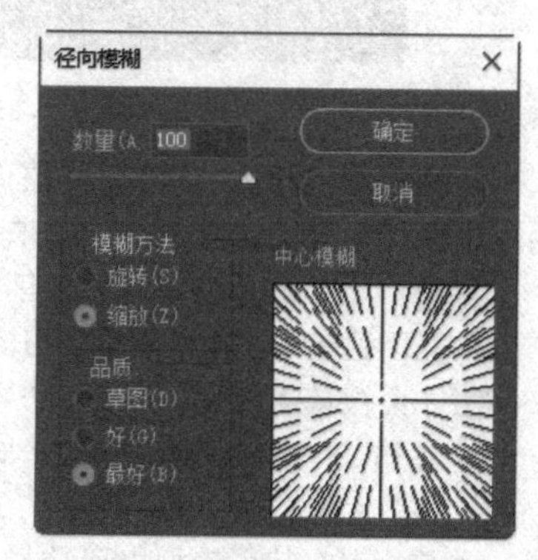

图 11-30

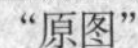
“原图”

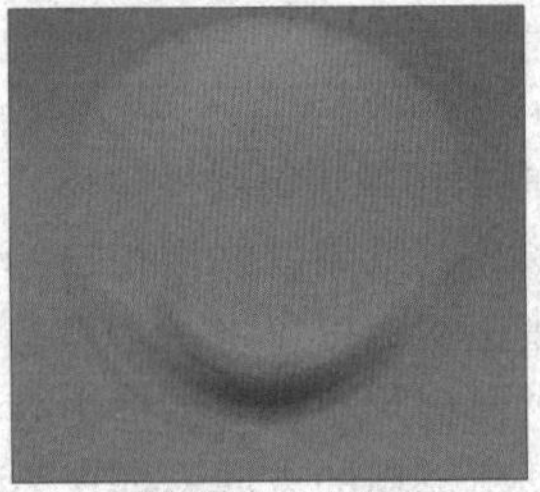
“旋转方式效果”

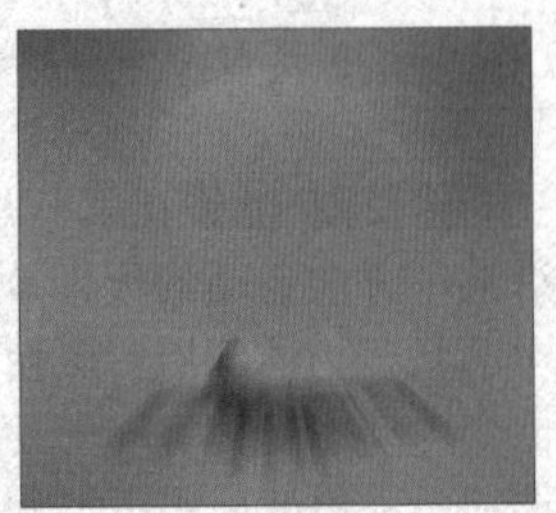
“缩放方式效果”

图 11-31

品质：该选项用于设置“径向模糊”滤镜处理图像的质量。在进行该滤镜处理时，需要进行大量的运算。Photoshop 设置了 3 个品质层次的处理，分别为“草图”“好”“最好”，要求越高则处理速度越慢。

11.5.7 特殊模糊

“特殊模糊”滤镜能够产生一种清晰边界的模糊方式。该滤镜的对话框如图 11-32 所示。

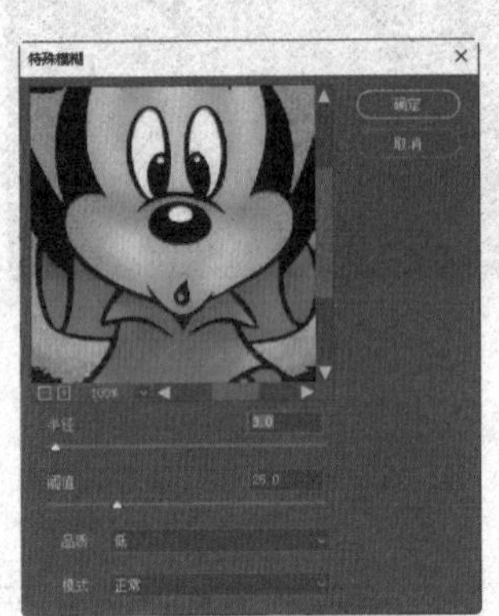

图 11-32

半径和阈值：“半径”值的范围是 0.1~100.0，其值越高，模糊效果越明显；“阈值”范围是 0.1~100，只有相邻像素间的亮度值差不超过“阈值”的设置值时，像素才会被特殊模糊。

品质：在该列表框中可选择“低”“中”或“高”3 种方式。

模式：在其列表框中可选择“正常”“仅限边缘”或“叠加边缘”3 种模式来模糊图像，从而产生 3 种不同的效果。在“正常”模式下，模糊后的效果和其他模糊滤镜基本相同；在“仅限边缘”模式下，Photoshop 以黑色显示背景图像，以白色勾画出图像边缘像素亮度值变化强烈的区域；在“叠加边缘”模式下，得到的图像效果相当于在“正常”和“仅限边缘”模式的作用之和。3 种模式的效果如图 11-33 所示。

正常

边缘优先

叠加边缘

图 11-33

11.5.8　方框模糊

方框模糊是在“平均”和“高斯模糊”滤镜的基础上新增加的模糊滤镜，它相对“平均”滤镜增加了可调性。图11–34所示为“方框模糊”对话框，其“半径”值的设置范围在1~999之间。

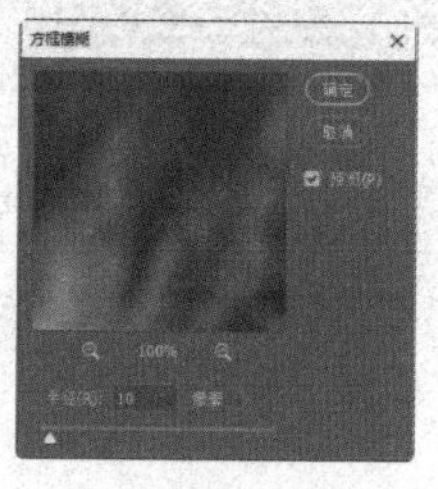

图11–34

图11–35所示为应用“方框模糊”滤镜前后的效果。

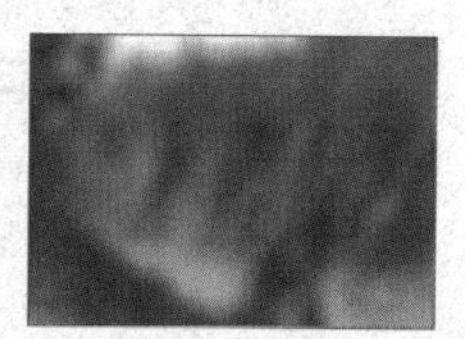

图11–35

11.5.9　形状模糊

形状模糊，顾名思义也就是根据提供的形状对图像进行模糊操作，从而在图像中产生一种具有纹理的效果。图11–36所示为“形状模糊”对话框，其中的“半径”值的范围是5~1000，但该值设置得不应该太大，否则形状模糊效果就体现不出来了，其次就是会大大降低机器的运行速度。“半径”参数设置下面是提供的形状列表框，关于形状的一些知识前面的章节中已经进行了讲解，在这里就不再赘述了。

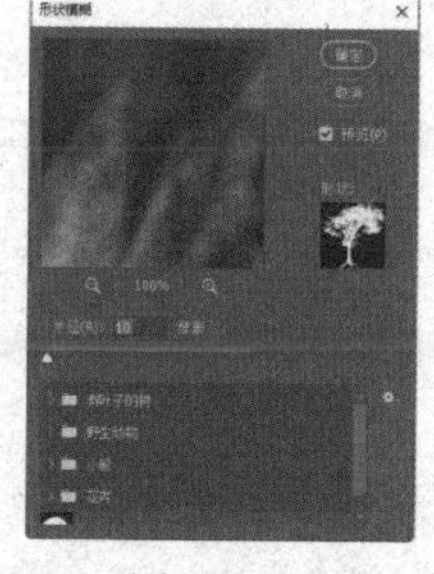

图11–36

图11–37所示为应用“形状模糊”滤镜前后的效果。

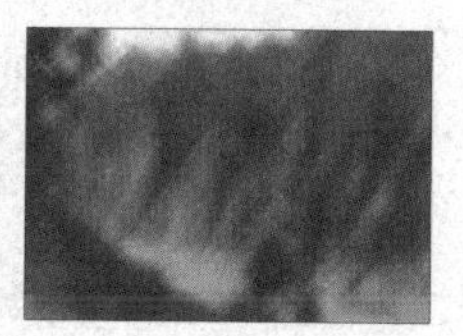

图11–37

11.5.10　表面模糊

可以在图像表面产生一种半透明的模糊图像，从而使整个图像看上去模糊而略带清晰。图11–38所示为“表面模糊”对话框，其中有两个参数项可供设置，该两个参数的设置意义和“特殊模糊”滤镜中对应的参数设置有些相似。

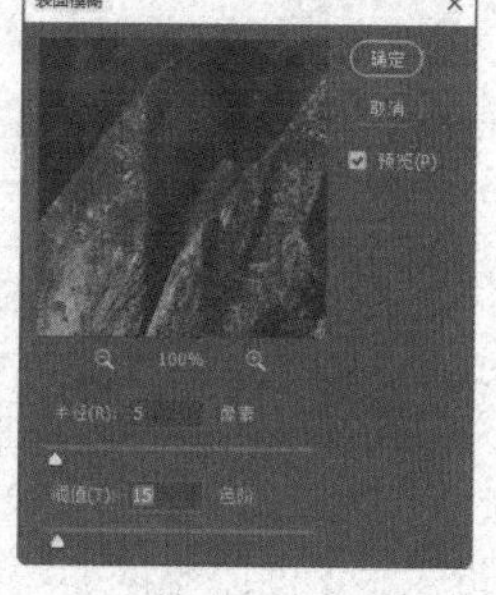

图11–38

图11–39所示为应用“表面模糊”滤镜前后的效果。

图11–39

11.6 画笔描边滤镜

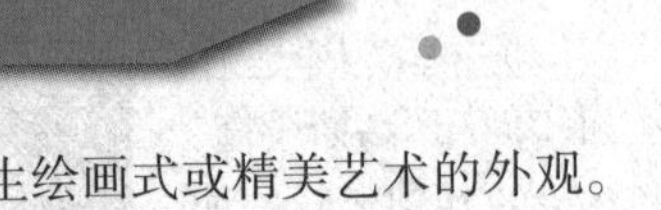

“画笔描边”滤镜使用不同的画笔和油墨画笔效果产生绘画式或精美艺术的外观。一些滤镜为图像增加颗粒、绘画、杂色、边缘细节或纹理等效果，以得到一些画法效果。该类滤镜共有 8 种，通过这些滤镜作用后，图像边界反差越大其效果就越明显，通常使用这类滤镜制作绘画式的艺术作品。

11.6.1 强化的边缘

可以强化图像的边缘。设置高的边缘亮度控制值时，强化效果类似白色粉笔；设置低的边缘亮度控制值时，强化效果类似黑色油墨。

11.6.2 成角的线条

使用成角的线条重新绘制图像。用一个方向的线条绘制图像的亮区，用相反方向的线条绘制图像的暗区。

11.6.3 阴影线

保留原图像的细节和特征，同时使用模拟的铅笔阴影线添加纹理，并使图像中彩色区域的边缘变粗糙。“强度”选项控制使用阴影线的遍数，其值设置范围为从 1~3。

11.6.4 深色线条

用短的、绷紧的线条绘制图像中接近黑色的区域；用长的白色线条绘制图像中的亮区。

11.6.5 墨水轮廓

以钢笔画的风格，用纤细线条在原细节上重绘图像。

11.6.6 喷溅

模拟喷溅喷枪的效果。增加选项可简化总体效果。

11.6.7 喷色描边

使用图像的主导色，用成角的、喷溅的颜色线条重新绘画图像。

11.6.8 烟灰墨

以日本画的风格绘画图像，看起来像是用蘸满黑色油墨的湿画笔在宣纸上绘画。这种效果是具有非常黑的、柔化模糊的边缘。图 11–40 列出了画笔描边滤镜的各种效果。

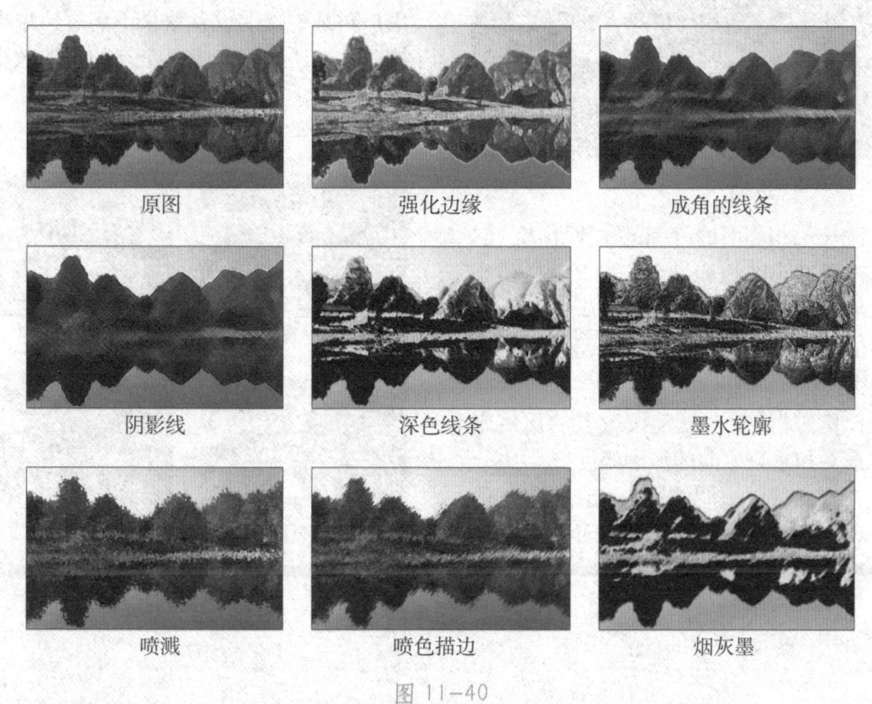

图 11–40

11.7 扭曲滤镜

“扭曲”滤镜的主要功能是按照不同的方式在几何意义上扭曲一幅图像，如非正常的拉伸、扭曲等。产生三维或其他变形效果，如模拟水波和玻璃等自然效果。

“扭曲”滤镜也是在图像处理中最常用的滤镜之一。在制作底纹时，通常都需要使用该滤镜进行变形而产生纹理。在制作一些特效时，经常使用该滤镜。Photoshop 2020 版本“扭曲”类的滤镜共有 9 个，本节将对它们逐一介绍。

11.7.1 波浪

“波浪”滤镜可根据用户设置的不同波长产生不同的波动效果。打开“波浪”滤镜对话框，如图 11–41 所示。其中各项参数的意义如下：

生成器数：表示产生的波纹效果等同于多少个波源同时作用的结果，就像同时向水中扔多少个石子一样，变化范围为 1~999。

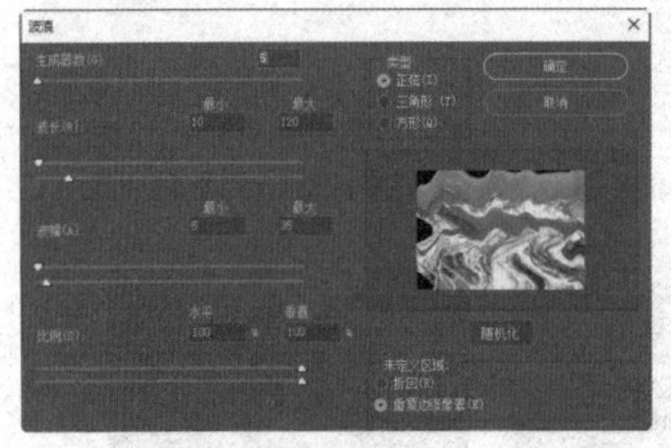

图 11-41

波长：相邻两波峰间的水平距离，它分别设置最小波长和最大波长，其中最小波长小于最大波长。

波幅：波浪高度，同样是最小波幅小于最大波幅。

比例："波浪"滤镜按设置的比例来调整水平和垂直方向的波动幅度。

未定义区域："波浪"滤镜规定了两种处理边缘空缺的办法，即"折回"和"重复边缘像素"。

类型：从中可以选择 3 种方式："正弦""三角形"或"方形"。

随机化：该按钮能随机改变在前面设置下的波浪效果，并可以多次操作。如果用户对某一次的设置效果不满意，单击此按钮一次，它就产生一个新的波浪效果，重复单击，直到效果满意为止。

图 11-42 所示的是"波浪"滤镜的效果。

原图

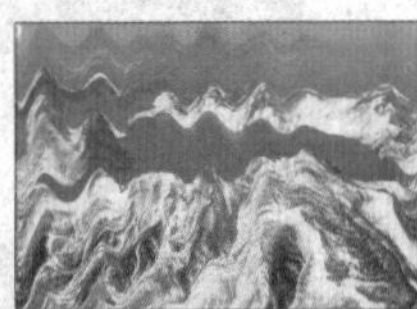

正弦

三角形

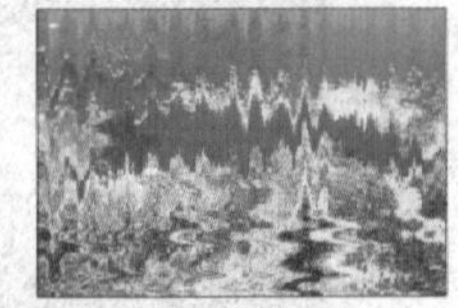

方形

图 11-42

11.7.2 波纹

使用"波纹"滤镜可以在所选的区域中产生起伏的图案，就像水池表面的波纹。图 11-43 所示的是该滤镜的对话框，其中"数量"滑块可控制波纹的大小，"大小"选项列表框中有"大""中"和"小"3 种可选择。图 11-44 所示的是应用"波纹"滤镜前后的效果。

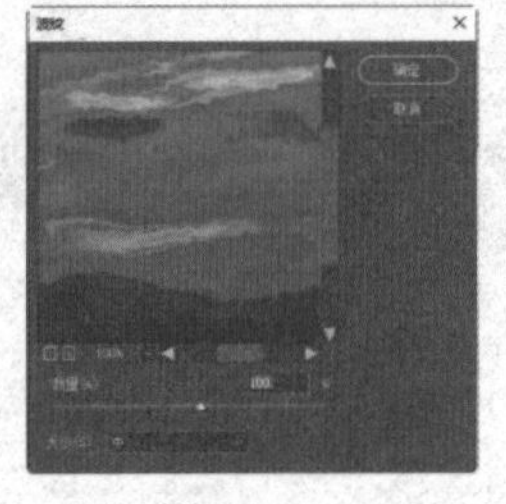

图 11-43

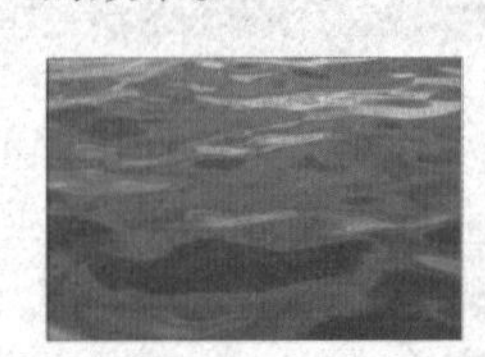

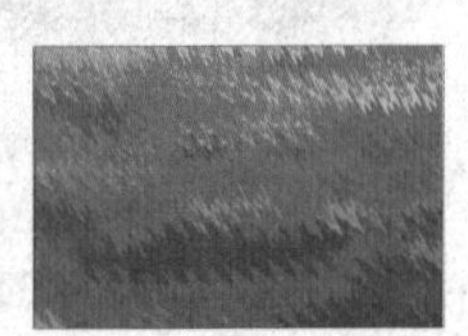

图 11-44

11.7.3 极坐标

"极坐标"滤镜可将图像的坐标从平面坐标转换为极坐标或从极坐标转换为平面坐标。该滤镜的对话框如图 11-45 所示。

其参数含义如下：

平面坐标到极坐标：将图像从平面坐标转换为极坐标。

极坐标到平面坐标：将图像从极坐标转换为平面坐标。

图 11-46 所示的是应用该滤镜的前后效果。

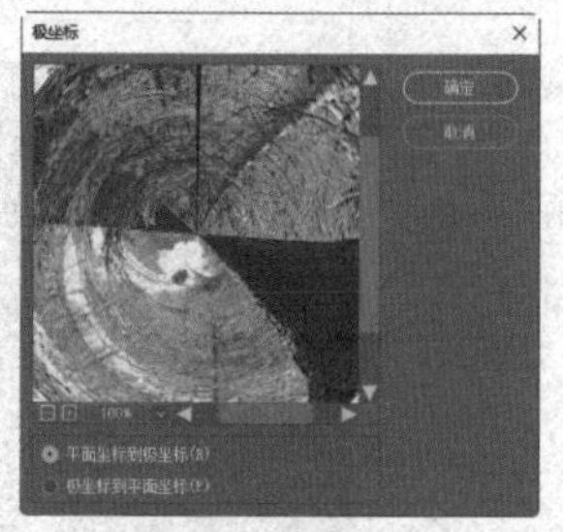

图 11-45

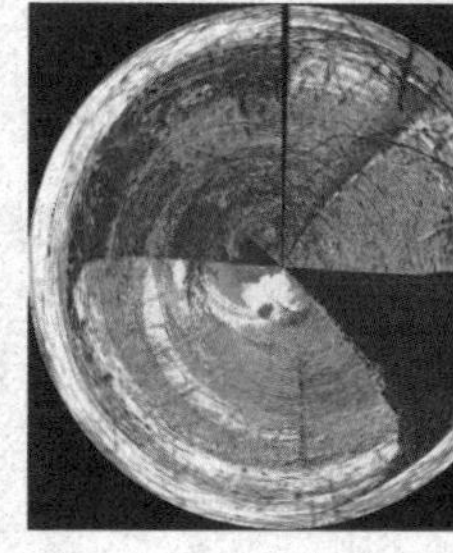

图 1-46

11.7.4　挤压和球面化

“挤压”与“球面化”滤镜的功能效果极为相似。“挤压”滤镜可以将整个图像或选取范围内的图像向内或向外挤压，产生一种挤压的效果；而“球面化”滤镜则是通过将选区包在球形上，扭曲图像并伸展它以适合所选曲线，来为对象制作三维效果。这两个滤镜的对话框分别如图 11-47 和图 11-48 所示，两个对话框中均有一个“数量”滑块，分别可以调整挤压和球面化程度，而“球面化”滤镜比“挤压”滤镜多了一个“模式”选项列表框，用于选择挤压方式：“正常”“水平优先”“垂直优先”。图 11-49 所示的是应用该两种滤镜的效果。

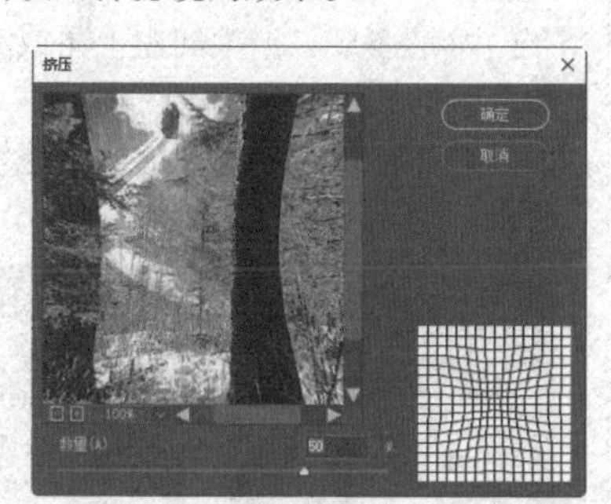

图 11-47

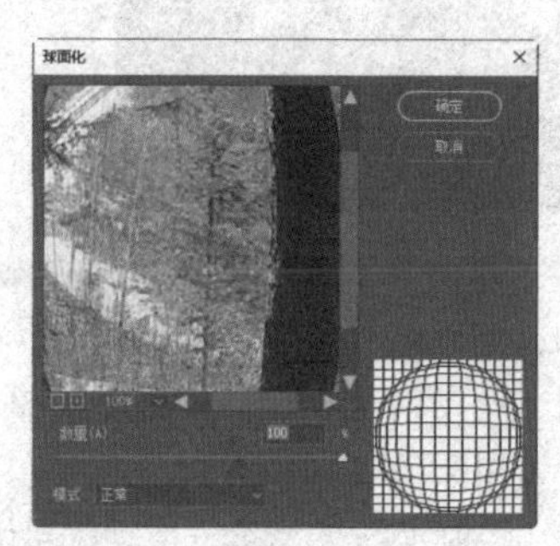

图 11-48

原图像

挤压

球面化

图 11-49

11.7.5 切变

“切变”滤镜可以控制指定的点来弯曲图像。该滤镜的对话框如图 1-50 所示。

折回：将切变后超出图像边缘的部分反卷到图像的对边。

重复边缘像素：将图像中因为切变变形超出图像的部分分布到图像的边界上。

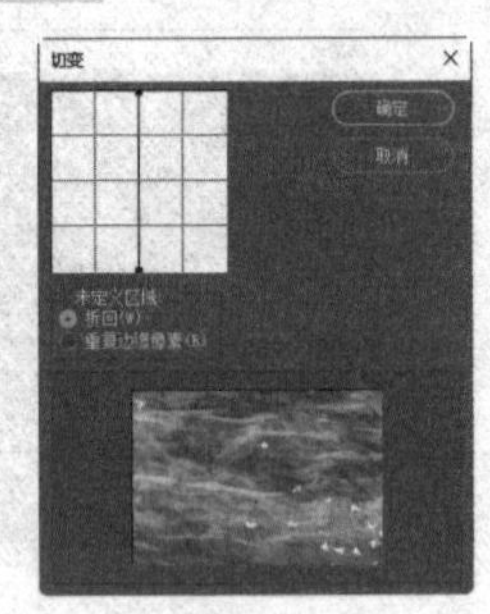

图 11-50

11.7.6 水波

“水波”滤镜使图像产生同心圆状的波纹效果。该滤镜的对话框如图 11-51 所示。

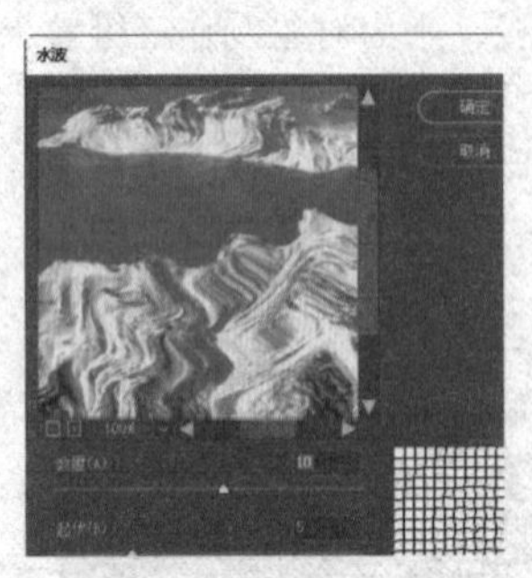

图 11-51

其中各项参数的含义如下：

数量：为波纹的波幅。拖动“数量”滑块可设置扭曲的级别和方向。

起伏：控制波纹的密度。拖动“起伏”滑块可设置从中心到选区边缘的反方向水波的数量。

样式：从“样式”菜单中选择一个置换选项，有“围绕中心”“从中心向外”“水池波纹”3 个选项。

围绕中心：围绕选区的中心旋转像素。

从中心向外：产生朝向或远离选区中心的波纹效果。

水池波纹：产生向左上角或右下角扭曲选区的波纹效果。

图 11-52 所示的是应用该滤镜前后的效果。

图 11-52

11.7.7 旋转扭曲

“旋转扭曲”滤镜可旋转图像或选区，中心比边缘更明显。指定角度时可生成旋转扭曲图案。可以向右拖动滑块成为正值以顺时针旋转扭曲图像，向左拖动滑块成为负值可逆时针旋转扭曲图像，或输入介于 -999~999 之间的值。

该滤镜的对话框如图 11-53 所示。

图 11-54 所示的是应用该滤镜前后的效果。

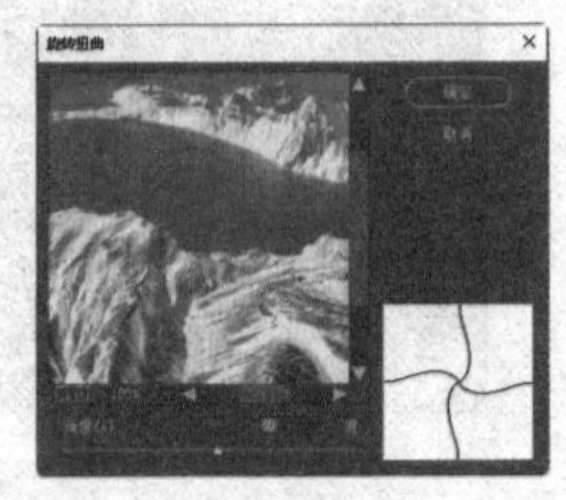

图 11-53

图 11-54

11.7.8　置换

“置换”滤镜可以产生弯曲，碎裂的图像效果。置换滤镜比较特殊的是设置完毕后，还需要选择一个图像文件作为位移图，滤镜根据位移图上的颜色值移动图像像素。该滤镜对话框如图 11-55 所示。

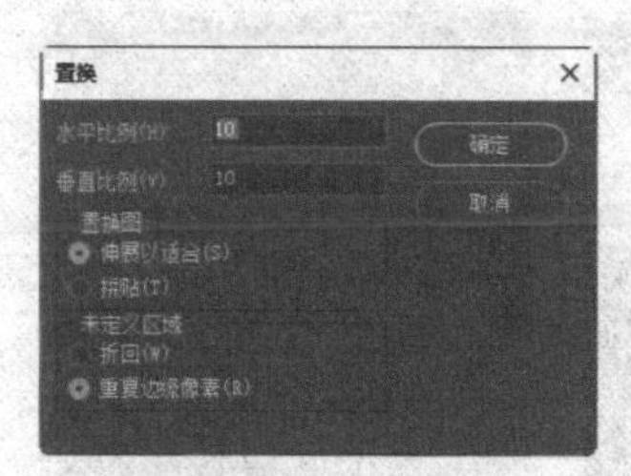

图 11-55

其各项参数含义如下：

水平比例：滤镜根据位移图的颜色值将图像的像素在水平方向上移动多少。

垂直比例：滤镜根据位移图的颜色值将图像的像素在垂直方向上移动多少。

伸展以适合：为变换位移图的大小以匹配图像的尺寸。

拼贴：将位移图重复覆盖在图像上。

折回：将图像中未变形的部分反卷到图像的对边。

重复边缘像素：将图像中未变形的部分分布到图像的边界上。

在该滤镜对话框中设置好各项参数，单击“确定”按钮后，会弹出一个“选取一个置换图”对话框，如图 11-56 所示，在该对话框中选择一个用于置换的图像（PSD 文件），然后单击“打开”按钮，就可以产生置换效果了。

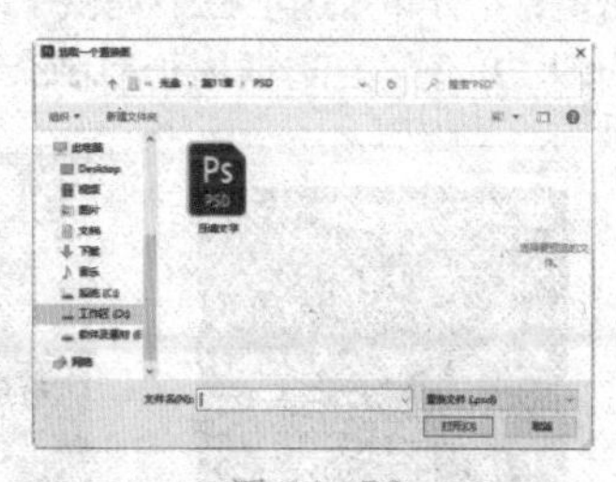

图 11-56

图 11-57 所示的是应用该滤镜前后的效果。

原图像

置换图像

最后效果

图 11-57

11.8 杂色滤镜

“杂色”滤镜用于添加或去掉杂色，杂色是指随机分辨色阶的像素。这有助于将周围像素混合进一步选取范围，所以这类滤镜经常用来修正图像和制作底纹。例如，扫描输入图像经常有斑点和折痕，使用这几个滤镜就可以消除斑点和折痕。

该类滤镜有 5 种，下面分别对其进行讲解。

11.8.1 添加杂色

“添加杂色”滤镜可随机地将杂点混合到图像中，并可使混合时产生的色彩有漫散的效果。使用该滤镜还可以在一张空白图像中随机产生杂点，因此通常用它来制作杂纹或其他底纹。图 11–58 所示的是“添加杂色”对话框，其中“数量”文本框用于设置杂色的密度；“分布”选项栏中提供了两种添加杂色的方式：“平均分布”和“高斯分布”；最下面的“单色”复选框用于控制杂色的颜色。图 11–59 所示的是添加杂色前后的效果。

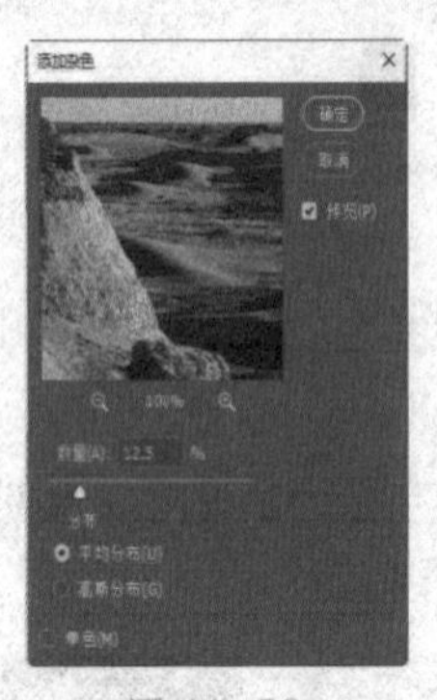

图 11–58

图 11–59

11.8.2 减少杂色

“减少杂色”滤镜减去杂色滤镜可以减少图像中的杂色，从而使图像柔和化。图 11–60 所示的是“减少杂色”对话框，在该对话框中提供了两种减少杂色的方式：“基本”方式和“高级”方式。其中“高级”方式中包含“基本”方式的设置参数，同时还提供了通道设置，图 11–61 所示的为选中“高级”方式设置的参数设置项。

图 11–60

图 11–61

下面针对使用“基本”方式设置，介绍一下各参数选项的意义：

强度：是设置减少杂色的程度，其值范围为（0~10）。

保持细节：是设置图像中的细节部分，其值范围为 0~100%。

减少杂色：是用来设置颜色杂色的，其值为 0~100%。

锐化细节：是用来锐化细节部分的，其值为 0~100%。

图 11–62 所示的是应用减去杂色滤镜前后的效果。

图 11–62

11.8.3　蒙尘与划痕

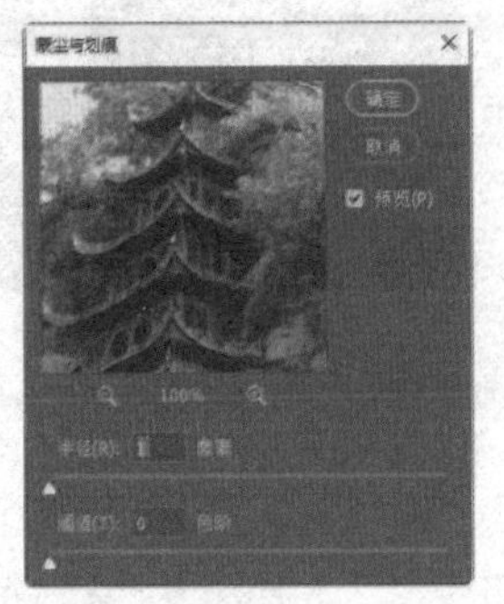

图 11–63

“蒙尘与划痕”滤镜可以很容易去除图像中的斑点和划痕。该滤镜会搜索图像中的缺陷并将其融入周围像素中，对于去除扫描图像中的杂点和折痕非常有效。图 11–63 所示的是“蒙尘与划痕”滤镜对话框，其中可以设置“半径”（其值越大，模糊程度越强）和“阈值”选项，“阈值”选项决定正常像素与杂点之间的差异，值越大则所能容纳的杂点越多，去除杂点的效果越弱。图 11–64 所示的是应用“蒙尘与划痕”滤镜前后的效果。

图 11–64

11.8.4　去斑

“去斑”滤镜和“蒙尘与划痕”滤镜的功能十分相似，所不同的是该滤镜在不影响原图像整体轮廓的情况下，对细小、轻微的杂点进行柔化，从而达到去除杂点的效果，所以如果去除较粗的杂点则不宜使用该滤镜。

11.8.5 中间值

“中间值”滤镜通过混合选区中像素的亮度来减少图像的杂色。此滤镜搜索像素选区的半径范围以查找亮度相近的像素，扔掉与相邻像素差异很大的像素，并用搜索到的像素的中间亮度值替换中心像素。此滤镜在消除或减少图像的动感效果时非常有用。

11.9 像素化滤镜

“像素化”滤镜主要用来将图像分块或将图像平面化。这类滤镜常常会将图像变得面目全非，这类滤镜共有 7 个，下面着重介绍其中最典型的两个。

11.9.1 彩色半调

该滤镜可模仿产生铜版画的效果，即在图像的每一个通道扩大网点在屏幕上的显示效果。图 11–65 所示为“彩色半调”滤镜对话框，其中各个选项设置的意义为：

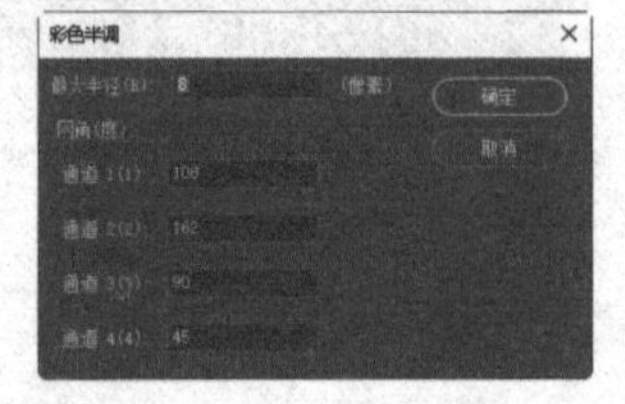

图 11–65

最大半径：决定产生网点的大小。

网角（度）：它决定图像每一原色通道的网点角度。灰度模式只能使用“通道 1”，RGB 模式则可以使用 3 个通道，而 CMYK 模式使用所有通道。图 11–66 所示为应用“彩色半调”滤镜前后的效果。

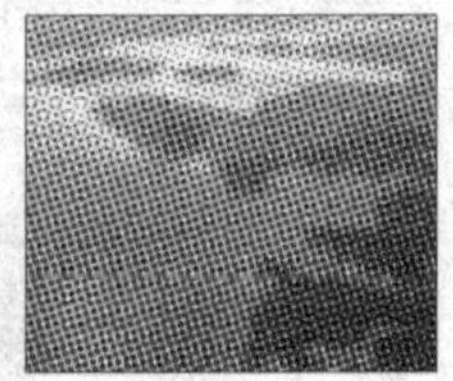
图 11–66

11.9.2 马赛克滤镜

“马赛克”滤镜把具有相似色彩的像素合成更大的方块，并按原图规则排列，模拟马赛克的效果。在该滤镜的对话框中，只有一个“单元格大小”选项，用于确定产生马赛克的方块大小。其对话框如图 11–67 所示。

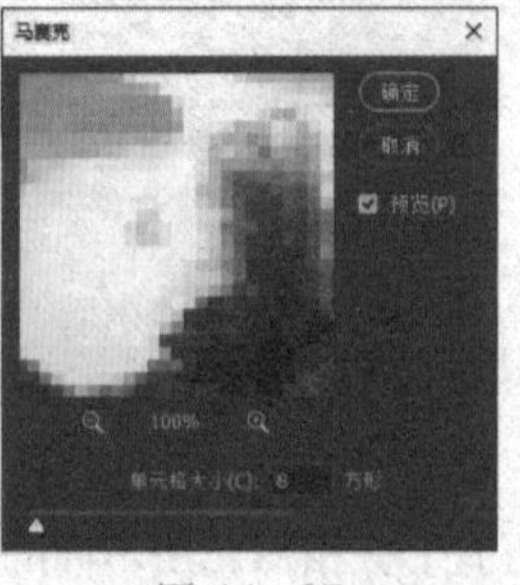

图 11–67

应用该滤镜前后的效果如图 11–68 所示。

图 11–68

11.9.3　晶格化

该滤镜可以将图像中颜色相近的像素集中到一个多边形网格中，从而把图像分割成许多个多边形的小色块，产生晶格化的效果。其对话框如图 11-69 所示。

图 11-69

单元格大小：用户可以拖动划杆来改变晶格化程度大小的不同，数值越大单元格越大、数值越小单元格越小。

应用该滤镜前后的效果如图 11-70 所示。

图 11-70

11.9.4　彩块化

该滤镜通过将纯色或相似颜色的像素结为彩色像素块而使图像产生类似宝石刻画的效果。执行完彩块化之后，用户要对图像放大，才能看到执行彩块化的效果如何，它会把图像从规律的像素块变成无规律的彩块化。

原图像

应用滤镜后效果图的部分放大

图 11-71

应用该滤镜前后的效果如图 11-71 所示。

11.9.5　碎片

该滤镜通过建立原始图像的 4 个拷贝，并将它们移位、平均，以生成一种不聚焦的效果，从视觉上看能表现出一种经受过振动但未完全破裂的效果。

图 11-72

应用“碎片”滤镜之后，用户要对图像放大，才能看到执行完碎片命令后的效果如何。执行碎片命令后，图像会变得模糊，变成重影。

应用该滤镜前后的效果如图 11-72 所示。

11.9.6 铜版雕刻

该滤镜能够使用指定的点、线条和笔画重画图像，产生版刻画的效果，也能模拟出金属版画的效果。其对话框如图11-73所示。

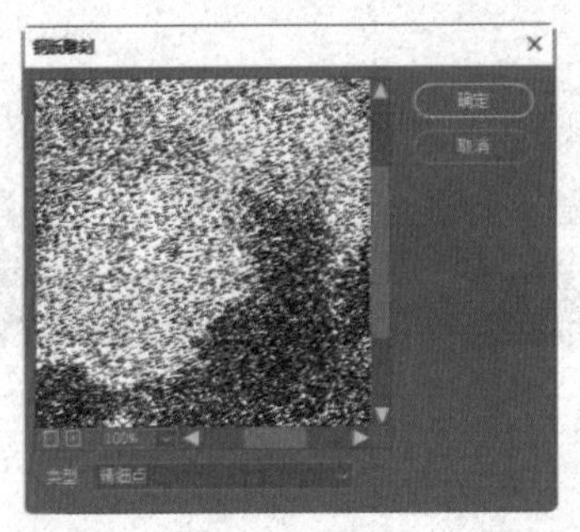

图 11-73

在对话框的“类型”选项下拉列表中可以选择如下内容：

精细点：由小方块构成，方块的颜色根据图像颜色决定，具有随机性。

中等点：由小方块构成，但是没有那么精细。

粒状点：由小方块构成，但是由于颜色的不同所以产生粒状点。

粗网点：执行完粗网点，图像表面会变得很粗糙。

短直线：纹理由水平的线条构成。

中长直线：纹理由水平的线条构成，但是线长稍长一些。

长直线：纹理由水平的线条构成，但是线长会更长一些。

短描边：水平的线条会变得稍短一些，不规则。

中长描边：水平的线条会变得中长一些。

长描边：水平的线条会变得更长一些。

应用该滤镜前后的效果如图11-74所示。

图 11-74

11.9.7 点状化

该滤镜可将图像分解为随机的彩色小点，点内使用平均颜色填充，点与点之间使用背景色填充，从而生成一种点画派作品效果。其对话框如图 11-75 所示。

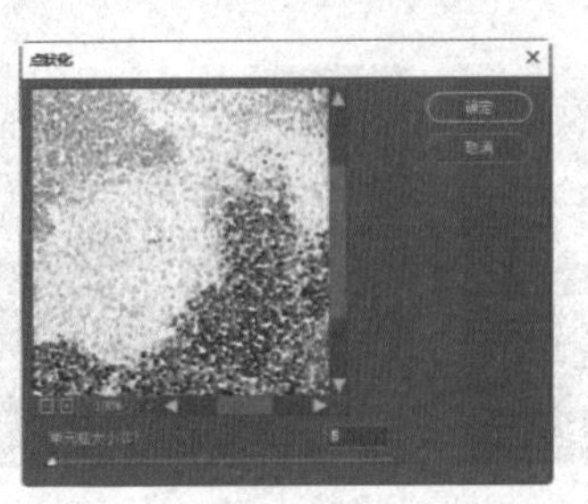

图 11-75

单元格大小：值的范围为 3~300，利用鼠标拖动划杆可以改变单元格的大小。

应用该滤镜前后的效果如图 11-76 所示。

图 11-76

11.10 混合滤镜效果

“消褪”命令可以更改任何滤镜、绘画工具、抹除工具或颜色调整的不透明度和混合模式。消褪命令混合模式是绘画和编辑工具选项中的混合模式的子集。应用消褪命令类似于在一个单独的图层上应用滤镜效果，然后再使用图层不透明度和混合模式控制。

使用消褪命令步骤如下：

（1）打开一幅图像。执行“滤镜”|“滤镜库”，在打开的对话框中单击选择“艺术效果”组下的“壁画”选项，为图像添加一个壁画滤镜效果，图 11-77 所示的为应用“壁画”命令前后的效果。

图 11-77

（2）确认在使用“渐隐”命令前没有使用任何操作，否则“渐隐”命令将会针对刚使用的命令或者为不可用。

（3）执行“编辑”|“渐隐滤镜库”命令，打开如图 11-78 所示的“渐隐”对话框。

（4）选择“预览”选项可以在调整参数时预览效果。

（5）拖动不透明度滑块或在“不透明度”文本框中直接输入数值（0~100%），来调整不透明度。

（6）在“模式”选项框列表中选择一种混合模式。

（7）单击“确定”按钮，得到的效果如图 11-79 所示。

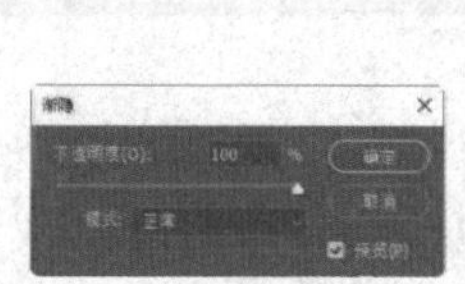
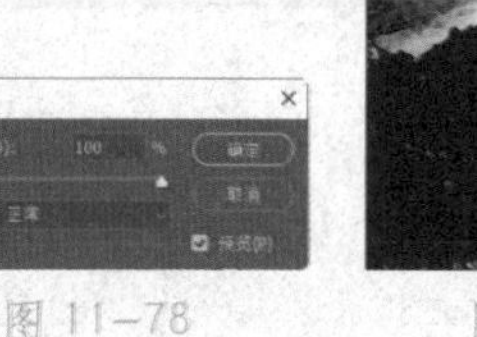

图 11-78

图 11-79

11.11 外挂滤镜的使用

虽然 Photoshop 所提供的内置滤镜的功能已经十分强大，但对于有更高要求的专业用户还是不够的，因此出现了由第三方厂商提供的外挂滤镜，它们能够提供一些功能更强、更神奇的滤镜。在这些外挂滤镜中，较出名的如 EyeCandy、KPT 等。由于外挂滤镜种类繁多，这里只做一些简单的介绍，各个滤镜的具体功能就不涉及了。

11.11.1 外挂滤镜的安装

Photoshop 中默认放置滤镜的位置为安装目录下的 Plug-Ins 文件夹，因此外挂滤镜最好也放到这个文件夹下，一般有两种情况。

（1）外挂滤镜本身有安装程序。这种情况下，只需执行安装程序，按照它的提示一步步操作。在选择安装路径时选择 Photoshop 安装目录的 Plug-Ins 文件夹就可以了。完成后，重新启动 Photoshop，安装好的滤镜就会出现在“滤镜”菜单中。

（2）外挂滤镜没有安装程序。此时只有一些滤镜文件，后缀名为 8BF。可以将这些文件直接拷贝到上述的 Plug-Ins 文件夹中，重新启动 Photoshop，就可以使用这些外挂滤镜了。

另外也可以在“编辑”|“预置”对话框中设置增加的 Plug-ins 目录，将放置这些外挂滤镜文件的文件夹加入即可，但此时内置滤镜和外挂滤镜不能同时使用。

11.11.2　外挂滤镜的使用

外挂滤镜的使用方法和内置滤镜完全相同，在前面所说的技巧、注意事项、对话框的基本设置等，都适用于外挂滤镜。关于外挂滤镜的具体功能，这里不再做详细介绍。

11.12 提高训练——压痕文字制作

本例制作的是一个凹陷于底纹的效果文字。其最终效果如图 11-80 所示。

图 11-80

操作步骤如下：

（1）启动 Photoshop 2020。执行“文件”|“打开”命令，打开一个图像文件，打开后的图像如图 11-81 所示。

（2）激活“图层”面板，使用鼠标双击“背景层”，在弹出的“新图层”对话框中单击“确定”按钮确认，解除图层的锁定状态。激活“通道”面板，单击该面板中的“创建新通道”按钮，新建一个通道“Alpha1”。

（3）设置前景色为白色，选择工具箱中的横排文字工具，在工具属性栏中进行设置，如所示。然后在通道中单击并输入文字“星球大战”，输入文字后的图像效果如图 11-82 所示。

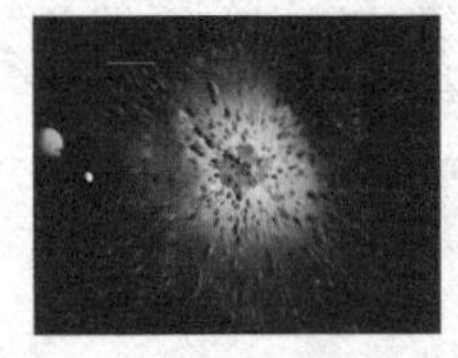

图 11-81

星球大战

图 11-82

（4）在“通道”面板中将通道“Alpha1”拖到“创建新通道”按钮上进行通道复制，得到通道“Alpha1 拷贝”，如图 11-83 所示。

图 11-83

（5）使用快捷键【Ctrl+D】取消文字的选区。然后执行“滤镜”|“其它”|“最

大值”命令，在弹出的“最大值”对话框中进行如图 11-84 所示的设置，完成设置后单击“确定”按钮确认。应用“最大值”滤镜后的图像效果如图 11-85 所示。

图 11-84　　图 11-85

（6）在“通道”面板中将通道“Alpha1 拷贝”拖到“创建新通道”按钮上进行通道复制，得到一个通道“Alpha1 拷贝 2”。

（7）执行“滤镜”|“模糊”|“高斯模糊”命令，在弹出的“高斯模糊”对话框中进行如图 11-86 所示的设置，完成设置后单击“确定”按钮确认。应用“高斯模糊”滤镜后的图像效果如图 11-87 所示。

图 11-86　　图 11-87

（8）执行“滤镜”|“风格化”|“浮雕效果”命令，在弹出的“浮雕效果”对话框中进行如图 11-88 所示的设置，完成设置后单击“确定”按钮确认。应用“浮雕效果”滤镜后的图像效果如图 11-89 所示。

（9）执行“图像”|“自动色调”命令，系统将自动调整文字的色调。

（10）执行“选择”|“载入选区”命令，在弹出的“载入选区”对话框中设置“通道”为“Alpha1”，如图 11-90 所示，然后单击“确定”按钮确认。载入通道“Alpha1”选区后的图像效果如图 11-91 所示。

图 11-88　　图 11-89

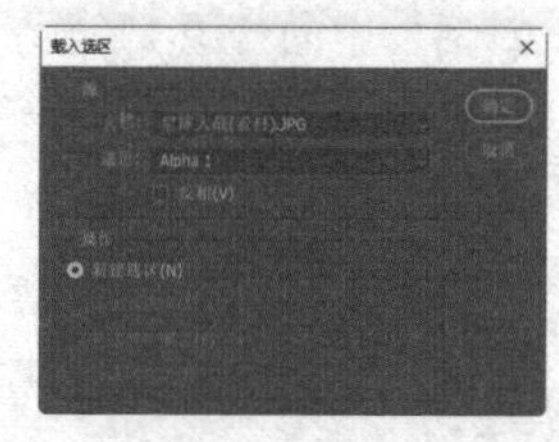

图 11-90　　图 11-91

（11）选择工具箱中的吸管工具，按下【Alt】键在图像中的灰色部分单击，将吸取的灰色设为背景色，接着按下【Delete】键删除选区中的图像，其效果如图 11-92 所示。

图 11-92

（12）在“通道”面板中将通道“Alpha1 拷贝”拖到“创建新通道”按钮上进行通道复制，得到一个通道

“Alpha1 拷贝 3”。然后使用快捷键【Ctrl+D】取消文字的选区。

（13）执行“滤镜”|“其它”|“最大值”命令，在弹出的“最大值”对话框中进行如图 11-93 所示的设置，完成设置后单击“确定”按钮确认。应用“最大值”滤镜后的图像效果如图 11-94 所示。

图 11-93

星球大战

图 11-94

（14）执行“图像”|“计算”命令，在弹出的“计算”对话框中的“源 1”选项栏中设置通道为“Alpha1 拷贝 2”，在“源 2”选项栏中设置通道为“Alpha1 拷贝 3”，其他设置如图 11-95 所示，完成设置后单击“确定”按钮确认。应用“运算”命令后的图像效果如图 11-96 所示。

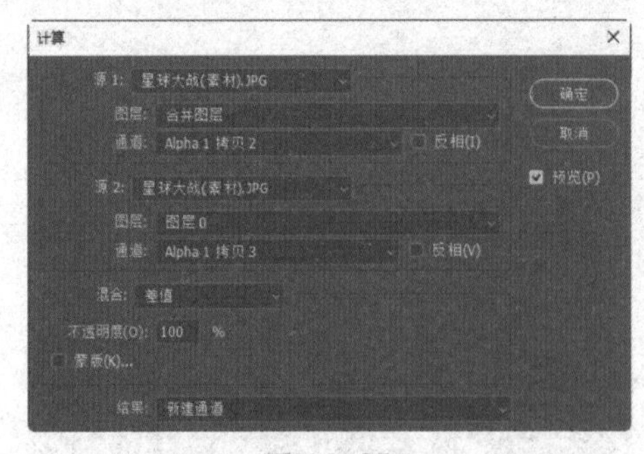

图 11-95

图 11-96

（15）使用快捷键【Ctrl+A】将运算得到的通道“Alpha2”中的图像全部选中，然后使用快捷键【Ctrl+C】将选中的图像拷贝到剪贴板上。

（16）使用快捷键【Ctrl+~】返回 RGB 综合通道。使用快捷键【Ctrl+V】将剪贴板上的图像粘贴到“图层”面板中，这样在“图层”面板中会自动生成一个新的图层“图层 1”，如图 11-97 所示，其图像效果如图 11-98 所示。

图 11-97

星球大战

图 11-98

（17）执行“滤镜”|“渲染”|“光照效果”命令，在弹出的“光照效果”属性面板中设置“光照类型”为“点光”，设置两个颜色框中的颜色均为白色，其他参数设置如图 11-99 所示，完成设置后单击工具属性栏中的“确定”按钮。应用“光照效果”滤镜后的图像效果如图 11-100 所示。

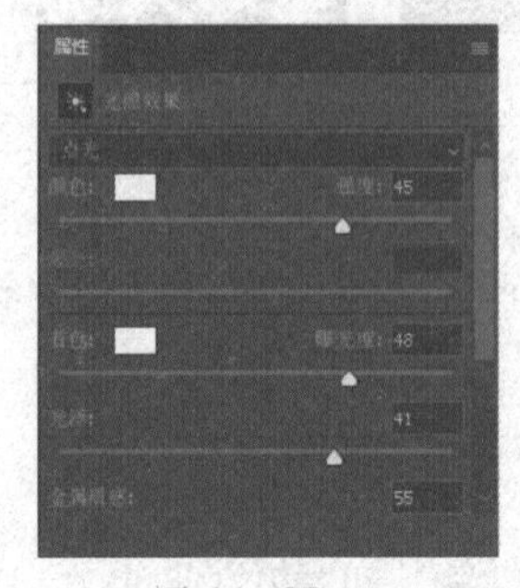

图 11-99

图 11-100

（18）在“图层”面板中设置“图层1”的“混合模式”为“强光”，如图11–101所示。

图 11–101

（19）执行“图像”|“调整”|“色相/饱和度”命令，在弹出的“色相/饱和度”对话框中进行如图11–102所示的设置。

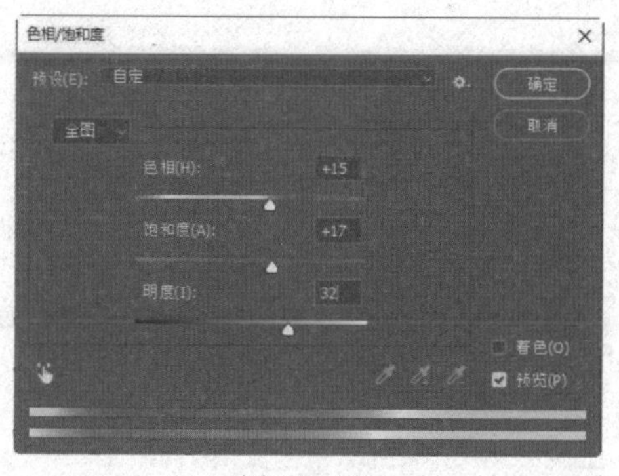

图 11–102

完成设置后单击“确定”按钮确认。应用“色相/饱和度”调整命令后的图像效果如图11–103所示。

（20）执行“图像”|“调整”|“色彩平衡”菜单命令，按照如图11–104所示进行设置，设置完毕，单击“确定”按钮。

图 11–103

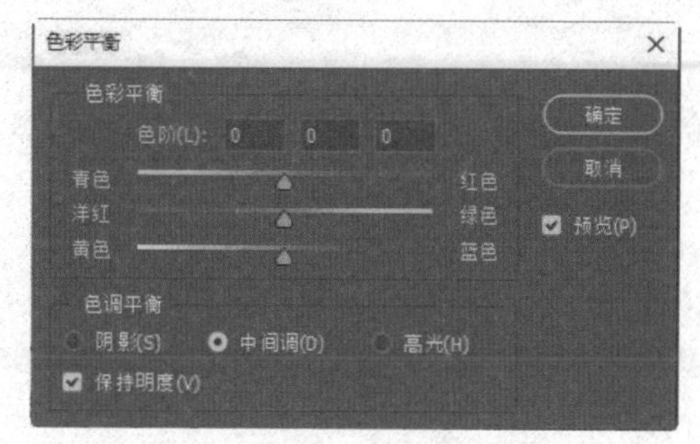

图 11–104

至此，压痕文字效果就制作好了。

11.13 本章回顾

本章讲解的是关于滤镜应用方面的知识。为了让读者能更好地应用滤镜，首先对滤镜的分类和功能做了一个简单的介绍，其次讲解的是滤镜的使用方法和使用条件，比如在“位图”“索引颜色”“16位”的色彩模式下不能使用滤镜，以及针对不同的色彩模式，使用范围也不同，在CMYK和Lab模式下，有部分滤镜不能使用，如“艺术效果”滤镜等。最后也是重点内容，着重对个别几个比较常用而且能够制作出特殊效果的滤镜进行讲解，从而让读者进一步了解、使用滤镜。

滤镜的主要作用是用来创建特殊效果的。其中有一部分滤镜可以用来校正图像，对图像进行修复；而另外一部分滤镜则是用来破坏原有画面的正常位置和颜色，从而模仿自然界的各种状况或者产生一种抽象的色彩效果。